▶ # CCNA認證

實戰指南（下）

凱文瑞克工作室 著

博碩文化

CCNA認證實戰指南(下)

作　　者／凱文瑞克工作室

發 行 人／簡女娜

發行顧問／陳祥輝、寶丕勳

總 編 輯／古成泉

資深主編／蔡金燕、盧佳宜

執行編輯／陳臆如

封面設計／蕭羊希

美術編輯／周雅菁

印務統籌／李婉茹

監　　製／楊雅雯

出　　版／博碩文化股份有限公司

網　　址／http://www.drmaster.com.tw/

地　　址／新北市汐止區新台五路一段112號10樓A棟

　　　　　TEL / 02-2696-2869 • FAX / 02-2696-2867

郵撥帳號／17484299

律師顧問／劉陽明

出版日期／西元2011年9月初版

建議零售價／580元

I S B N／978-986-201-518-6

博 碩 書 號／NE30009

國家圖書館出版品預行編目資料

CCNA認證實戰指南 / 凱文瑞克工作室 著.
-- 初版 -- 新北市；博碩文化,2011.03-2011.09
冊；　公分
ISBN　978-986-201-442-4（上冊:平裝）--
ISBN　978-986-201-518-6（下冊:平裝）
1.電腦網路　2. 通訊協定 3.考試指南

312.16　　　　　　　　100002421

Printed in Taiwan

本書如有破損或裝訂錯誤，請寄回本公司更換

序

　　CCNA 證照考試目前代號為 640-802。在 2009 年十大 IT 證照的列表中，CCNA 名列其中。根據調查，Cisco 證照是網路管理類證照的基礎證照，也說明出 Cisco 證照系列在公司及工程師心目中的重要地位。此外，許多大專院校都陸續開設了「網路管理」相關的課程。在相關的調查中也顯示了 CCNA 證照逐漸被資訊行業視為必備的基礎證照。

　　本書作者從事相關課程的教學及 CCNA 證照考試輔導多年，授課對象可能是不同系科及領域，選用教材是最頭痛的事。許多的教學材料不是太過，就是不足。教材太多會讓學習者失去焦點，花費許多力氣去記憶絕對不會考的內容。教材內容不足則會讓學習者注定無法考取證照。

　　本書大部分的內容即為作者經過多年整理集結而成的講義及教材。而每章後的考古題則是讓讀者每學習一個階段，即可利用考古題檢驗了解的程度。

　　本書分為上、下兩冊，下冊主要有三個部分，第一部分是交換器，主要在介紹交換器的基本觀念與協定。第二部分是廣域網路，包含廣域網路的概念、PPP 及訊框中繼。第三部分包括了 NAT 、IPv6 及網路安全。下冊的內容在 CCNA 證照中題目出現的比率大約佔了 55 %，其中 NAT 的實作題一直存在，IPv6 的題目持續出現，且比重一直在增加當中。

凱文瑞克工作室　2011/8

00 本書導覽

01 LAN

02 交換器設定

03　VLAN 與 VTP

04　Inter-VLAN

05 STP

06 Wireless

07　NAT 與 IPv6

08　WAN 與 PPP

09　訊框中繼

10 網路安全 與 VPN

考古題解析

00

本書導覽

CCNA

0-1　本書起源與目的

　　早期各大專院校所開設的網路相關課程，大都是以純理論的知識介紹爲主，內容多爲艱澀的觀念與規格，較適合資工相關的系科使用。

　　在過去的十年間，思科成爲網路設備領域的翹處，並且引領著相關領域的發展。根據資料顯示全世界有超過 70% 的網路運作在 Cisco 網路設備的環境之下，台灣地區也高達 60% 以上。政府機關、各級教育單位、電信業、固網、網路 ISP.... 幾乎皆有使用 Cisco 設備。當中、大型企業都在使用 Cisco 的網路設備時，思科建立了它的證照架構。此架構中的大部分證照內容都包含了理論與實作，同時也不再只適合資工背景的人來學習。近幾年「網路管理」課程陸續出現在大專院校之資訊管理系課表當中即爲一例。

0-2　Cisco 證照的架構

　　Cisco 的證照架構經過幾代的演變，目前架構如下：

- **入門等級**：適合高中職資訊/電子/資處相關的學生學習。
- **初階等級**：適合大專院校電子/資通/資工/資管相關系科的低年級學生學習。
- **專業等級**：適合大專院校電子/資通/資工/資管相關系科的高年級學生學習，或取得初階等級的證照後，依據不同的生涯規劃進行發展。
- **專家等級**：適合在業界多年工作經驗的工程師取得。
- **大師等級**：思科最新的頂級認證等級。

本書針對的是初階等級所撰寫，初階等級可以不必經過入門等級的認證。

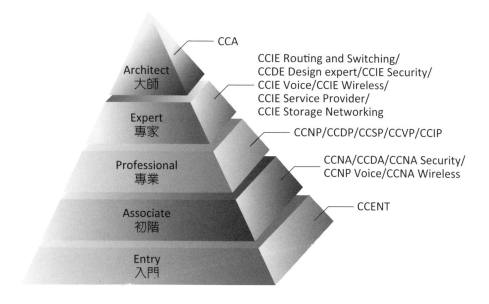

為什麼要通過 CCNA

證照的目的是便於雇主評估面試者的技能，擁有 CCNA 證照只能夠證明具備了網路基礎知識，對設備有一些瞭解。獲得 CCNA 證照並不代表個人的實際能力。當具有相同學歷時，擁有 CCNA 證照更有助於展現自己技能的程度。至於薪資則是與工作年資和經驗比較有關。

0-3　CCNA 題型

CCNA 目前的考試代號為 640-802，與以往的考試相比，640-802 的考試中加深了題目的困難度以及靈活度，這樣一來更能衡量出考生的實力，可見 Cisco 在題目上下了很多的功夫。考生對於學習範圍的理解程度以及設定指令的熟悉度都非常的重要。很多人在準備的時候，不知該如何準備，或者是準備不夠充

分，於是就無法順利地通過考試。因此下面就針對如何準備 CCNA 的認證進行說明。

目前 640-802 的考試時間為 120 分鐘，實際答題時間是 90 分鐘，總共考 45-55 題 (包括有三至四題左右的實作 LAB 模題) 。考試及格分數 825 分（答對 82.5%）才算通過，考試題型大致可分為幾種：

1. 選擇題(包括單選題及複選題)。

2. 拖拉題(有時會以類似拖拉填充題的形式出現)。

3. 實作Lab題。

單選題約佔 40% (400 分)，複選題約佔 30% (300 分)。選擇題可能會出現變題的狀況，例如：考古題的正確答案是要選正確的選項，但是題目變題以後是要選錯誤的選項，如果只記答案選項，肯定答錯。拖拉題約佔 10% (100 分)，拖拉題的難度介於選擇題與實作題之間。 實作題約佔 20% (200 分)，需要依照題目經過計算後，實際設定路由器或交換機，實作題型算是 CCNA 的考試重點，如果沒有實際操作過思科的路由器或交換器 (或使用模擬器)，是不可能通過認證考試的。因為及格分是 825 分，即使其他題型答題滿分，實作題全錯肯定不會及格。

0-4 CCNA 考試範圍

下面敘述的這些項目都包含在 640-802 認證考試中：

1. 描述網路如何工作

💧 描述網路裝置的目的與功能

💧 選擇適合網路特性的元件

💧 瞭解 OSI 模型與TCP/IP 模型。

💧 OSI 7 Layer 每一層所定義的項目、功能及標準。

💧 敘述有哪些常見的網路應用軟體。

💧 描述跨越網路的兩個主機如何決定路徑。

💧 識別 LAN 與 WAN 運作的特徵與不同。

2. IP 定址的機制。

💧 私有 IP 與公共 IP。

💧 解釋 DHCP 的運作及如何在路由器上設定。

💧 對路由器上運作的 DHCP 進行除錯。

💧 主機上設定靜態與動態定址服務。

💧 將經過計算的 VLSM套用在網路上。

💧 描述 IPv6。

💧 識別及更正 IP 定址的錯誤。

3. 思科設備的基本設定與除錯。

💧 描述基本的繞送觀念，包含封包的轉送及路由表的處理程序。

💧 描述思科路由器的基本運作方式，包含開機的過程與路由器的基本元件。

💧 描述媒體、纜線及不同介面連接的方式。

- 設定與除錯 RIP。

- 命令列操作模式。

- 介面狀態的檢查。

- 靜態繞送與預設繞送。

- 管理 IOS 設定檔。

- 管理 Cisco IOS.。

- 設定與除錯 OSPF。

- 設定與除錯EIGRP。

- 檢查網路連線(包含使用 Ping 及 Traceroute)。

- 繞送相關議題的除錯。

- 使用 show 及debug 命令檢查路由器的硬體與軟體運作。

4. NAT 及 ACL的設定及除錯。

- 描述 ACL 的種類與目的。

- 於命令列設定及套用 ACL。

- 利用 ACL 限制路由器的 telnet 及 SSH 存取。

- 監督 ACL 的狀況。

- ACL 除錯。

- 解釋 NAT 的運作。

- 在命令列設定 NAT。

- NAT除錯。

5. 對交換器中的 VLAN 進行設定及除錯。

- 不同的設備如何連接交換器。

- 解釋交換器的基本觀念與運作。

- 如何利用 MAC Address Table如何傳送Frame。

- 交換器環境中為何會產生迴圈(Loop)及該如何避免迴圈的產生。

- Spanning Tree Protocol 是如何運作的。

- Root Bridge和Root Port 該如何選擇。

- 解釋什麼是VLAN及如何設定 VLAN。

- 解釋什麼是VLAN Trunking。

- 描述如何在 VLAN 之間進行繞送。

- 解釋 VTP 的運作方式及VTP 的三種模式。

- 每一種模式可以做哪些動作。

- 描述RSTP 及 PVSTP。

- 交換器的安全性設定，包括 port security及管理性vlan。

6. 無線網路的管理工作。

- 描述無線網路的組織有哪些。

- 描述小型無線網路的名詞，例如：SSID、BSS、ESS。

- 無線網路存取點基本參數的設定。

- 無線網路安全性的名詞，例如：open、WEP、WPA。

7. 廣域網路鏈路的設定與檢查。

- 描述連接到廣域網路的方法有哪些。

- 設定及核對基本的HDLC廣域網路連接。

- 設定及核對路由器上的PPP。

- 設定及核對路由器上的訊框中繼。

- 描述 VPN 技術。

8. 辨識一般性的網路安全威脅有哪些及如何應付這些威脅。

- 描述有哪些常見的的威脅。

- 描述安全性裝置或應用軟體的功能是什麼。

- 描述如何加強網路裝置的安全防護。

0-5 考試地點與流程

　　國際認證考試多數由 Prometric 及 Pearson VUE 兩間授權代理考試中心所承辦，Cisco 的證照必須到 Pearson VUE 通過的考場進行考試。不論新舊考生均須先填寫報名考試資料，填妥後舊考生須 Log-in 帳號密碼進入欲報名考試日期畫面；新考生則須填寫個人資料註冊登記，才可報名考試。考試費用為 $250 美金，必須以信用卡繳費 (可用父母的信用卡)。

　　因報名填寫流程經常會有小變動，可搜尋及參考網路上的「VUE 報名表填寫範例流程」進行報名。姓名與地址翻譯的部份可參考下面的郵局網站，以免投遞時，郵局看不懂地址：

http://www.post.gov.tw/post/internet/f_searchzone/index.jsp?ID=190103

在通過 Cisco 的認證考試後，立刻可由考試中心拿到考試成績單。但是，要取得證書，必須在通過考試後，到 Cisco 網站登錄資料。可搜尋及參考網路上的「cisco 認證登錄流程」進行登錄程序。

Cisco 原廠在考生通過認證後會寄發一封恭賀電子郵件給考生，其中有一段文字指出考生可依信中的指示，於一週後上網下載電子版證書。這裡要注意：上網下載電子版證書只有五天的期限。(超過五天期限上網下載證書，原廠會跟考生收取費用)

如果一直都沒有收到證照，必須直接寫 Email 到 Cisco 公司，因為考試中心僅提供考試服務，讓考生不需遠赴國外參加認證考試。考後的服務是由原廠直接面對考生的。證照未收到可 Email 至：cs-support-apj@cisco.com 或 service@cisco.com 。

0-6 本書章節

本書共分為上、下冊，下冊共 10 章（不包含第 0 章）。以下是本書章節：

第0章 本書導讀。

第1章 LAN。

第2章 交換器設定。

第3章 VLAN 與 VTP。

第4章 Inter-VLAN。

第5章 STP。

第6章 Wireless。

第7章 NAT 與 IPv6。

第8章 WAN 與 PPP。

第9章 訊框中繼。

第 10 章 網路安全與 VPN。

附錄 考古題解析

0-7　出版後記

(1) 為提供教學之便利，本書提供教學投影片（及相關教具），請各位教師與出版社聯繫取得。本書之教學投影片為1學期適用。您可以視課程之需要自行增減投影片內容。

(2) 本書出版後若有補充資料或未能及時於印刷更新之校正勘誤，亦將製作為電子檔案格式，放置於出版公司網站中，供讀者下載。

01

LAN

CCNA

拓樸圖

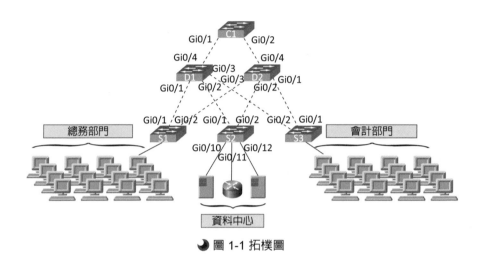

總務部門

會計部門

資料中心

🌙 圖 1-1 拓樸圖

　　拓樸圖 (topology diagram) 是以圖形的方式來呈現一個網路架構，上圖 1-1 為一個網路拓樸圖，在圖中可以顯示出這個本地網路有多少數量的網路設備，以及設備之間是如何互相連接。

　　拓樸圖通常無法顯示出實體的線路如何配置，但是拓樸圖可以讓管理者了解網路的架構。

　　在拓樸中包含了多種的技術與理論，接下來就是要介紹這些本地網路上的基本理論與觀念：

傳播方式

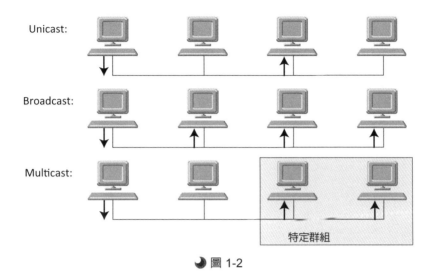

Unicast:

Broadcast:

Multicast:

特定群組

🌙 圖 1-2

在本地網路上的乙太網路，一般是以下面的三種方式進行通訊：

(1) **單播(Unicast)**：訊框從一台主機到另一台指定位址的主機，發送主機及接收主機都只有一個。使用單播傳輸的協定包括 HTTP、FTP、Telnet、SMTP...等。

(2) **廣播(Broadcast)**：訊框從一台主機發送到其他的所有主機，發送主機只有一個，其他所有主機都是接收主機，使用廣播傳輸的協定有 ARP (Address Resolution Protocol)。

(3) **多播(Multicast)**：訊框從一台主機發送給一群特定群組的客戶端。多播經常使用在影音傳輸上。

雙工的模式

乙太網路在通訊時，可能會使用下面兩種方式的其中一種來進行運作：

(1) **半雙工(Half Duplex)**：在同一瞬間只有單一方向的資料流在傳輸，所以傳送資料與接收資料不會同時發生。半雙工通常使用在較老的硬體設備上，例如：hub，如圖 1-3 所示。若主機連接的是交換器，但主機的網卡設定在半雙工模式時，則所連接的交換器也必須使用半雙工模式運作。一般來說，因為碰撞與等待所造成的延遲，以 hub 為基礎的乙太網路的效能，大約只能發揮 10Mb/sec 頻寬的 50% 到 60 %。

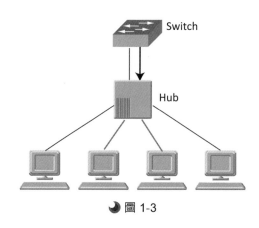

🌙 圖 1-3

(2) **全雙工(Full Duplex)**：如圖 1-4，全雙工通訊的資料流可以同時發送與接收。雙向的通訊可以降低等待的時間，乙太網路、快速乙太網路及 Gigabit 乙太網路卡都支援全雙工。在全雙工模式下碰撞偵測是被關閉的。全雙工模式因為沒有碰撞造成的頻寬浪費，幾乎可以發揮雙向 100% 的效能 (100 Mb/sec 發送及 100 Mb/sec 接收，流通總量為 200M/sec)。

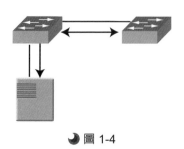

🌙 圖 1-4

CSMA/CD

乙太網路的訊號在本地網路上是使用 IEEE 的 CSMA/CD (Carrier Sense Multiple Access/Collision Detect) 機制來運作。CSMA/CD 只運作在半雙工 (half-duplex) 的通訊中，因此在交換器上是不會使用 CSMA/CD 的。

使用 CSMA/CD 的網路裝置，在傳送訊息之前必須先「傾聽」(listen-before-transmit)，如果預備要傳送訊框的裝置偵測到來自於其他裝置的訊號，此裝置會先等待一段時間再嘗試傳輸。如果沒有其他的訊號被偵測到，這時候此裝置就會開始傳送它的訊息，並且會繼續的保持傾聽，看看送出的訊息是否發生碰撞。資料送完後，此裝置會回到傾聽模式繼續「傾聽」。如果兩個裝置同時傳輸，這時信號會發生碰撞 (collision)，碰撞時電氣訊息會被破壞，但是被破壞的訊息仍會在線路上傳輸。因為所有的裝置都是在傾聽狀態，因此所有的裝置都會知道有「碰撞」發生，而正在傳輸訊息的裝置就會送出壅塞 (jamming) 的信號，這個信號就是通知其他的裝置有碰撞發生了。碰撞一旦發生，傳輸的裝置就會啟動倒退演算法 (backoff algorithm)，這演算法會讓這些裝置等待一段隨機的時間，等到時間到了之後，再回到之前的傾聽模式。「隨機時間」是為了讓各裝置不要又再度同時送出訊息，讓碰撞的狀況再度發生。

MAC 位址與 MAC 位址表

在本地網路的每個主機上都有一個唯一的 MAC 位址。在每個交換器上則都有一張 MAC 位址表，當訊框進入交換器，此位址表會記錄訊框的來源 MAC 位址及訊框進入的 Port 號。被記錄下來的 MAC 位址，是為了下一次資料傳輸時使用。當交換器首次開機時，MAC 位址表是空的，如果交換器上的某一台主機送出了訊框到交換器，這時交換器就會將這個訊框的來源 MAC 位址及 Port 號記錄在 MAC 位址表中，若此訊框的目的地位址在位址表中找不到，則交換器會將此訊框以廣播方式從所有的 Port 送出 (除了原來的來源 Port 外)。

當其他的主機送出訊框給交換器時，同樣會看看來源位址是否存在於位址表中，如果位址表中沒有這主機的 MAC 位址，就將此 MAC 位址及其對應的來源 Port 號放入位址表中。進入交換器的訊框要送往目的地 Port 前，會將訊框中的「目的地 MAC 位址」與交換器的 MAC 位址表內容進行核對，看看是否有相同的位址，如果有相同的 MAC 位址，就將封包送至對應的 Port。如果沒有相同的 MAC 位址，則會將此封包廣播到每一個 Port (除了來源 Port)。只有與訊框目的地 MAC 位址相符的主機網卡會接收此訊框，其他主機因為 MAC 位址不符，則會將收到的訊框丟棄。

若使用的是 hub，當訊框到達 hub 時，hub 會將訊框複製給 hub 的每一個 Port (這個動作稱之為廣播)，在同一時間如果 hub 上其他的 Port 也有主機送出訊框，這時就會發生碰撞，所以一個 Hub 上所有的 Port 都在同一個碰撞領域。

相對於 Hub 的狀況，交換器的每個 Port 都是一個獨立的碰撞領域。交換器中的 MAC 位址表會將訊框送往指定的目的地 Port，此動作稱之為單播。即使目的地 Port 上的主機在同時間送出訊框，因為交換器的 Port 使用全雙工，所以不會發生碰撞。使用交換器，就是為了增加碰撞領域的數量，減少發生碰撞的機會。交換器如果繼續連接其他的交換器，也就等於繼續增加碰撞領域的數量。雖然交換器會過濾以 MAC 為基礎的碰撞流量，但是仍然沒有辦法過濾廣播訊框，當交換器收到廣播的訊框時，會將這個訊框送給所有的 Port，如圖 1-5。假設一台交換器連接著許多其他的交換器，當此交換器收到一個廣播訊框時，此交換器上所連接的其他交換器，也同樣會複製此廣播訊框，而各交換器上的主機收到此廣播訊框時也都會進行處理。所以當交換器每連接一個交換器或 hub，廣播領域的大小就在增加。要讓廣播訊框停止，只有靠路由器及 VLAN。路由器及 VLAN 可以分隔及增加廣播領域及碰撞領域的數量，減少每個廣播領域內的主機數，使得被廣播影響的主機數量減少。VLAN 在稍後章節會敘述。

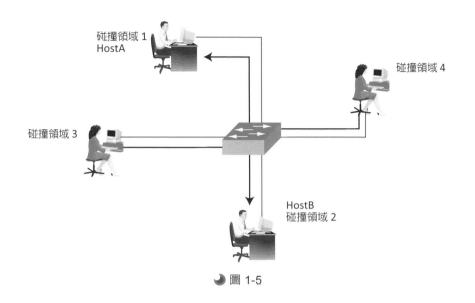

碰撞領域 1
HostA

碰撞領域 4

碰撞領域 3

HostB
碰撞領域 2

圖 1-5

網路延遲

訊框或封包從來源主機到達目的地主機所需要的時間稱為延遲。延遲至少有以下三個階段：(1) 網卡的延遲：發送端與接收端的網卡要將信號放在線路上，若使用 10BASE-T 的網路卡，大約需要 1 microsecond 的時間。(2) 纜線上的延遲：從纜線的一端到另一端所需要的時間，如果是使用 100 米的 Cat 5 UTP 纜線，大約需要 0.556 microsecond 。(3) 裝置的延遲：在傳輸路徑上，所有的網路設備都會造成延遲，包括交換器及路由器。交換器只要處理第二層的訊框，因此延遲較少，路由器的延遲較多。

設計一個網路時，必須要盡量降低延遲的問題。例如：核心層匯聚了所有分配層的流量，當分配層的各個鏈路流量達到線速 (wirespeed) 時，核心層的處理能力要足夠。而存取層只需要第二層的設備即可，若使用第三層的設備反而會造成延遲的增加。

訊框轉送模式

當交換器接收到訊框時，在交換器內部有幾種進行訊框轉送的方法，以下分別說明：

(1) Store-and-Forward：這是思科交換器預設的方式。當交換器接收到訊框時，會先儲存資料在緩衝區中，直到整個訊框被完整接收到才將訊框送出。在訊框送出前，會先取出訊框中的目的地 MAC 位址，接著會依據訊框尾端的CRC(Cyclic Redundancy Check)來檢查此訊框是否有錯誤，若有錯誤會將此訊框丟棄，若沒有錯誤，會依據訊框的目的地 MAC 位址，送往適當的 Port。

(2) Cut-through：這種方式是當交換器的緩衝器收到訊框中足夠的資料時，就立即將資料送出。就算是訊框中的資料還沒有完全傳完，只要已經收到目的地 MAC 位址，就可以比對 MAC 位址表，並將訊框從對應的 Port 送出。因為資料沒有接收完整，所以不會進行錯誤檢查，相對也減少延遲。這種方式的缺點是：如果訊框的資料有錯誤，訊框仍然會被轉送出去，最後目的地主機的網卡仍然會將此錯誤的訊框丟棄。因為這種被轉送的訊框是無用的資訊，等於浪費了網路頻寬。cut-through 的轉送又可以分為下面兩種：

Fast-forward

這種方式就是上面所敘述的典型 cut-through，此方式會讓封包快速的轉送到目的地，提供最少的延遲，但是必須是在網路狀況良好的情況下，才會有最大的效益。如果訊框發生錯誤的情況多，效益也將降低。

Fragment-free switching

fragment-free 模式是在 store-and-forward 的高延遲與 cut-through 的快速傳輸間取得折衷。交換器會儲存要轉送訊框的前 64 bytes，因為在傳輸訊框的

前 64 位元時，最容易發生錯誤及碰撞。

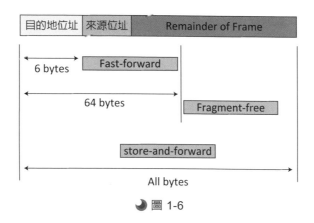

🌙 圖 1-6

　　某些交換器是以動態的方式選擇轉送的方法，首先每個 Port 都先以 cut-through 模式來運作，當某個 Port 上發生的錯誤率到達一個門檻值時，再自動轉變為 store-and-forward 模式來運作，當錯誤率掉回某個值之下時，再恢復為 cut-through 轉送模式。

對稱與非對稱

　　對稱 (Symmetric) 是指交換器上的所有連接的 Port 都提供相同的頻寬，例如：交換器的所有 Port 全部都是 100 Mb/sec 的 Ports。非對稱 (Asymmetric) 的本地網路交換器則在它的 Port 上提供不同的頻寬，例如：一個交換器的 Port，有的提供 10Mb/sec，有的提供 100Mb/sec 的頻寬。

　　大部分新的交換器都是非對稱的交換器。因為非對稱的交換器可以預防瓶頸的發生，例如：使用者的主機可能實際上只需要 10Mb/sec 的頻寬，若是有 47 個使用者只需要 470Mb/sec，此時一條 1000Mb/sec 的上行 (uplink) 鏈路就足夠，非對稱式通常需要使用記憶體緩衝區。

交換器的緩衝區

在乙太網路交換器上。可能會在訊框進入 Port 之後，使用緩衝區技術 (buffering) 儲存訊框。在目的地 Port 忙碌的時候，也可能會使用緩衝區，這種使用記憶體儲存資料的方法稱為記憶體緩衝 (memory buffering)。記憶體緩衝區使用的方法有兩種：

(1) 以 Port 為基礎(Port-Based)緩衝區

訊框會先儲存在佇列當中，並且連結到特定的 Port 上。訊框只有在完全被接收到之後才會傳輸。有可能單一的訊框造成所有的訊框傳輸的延遲。若某個很忙的目的地 Port，其記憶體可能因為還沒有空閒，也會造成訊框無法傳輸。

(2) 分享記憶體(Shared Memory)緩衝區

這種方法是把所有的訊框放在一個共同的記憶體緩衝區中，讓交換器所有的 Port 共享這個記憶體。每個 Port 的緩衝區是動態配置及動態連結的。當一個訊框進入交換器的某個 Port，緩衝區可以動態指定記憶體連結給這個 Port，完全不用移動這個佇列，因此交換器的 Port 所能儲存訊框的數量，是依據總記憶體的大小，而不是單一 Port 的記憶體大小。這樣的機制允許了較大的訊框能夠被傳輸，因為訊框會在不同速率的 Port 之間交換，當速度較快的 Port 送往速度較慢的 Port 時，速度較慢的 Port 如果來不及送出，使用此機制才能有足夠的緩衝區可以利用，因此緩衝區對於非對稱 (asymmetric) 的 Port 是很重要的。

1-2 網路架構

「網路架構」及「設備的選擇」對企業來說是很重要的。下面就是在討論這兩個主題。

階層式網路

網路架構使用階層式的方法，可以讓這個網路更容易管理、擴充及在發生問題時進行除錯，而且可用性與效能也都會更好。階層式網路將網路區分成三層，這讓網路的設計變成「模組化」，每一層都提供了特定的功能。這三層分別是：「存取層」、「分配層」及「核心層」。下面即是階層式架構的圖例。

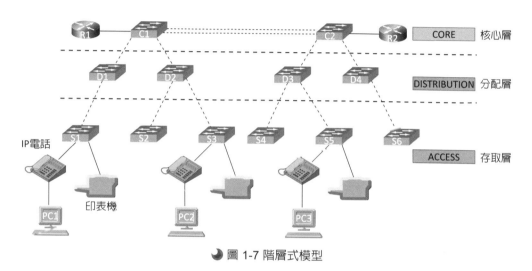

● 圖 1-7 階層式模型

以下分別說明這三層的特性：

(1) **存取層(Access Layer)**：存取層的設備連接著終端用戶設備，這些終端用戶設備包括了：個人電腦、印表機及 IP 電話。存取層提供了基本的網路存取功能，並控制了裝置是否可以在網路通訊。存取層可以使用的設備包括路由器(router)、交換器(switch)、橋接器(bridge)、集線器(hub)及無線存取點(access point)。存取層的 Port 可以屬於不同的 VLAN，每個 VLAN 就是一個廣播領域(稍後章節會詳細敘述)。

(2) **分配層(Distribution Layer)**：分配層主要是收集存取層送來的資料，並且轉送到核心層。分配層可以使用政策(policies) 及 VLAN 所建立的廣播領域來限制流量，不同 VLAN 之間的繞送也必須配置在這一層，這稱為 inter-VLAN 繞送(稍後章節會敘述)。

(3) **核心層**(Core Layer)：核心層是互聯網上的高速骨幹，主要負責分配層之間的資訊交換，核心層轉送的資料量非常龐大，所以核心層設備的轉送(forwarding)能力非常重要，另外高可用性(available)及容錯(redundant)也是這一層必須具備的。核心層同時也負責連接到外面的網際網路。

在下圖 1-8 中的伺服器可能會在某一層樓，但是使用者可能在另外一層樓。存取層與分配層的設備也有可能根本就在一個機櫃當中。核心層則沒有在圖中顯示，有可能也在同一棟大樓中，也可能在不同大樓中。因此可以得知：實體的階層式架構與邏輯的階層式架構可能會很明顯的不同。

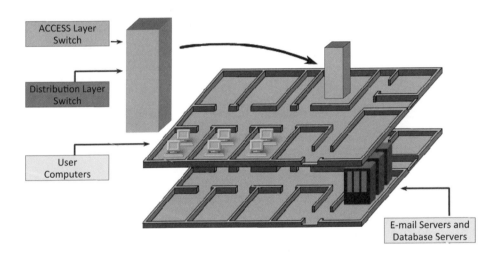

● 圖 1-8 實體的階層式架構配置

階層式網路有以下的優點：

(1) **擴充性**：網路在成長時，能夠很容易的替換設備。例如：當存取層 Port 不足時，只要增加存取層的設備，並將新的設備連接到分配層即可。如果分配層 Port 不足，只需要再加入設備到分配層，並將其連接到核心層即可。

(2) **容錯**：透過容錯可以明顯的增加網路的可用性。有關容錯稍後會詳細敘述。

(3) **效能**：當存取層傳送資料到分配層，兩層中間的鏈路有可能是以線速(wire speed)來進行傳輸，因為這條鏈路是匯總存取層的所有流量，所以分配層必須要有較高的交換效能，同樣的，核心層匯總所有的分配層流量，就必須要有更高的效能。

(4) **安全性高**：存取層交換器可以在 Port 上設定哪些終端用戶設備可以連接到網路，或者是切割 VLAN。在分配層則可以使用 ACL，以決定哪些 IP 或協定可以流通使用，或者是決定那些 VLAN 可以互相繞送。某些存取層的交換器設備可以提供第三層的功能，但是通常都是分配層在處理第三層的工作，因為在這層做會更有效率。

(5) **管理容易**：階層式網路中，同一階層的特性一致，使得管理者在復原與除錯時非常容易，例如：當設備故障時，可以立刻用與該層同性質的設備替代，並且可能可以使用近似的設定。

(6) **維護容易**：在其他網路拓樸設計下，當網路逐漸擴張時，維護網路將變得極為複雜且昂貴，階層式架構因為只有三層，維護的困難度不會增加。存取層的交換器可以使用便宜的交換器以節省經費，分配層及核心層則使用較昂貴的設備，以得到最大效能。

階層式網路在設計時，會考慮以下的幾個項目：

(1) **網路直徑(Diameter)**：在這裡所謂的直徑是一個封包從起點到達目的地的過程中經過的裝置數量，經過的裝置越少，延遲就越小。在下圖中 PC1 與 PC3 通訊，中間會經過六個設備，所以網路直徑就是六。

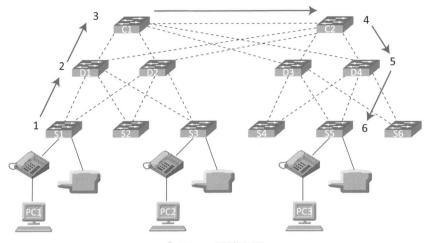

● 圖 1-9 網路直徑

(2) **容錯(Redundancy)**：容錯能提供高可用性。容錯通常可以提供多條的替代路徑，也就是當一條路徑故障時，另一條路徑可以替代。容錯通常要付出較高的設備成本，因為每個設備都會有多條線路連到其他設備。通常分配層與核心層會進行容錯線路的設計，如圖 1-10 中所示。存取層因為成本考量及終端裝置特性的限制，通常不會考慮容錯的設計。終端用戶裝置一般不具有連接多個裝置的能力，而一台終端裝置故障並不會影響多台設備的運作，因此也沒有需要具備容錯的能力。

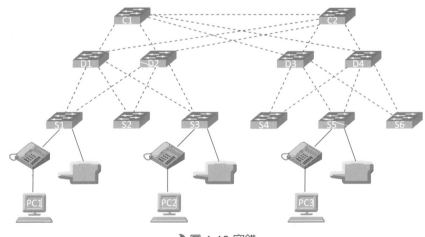

● 圖 1-10 容錯

在整個設計中，存取層設備的數量會影響分配層設備的數量，同樣也牽動了核心層設備的數量。

交換器的考量

(1) **流量分析**：如果要為階層式網路的某一層選擇適當的交換器，最好要有目標網路流量的細節資訊，來作為選購交換器的依據。通常企業裏面剛開始只有少數人使用網路，但是會越來越多人使用，終端裝置也會越來越多，流量也越來越大。流量分析是量測在一個網路上的頻寬使用的量，並依據資料進行分析，以調校效能。有許多方法可以監督網路上的流量，例如：可以監督交換器的 Port 在一段時間之內的使用率。當分析流量資料時，如果要有精確的結果，必須要收集足夠數量的資料。有許多的流量分析工具會自動記錄流量資料，並儲存到資料庫中，以立即執行趨勢的分析。

(2) **使用者群組分析**：在一般辦公室中，終端用戶是依據他們的工作及功能來配置辦公室，通常他們使用相同的資源，因此對網路造成的衝擊也類似。此外，還要考慮每個部門人數的成長，必須要預留足夠的 Port 給將來的人使用，而且也要考慮到這些新使用者加入之後所產生的流量。

(3) **未來的成長**：網路的規劃還要包括預期未來的成長率。因此在採購時，可以考慮堆疊式或模組化的交換器，這兩種都是可擴充的交換器。

(4) **資料儲存及資料伺服器分析**：如果考慮資料儲存及伺服器的位置，就可以判斷網路流量的衝擊。資料可以儲存在伺服器、SAN(Storage area networks)、NAS(Network-attached storage)及其他備份裝置上。要考慮用戶端到伺服器之間的流量及伺服器到伺服器的流量。在圖 1-11 左邊，用戶端要存取伺服器，流量會經過 S1-D1-S2，因此在這條路徑上必須要考慮是否有瓶頸存在，所選用的設備也必須要高效能。在圖 1-11 右邊，伺服器之間會互相通訊，流量可能會非常大，因此會對 S2 造成衝擊。這類伺服器設備必須盡量靠近，以免他們的流量影響其他網路通訊的效能。增加效能最簡單的方法就是：(1)更換設備。(2)鏈路聚合。

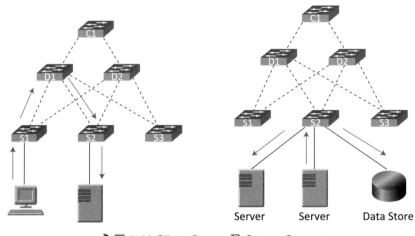

🌙 圖 1-11 Client-Server 及 Server-Server

交換器的特性

當選擇交換器時，可能會看到規格上 (Form Factors) 出現 fixed configuration 或 modular configuration，也可能有 stackable 或 non-stackable 這類的專有名詞，此外在尺寸規格中會出現 1 U 這類的字眼。因此必須要了解這些字代表的意義，下面就分別介紹這些與交換器有關的名詞。首先介紹與「擴充性」有關的名詞：

(1) **固定式(fixed configuration) 交換器**。固定式交換器就是交換器本身已經不能再增加任何的介面。通常因為 Port 已經固定，所以無法再提供新的功能，當需要新的介面或額外的功能時，只有重新購置。

(2) **模組化(Modular Switches)交換器**：模組化交換器提供更多的彈性組合，通常模組化交換器在機殼(chassis) 上就會有不同的大小，以容納不同數量的模組卡板(Line Card)，模組卡板上包含了不同的 Port，模組卡板可以插入機殼裏面，就像個人電腦的擴充槽一樣，較大的機殼通常也就可以插入較多的卡板，但是通常較大機殼的交換器，其價格也會相對昂貴許多。

(3) **可堆疊(Stackable Switches)交換器**：可堆疊交換器可以使用一條特殊的背板(backplane)纜線來互連，互連在一起的交換器之間可以提供高頻寬的流通量(throughput)，感覺上這些互連在一起的交換器就好像是同一台機器。思科在其可堆疊產品上所使用的技術稱為 Stackwise，這個容錯的背板互連技術允許八台以上互連，如下圖 1-12 所示。在圖中的線就是專用的纜線，以雛菊鏈(daisy chain)的方式串接每台交換器，連接的 Port 也是特殊的 Port。這幾台連接起來的交換器就像一台效能更好的交換器一樣。如果這幾台交換器間只是用一般的 port 來串接，其傳輸速度是無法與堆疊方式連接的交換器相比較，因為堆疊交換器的特殊纜線是接到交換器的電路板上。

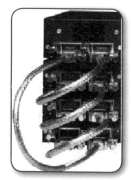

🌙 圖 1-12 可堆疊交換器

下面接著介紹與效能有關的名詞：

(1) **Port 密度(Port Density)**：Port 密度是指在一台交換器上 Port 的數量，一台固定式的交換器大約可以有 48 個乙太網路Port，及四個小型的可拔插(small form-factor pluggable，SFP) Port，如圖 1-13。

🌙 圖 1-13 Cisco 4948

模組化交換器可以支援非常高的 Port 密度，因為每塊卡板上可以有相當多的 Port，例如下圖 1-14 的 Catalyst 6500 交換器，這台設備可以支援超過 1000 交換器的 Port。如果使用固定式的交換器，當兩個交換器要互相連接時，如果需要很大量的頻寬，可能會使用多個 Port 進行頻寬聚合 (bandwidth aggregation)，這樣會造成許多 Port 無法拿來使用。

🌙 圖 1-14 Catalyst 6500 Switch

(2) **轉送率(Forwarding Rates)**：轉送率是指交換器每秒可以處理的資料量，入門級(Entry-Layer)交換器的轉送率較低，企業級(Enterprise-Layer)交換器則有較高的轉送率，如果轉送率太低，交換器將無法滿足所有的 Port 以全線速(full wire-speed)通訊。例如：一個 48 Port 的 Gigabit 乙太網路交換器，將會產生 48Gb/s 的流量，如果這個交換器的背板頻寬只支援 32Gb/s，那麼這台交換器有可能會發生壅塞的狀況。

(3) **鏈路聚合(Link Aggregation)**：或稱為頻寬聚合(Bandwidth Aggregation)。在階層式架構中，特定的交換器之間的多條鏈路可以被聚合在一起，稱之為鏈路聚合。這種作法可以使交換器間得到較高的流通量(throughput)。思科有自己特有的鏈路聚合技術，稱之為乙太通道(EtherChannel)，允許將多條較小頻寬的乙太線路看成是一條大頻寬的乙太線路，詳細的原理與設定不屬於 CCNA 的範圍。在下圖中，可以看到 S1、S3 及 S5在需要較大頻寬

的前提下，使用鏈路聚合技術連接到 D1、D2 及 D4 。鏈路聚合可以在存取層、分配層及核心層上使用。

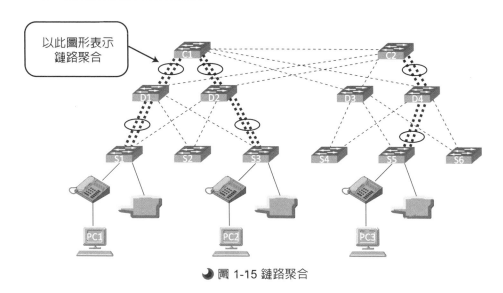

以此圖形表示鏈路聚合

圖 1-15 鏈路聚合

假設有一個 24 Port 的交換器，每個 Port 都可以傳輸 100Mb/s，其中有一個 Port 必須要拿來做為上行鏈路 (uplink) 連接之用，如果交換器上所有的 Port 都可以使用最大線速傳輸資料 (線速只是一個理論值)，前述交換器有 23 個 Port，總流通量就是 2300Mb/s，但是上行鏈路只有 100Mb/s，這將造成資料的傳輸發生壅塞的狀況，傳輸的效能將會變的很差，而鏈路聚合可以改善此狀況。思科一般的交換器可以提供最多 8 條鏈路聚合，如果是企業級的交換器，可以 10 條進行聚合。某些入門級交換器上會有 2 至 4 個 GigabitPort (如圖 2-15)，這些 Port 都可以當作上行鏈路，並使用乙太通道 (EtherChannel) 來增加頻寬。

下面還有一些特殊的名詞：

PoE(Power over Ethernet)：PoE 允許交換器藉由乙太網路線傳送電力到無線發射器上，這種特性適合用在 IP Phone 或者是無線存取點(Access Point)，如圖 1-16，當安裝這些設備時，一定會需要牽一條網路線，但是前述的這兩種設備常常會受限於附近是否有電源插座可用，或者是必須要另外拉

一條電力線到設備旁邊，成本相對提高。若使用具有 PoE 的設備，只要拉
一條網路線即可。

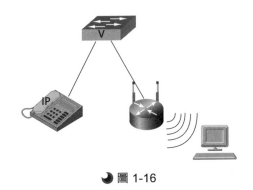

🌙 圖 1-16

🌑 第三層交換

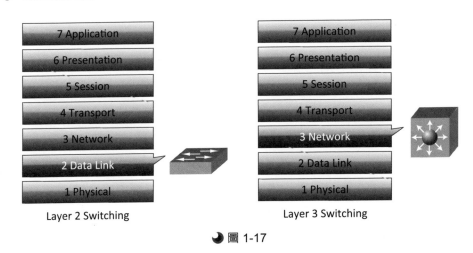

🌙 圖 1-17

　　第二層的 LAN 以 OSI 第二層的 MAC 做為交換及過濾的基礎。一個第三
層的交換器其功能接近於第二層交換器，但是卻是使用第三層的 IP 位址做為轉
送決策的依據。第二層交換器會記錄哪個 MAC 出現在哪個 Port 上，第三層交
換器則會記錄哪個 IP 位址使用了哪個介面，這個資訊就可以做為轉送資料的依
據，而且可以如同第二層交換器一樣的快速交換資料。

　　第三層交換器同樣也有執行第三層繞送 (Layer 3 Routing) 的能力，但是因為第三層交換器有上述的 IP 轉送的額外能力，因此在本地網路上就沒有使用第三層繞送的需求，因為與遶送相比較，第三層交換 (Layer3 Switching) 的速度會更快。Layer 3 交換器可以在不同網路區段間繞送封包，就像是路由器一樣，但是第三層交換器目前並沒有完全取代傳統路由器，主要是因為路由器可以執行額外的第三層服務，但是第三層交換器則沒有此能力。此外，獨立的路由器在支援廣域網路介面卡 (WIC) 上更有彈性。

Feature	Layer 3 Switch	Router
Layer 3 Routing	Supported	Supported
Traffic Management	Supported	Supported
WIC Support		Supported
Advanced Routing Protocols		Supported
Wirespeed routing	Supported	

🌙 圖 1-18

　　具有第三層功能的交換器稱為多層交換器 (MultiLayer Switch)。下圖 1-19 顯示在階層式架構下，第三層交換器提供的功能。

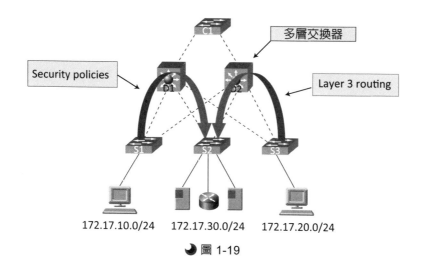

🌙 圖 1-19

整合前面各段的敘述，將階層式各層的特色以下面的表格表示：

特性	存取層	分配層	核心層
QoS	○	○	○
Port 安全性	○		
VLANs	○	○ (繞送)	
FastEthernet	○		
GigabitEthernet	○	○	○
10Gigabit Ethernet		○	○
PoE	○		
鏈路(頻寬)聚合	○ (向上)	○	○
支援 Layer 3 繞送		○	○
轉送率	○ (非必要)	○ (高)	○ (非常高)
容錯		○	○
安全政策/存取清單		○	

☽ 表 1-1

 評量測驗

( ) 1. 「需要高速傳輸、高可用性及容錯等特性」，這是階層式網路架構的哪一層？

　　(1) 實體層。

　　(2) 資料連結層。

　　(3) 網路層。

　　(4) 存取層。

　　(5) 分配層。

　　(6) 核心層。

( ) 2. 「連接用戶端裝置到網路」，這是階層式網路架構的哪一層？

　　(1) 實體層。

　　(2) 資料連結層。

　　(3) 網路層。

　　(4) 存取層。

　　(5) 分配層。

　　(6) 核心層。

( ) 3. 「使用政策控制網路流量，並且藉由使用 VLAN 限制廣播領域」，這是階層式網路架構的哪一層？

　　(1) 實體層。

　　(2) 資料連結層。

　　(3) 網路層。

　　(4) 存取層。

　　(5) 分配層。

　　(6) 核心層。

( ) 4. 鏈路聚合可以在階層式網路的哪一層中實作？

    (1) 核心層。

    (2) 分配層。

    (3) 存取層。

    (4) 分配層與核心層。

    (5) 存取層與分配層。

    (6) 存取層、分配層與核心層。

( ) 5. 在圖中，允許一台交換器連接到其他不同的交換器，這在階層式網路中是屬於什麼特性？

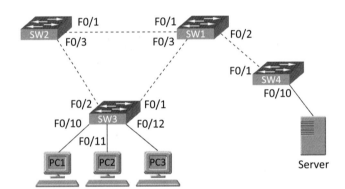

    (1) 擴充性。

    (2) 一致性。

    (3) 容錯。

    (4) 安全性。

( ) 6. 下面那哪個對「模組交換器」的敘述最正確？

    (1) 模組交換器不可以更換或新增。

    (2) 允許以模組化的方式進行設定。

    (3) 機殼以模組化的方式組合。

    (4) 具有彈性的特點。

( ) 7. 「在交換器網路中藉由合併多個 Port ，以獲得更高的流通量」的作法是下列哪一項？

(1) 網路直徑。

(2) 收斂。

(3) 網路合併。

(4) 鏈路聚合。

( ) 8. 在不同的 VLAN 之間通訊，需要使用到 OSI 的哪一層？

(1) Layer 1

(2) Layer 3

(3) Layer 4

(4) Layer 5

( ) 9. 企業用的交換器必須要注意哪兩個特色？

(1) 價格要高。

(2) 轉送效率要高。

(3) 使用固定式交換器。

(4) 支援鏈路聚合。

(5) 使用模組化交換器。

( ) 10. 在思科三層式的階層模型中，哪兩個特色是在三層中都出現的特色？

(1) Power over Ethernet (PoE)。

(2) 負載平衡。

(3) 容錯。

(4) Quality of Service (QoS)。

(5) 鏈路聚合。

(6) Port 的安全性。

(7) Layer 3 繞送。

(8) 安全政策。

( ) 11. 運作在網路核心的交換器，必需要有最好的「網路效能」與「可靠性」。
下面哪三個選項符合上面所提到的需求？

(1) 鏈路聚合。

(2) 安全政策。

(3) 10 Gigabit Ethernet

(4) Quality of Service (QoS)

(5) 負載平衡。

(6) 能夠「熱抽換」的硬體。

(7) Power over Ethernet (PoE)。

( ) 12. 在階層式網路架構中，為了防止網路的路徑失效，在設計「核心層」與
「分配層」時，最好具有哪項特性？

(1) Power over Ethernet (PoE)。

(2) 負載平衡。

(3) 容錯。

(4) Quality of Service (QoS)。

(5) 鏈路聚合。

(6) Port 的安全性。

(7) Layer 3 繞送。

(8) 安全政策。

( ) 13. 在階層式架構中，哪一層不需要考慮「所有的 Port 可能會達到線速」？

(1) 資料連結層。

(2) 分配層。

(3) 存取層。

(4) 實體層。

(5) 核心層。

(6) 應用層。

( ) 14. 某企業現在需要使用 VoIP 與階層式網路設計,哪一種功能必須在此企業
網路的每一層都存在?

(1) Power over Ethernet(PoE)

(2) Quality of Service (QoS)

(3) Port 安全性。

(4) 容錯。

(5) 鏈路聚合。

( ) 15. 以下有關 ARP 協定的敘述何者正確?

(1) 使用單播的協定,能取得目的地裝置的 IP 位址。

(2) 使用單播的協定,能取得目的地裝置的 MAC 位址。

(3) 使用多播的協定,能取得目的地裝置的 IP 位址。

(4) 使用多播的協定,能取得目的地裝置的 MAC 位址。

(5) 使用廣播的協定,能取得目的地裝置的 IP 位址。

(6) 使用廣播的協定,能取得目的地裝置的 MAC 位址。

( ) 16. 當網路管理者要購置新的交換器以取代舊的設備時,在效能的考量下,下
面哪些資訊是對這個採購有幫助的?

(1) 轉送效率。

(2) 流量分析。

(3) 預期用戶成長。

(4) 連線數。

(5) 交換器的數量。

(6) 集線器的數量。

(　) 17. 下面哪一個選項正確的描述了 StackWise 技術?

(1) StackWise 技術允許八個交換器 Port 互連，以增加頻寬。

(2) StackWise 技術允許九個以上的交換器使用背板互連。

(3) StackWise 技術允許利用現有的乙太網路傳遞電力。

(4) StackWise 允許交換器的線路具有容錯功能。

(　) 18. 在思科的階層式網路模型中，下列哪三個是「分配層」的特色?

(1) Power over Ethernet (PoE)。

(2) 負載平衡。

(3) 容錯。

(4) Quality of Service (QoS)。

(5) 鏈路聚合。

(6) Port 的安全性。

(7) Layer 3 的繞送功能。

(8) 安全政策。

(　) 19. 一個在存取層使用的交換器，當其在進行轉送決定時，會使用 OSI 模型的哪一層?

(1) Layer 1

(2) Layer 2

(3) Layer 3

(4) Layer 4

（ 　）20. 乙太網路在通訊時，會使用下面哪兩種方式運作？

(1) 單工。

(2) 半雙工。

(3) 全雙工。

(4) 全多工。

NOTE

02

交換器設定

CCNA

啓動(Boot)順序

接下來會介紹 Cisco 交換器的開機程序及相關的 IOS 命令。Cisco 交換器在開啓電源之後，會先載入開機載入器 (boot loader)，這個載入器是儲存在 NVRAM 中的一個小的程式，當交換器的電源打開之後，就會執行這個程式。它會初始化 CPU 的暫存器 (Registers) 及控制實體記憶體。接著會執行 POST (Power On Self Test)，POST 包含了 CPU 及 DRAM 的測試，並且會啓動 flash 中的檔案系統。接著會載入預設的作業系統軟體映象 (image) 檔到交換器的記憶體 (RAM) 中。載入完成後，這個作業系統會讀取在 Flash 中的設定檔，這個設定檔就是 config.text，必且將這個檔案中的各項設定套用在交換器上。

假如交換器的作業系統毀損，載入器也可以提供進入交換器的最基本的操作功能，包括：存取存在 Flash 中的檔案、格式化 flash 的檔案系統、重新安裝作業系統的映象檔、或者密碼遺失或忘記之後的密碼復原工作。

交換器開機

在開始啓用交換器之前，先確定以下的步驟是否完成：

1. 先核對以下項目是否完成：

- 網路纜線都已經正確連接。

- 個人電腦的 RS-232 已連接至交換器的 console port 上。

- 終端模擬軟體(超級終端機)已經執行，且相關設定都正確。

2. **確定電源線已經插入交換器的插座上。某些交換器(例如：Catalyst 2960)沒有電源開關，當纜線接上時，電源同時開啓。**

開機後要觀察開機程序，當交換器開機時，交換器的 POST 程序也就開始啓動，所以這時候 LED 燈號會閃爍，這代表交換器已經開始測試檢查功能是否正常。當 POST 的程序完成時，SYST LED 燈號會變成綠色的，如果交換器的測試失敗，SYST LED 會變成橙色 (amber)，代表這台機器要修理了。如果 POST 完成且沒有錯誤，交換器就完成開機程序，在終端模擬軟體上會出現提示符號，接下來就可以開始輸入命令了。

設定模式

Cisco IOS 軟體的模式分成兩種：「使用者模式」及「特權模式」。登入交換器後，使用者模式是預設的模式，只能檢視一些基本的訊息，無法操作進階的命令。使用者模式由「>」當作提示符號。特權模式允許使用者存取所有的設備命令，例如：設定和管理的命令。進入特權模式可以使用密碼加以保護，在預設情況下交換器的特權模式沒有設定密碼。擁有密碼的使用者才能存取設備。特權模式由「#」當作提示符號。要從使用者模式進入特權模式，必須輸入 enable 命令。要從特權模式回到使用者模式，必須輸入 disable 命令。

在 Cisco 交換器上進入特權模式之後，就可以進入其它設定模式，設定模式有很多種。Cisco 交換器的命令模式採用階層式命令架構。每一種模式支援特定類型的操作命令。

在特權模式下，要設定影響整個交換器的全域參數（主機名稱或 IP 位址），應使用全域設定模式。進入全域設定模式要在特權模式下輸入 configure terminal 命令，輸入後提示字元將更改爲 (config)#。

如果要設定特定介面的參數，必須從全域設定模式下進入「介面設定模式」，介面設定模式必須輸入 interface <interface name> 命令，進入介面設定模式後，提示符號將更改爲 (config-if)#。要退出介面設定模式，必須使用 exit 命令。範例操作如下所示：

```
switch>enable
Password:password
switch#
switch#configure terminal
switch(config)#
switch(config)#interface fastethernet 0/1
switch(config-if)#
switch(config-if)#exit
switch(config)#
switch(config)#exit
switch#
switch#disable
switch>
```

管理性介面

一個存取層的交換器就像是一台 PC ，必須要設定 IP 位址、遮罩及閘道給
它。這個 IP 是為了在遠端網路時，可以使用 TCP/IP 來進行連線及管理。在下
圖中，如果要透過網路線從 PC1 去管理 S1 交換器，就必須指定一個 IP 給 S1 交
換器，這個 IP 位址必須被指定到一個虛擬介面上，介面名稱是 VLAN xx (xx 為
一個號碼)，接著必須將這個 VLAN 介面指定給某一個 Port，將來的遠端管理
連線就可以從這個 Port 進入。

🌙 圖 2-1

在交換器上預設是在 VLAN 1 上設定遠端管理 IP ，但是基於安全性的理由
(後面章節會敘述)，最好能將預設的管理性 VLAN 轉移到其他的 VLAN 上。在
下面的設定中，管理性 VLAN 將設定在 VLAN 99 (當然也可以在其他 VLAN 介
面上)。介面 VLAN 99 被建立之後，即可指定一個 IP 位址，接著 S1 的乙太網
路介面被設定成屬於 VLAN99 。

Cisco IOS CLI Command Syntax	
進入全域設定模式	S1#configure terminal
進入VLAN99介面	S1(config)$interface vlan 99
設定IP	S1(config-if)#ip address 172.17.99.2 255.255.0.0
啓用介面	S1(config-if)#no shutdown
Return to Global Configuration mide.	S1(config-if)#end
進入全域設定模式	S1#configure terminal
進入介面	S1(config)#interface fastethernet 0/18
存取模式	S1(config-if)#switchport mode access
指定VLAN	S1(config-if)#switchport acces vlan 99
回特權模式	S1(config-if)#end
存檔	S1#copy running-config startup-config

🌙 表 2-1

這裡要注意的是：管理性的 interface vlan 也是介面 (虛擬的)，因此必須使用 no shutdown 的命令將其開啓。此外只有管理性 VLAN 可以使用『interface VLAN xx』這個命令來建立 (一般 VLAN 不會用到此命令)。一般的第二層交換器，同時間只允許一個單一的 VLAN 介面被啓用的。也就是說在上面的設定完畢後，VLAN 99 就被啓動，但是原來預設的 VLAN 1 將會自動關閉。

在上面的設定中，0/18 介面指定給 VLAN99，switchport mode access 代表這個 Port 是一個一般的存取 Port ，switch access vlan 99 代表這個 Port 已經屬於 VLAN 99 。因為交換器就像是一台個人電腦，交換器若要將封包送到另一個網段時，就必須要設定預設閘道 (Default gateway)。在下圖 2-2 中，路由器 R1 是 S1 的 next-hop ，其介面 f0/1 的 IP 位址是 172.17.99.1。

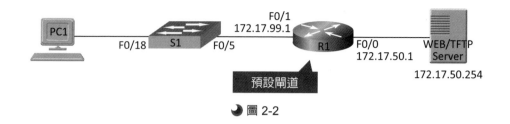

ᨀ 圖 2-2

交換器的閘道設定是使用 ip default-gateway 命令，設定如下：

```
S1(config)#ip default-gateway 172.17.99.1
```

交換器之間的連接，必須要注意兩台交換器是不是相同廠牌的交換器。不同的交換器因為 Port 的預設值不同，可能會有連接的問題。例如：交換器使用的多工模式不同。在 Cisco 的交換器當中，Port 的多工模式可以用 duplex 命令來設定，Port 的速度則可以用 speed 命令來設定，設定過程如下所示：

```
Switch#conf t
 Enter configuration commands, one per line. End with CNTL/Z.
Switch (config)#interface fastEthernet 0/1
Switch (config-if)#duplex ?
 auto Enable AUTO duplex configuration
 full Force full duplex operation
 half Force half-duplex operation
Switch (config-if)#duplex full
Switch (config-if)#speed ?
 10 Force 10 Mbps operation
 100 Force 100 Mbps operation
 auto Enable AUTO speed configuration
Switch (config-if)#speed auto
Switch (config-if)#^Z
```

管理 MAC 位址表

MAC 位址表又稱為 CAM (content addressable memory) 表，MAC 位址表中的位址包含了「靜態位址」與「動態位址」。動態位址是進入交換器訊框的來源位址，當某個主機開機並將網路線接上交換器，交換器的位址表就會記錄這個主機的 MAC 位址，因此是屬於動態的 MAC 位址。如果這個主機關機後一段時

間，這個動態 MAC 位址就會消失。交換器的保留時間是可以更改的，預設是 300 秒，如果將保留時間設定的太短，將會造成 MAC 位址很快就從 MAC 位址表中移除，當訊框進入交換器時，因為在 MAC 位址表比對不到符合的目的地的 MAC 位址，於是會將此封包以廣播的方式送到每個 Port (除了來源 Port)，這等於是產生了洪泛的效應 (flood)，這時所有 LAN 或 VLAN 內的主機都會收到封包，造成網路頻寬及電腦資源的浪費。如果保留時間設定的太長，將會造成 MAC 位址表填滿了 MAC 位址，後續必須要填入的 MAC 位址將無法填入，如果正好要填入的 MAC 是一個重要的目的地，訊框會因為找不到此目的地 MAC 位址與 Port 號，最後又造成了洪泛效應。

　　網路管理者可使用手動設定的方式來建立靜態的 MAC 位址，靜態位址沒有「保留時間」的限制，建立靜態位址就是讓交換器不再需要學習 MAC 位址，因為沒有時間限制，所以靜態位址不會消失，將來如果有一個訊框要前往該靜態 MAC 位址，就不會因為找不到該 MAC 位址而發出廣播。除非管理者移除靜態 MAC 位址，否則靜態 MAC 位址不會消失。靜態 MAC 位址是對應 Port 號來設定，所以在同一個交換器中，其他的 Port 上不可能有相同的 MAC 位址出現，也就是說如果已經在交換器上設定了靜態 MAC 位址的主機，只能在指定的 Port 上使用。要建立一個靜態 MAC 位址到位址表中，命令語法為：

```
mac-address-table static  MAC位址 vlan  vlan號碼  interface 介面名稱
```

　　如果要移除某個靜態位址，只要在上面命令的前面加個 no 即可。交換器中的 MAC 位址表大小會因為交換器不同而不同，Catalyst 2960 可以存到 8,192 個 MAC 位址。

　　下圖就是使用 show mac-address-table 所顯示的位址表，在位址表中可以看到有動態 (DYNAMIC) 的 MAC 位址，並且結合了 Port 號。

```
ALL     0180.c200.0005      STATIC      CPU
ALL     0180.c200.0006      STATIC      CPU
ALL     0180.c200.0007      STATIC      CPU
ALL     0180.c200.0008      STATIC      CPU
ALL     0180.c200.0009      STATIC      CPU
ALL     0180.c200.000a      STATIC      CPU
ALL     0180.c20000d        STATIC      CPU
ALL     0180.c200.000e      STATIC      CPU
ALL     0180.c200.000f      STATIC      CPU
ALL     0180.c200.0010      STATIC      CPU
ALL     ffff.ffff.ffff      STATIC      CPU
  1     000c.7671.7534      DYNAMIC     Fa0/2
  1     0013.e809.7695      DYNAMIC     Fa0/2
  1     0017.9a51.d339      DYNAMIC     Fa0/2
  1     0019.5b0a.a951      DYNAMIC     Fa0/2
  1     0060.b0af.7be4      DYNAMIC     Fa0/2
 Total Mac Addresses for this criterion: 25
```

圖 2-3

備份及還原

在交換器中，正在執行中的設定 (running-config) 是存在 DRAM 中，而開機設定 (startup-config) 則是存在 Flash 記憶體的 NVRAM 中。因此，當輸入 copy running-config startup-config 命令，交換器就會複製執行中的設定到 NVRAM 當中，當交換器重新啟動後，startup-config 的設定就會被載入到交換器的 DRAM 當中完成設定。如果想要在交換器上同時存在多個不同內容的開機設定檔 (或備份)，可以在複製時使用不同的名稱，語法為：copy startup-config flash: 檔案名稱，例如：

```
copy startup-config  flash:config.20110911
```

檔名中包含日期，將有助於將來使用時，知道該使用哪個時間點的備份檔案。

假設現在備份檔案是 config.20110911，如果要將備份的設定檔案載入 DRAM 中執行，只要輸入：

```
copy flash: config.20110911 startup-config
```

如果要重新啟動交換器，可以使用 reload 命令。在執行 reload 命令後，系統提示符號會詢問是否要儲存設定，如果要儲存設定就回答 "yes" 如果回答 "yes"，就會蓋掉開機設定檔。如果目前執行中的設定只是暫時的，就必須回答 "no"，因此選擇 yes 或 no 必須要想清楚。

如果想要將設定備份到 TFTP 伺服器或從 TFTP 伺服器將設定檔載入，其操作步驟如下：

1. 確定 TFTP 伺服器已經正確設定及執行。

2. 確定 TFTP 伺服器與交換器之間的線路已經接好。

3. 透過 Console 或 Telnet 登入交換器，使用 Ping 命令檢查是否可以成功的 Ping 到 TFTP 伺服器。

4. 傳輸交換器的設定到 TFTP 伺服器。下達傳輸的命令中必須要指定 TFTP 的 IP 位址及送到伺服器後的存檔檔案名稱。使用的命令類似如下：

```
#copy system:running-config  tftp://192.168.1.1/config20110911
```

上面的命令是把執行中的設定複製到 TFTP 伺服器，若要將開機設定檔複製到 TFTP 伺服器，使用的命令類似如下：

```
#copy nvram:startup-config  tftp: //192.168.1.1/config20110911
```

若是要將 TFTP 中的設定檔傳輸到交換器的執行設定中，則命令類似如下：

```
#copy tftp: //192.168.1.1/config20110911 system:running-config
```

或者是要將 TFTP 中的設定檔傳輸到交換器的開機設定中，則命令類似如下：

```
#copy tftp: //192.168.1.1/config20110911 nvram:startup-config.
```

清除設定檔可以使用 erase nvram: 或 erase startup-config 命令。若要刪除 Flash 中的備份檔案，可以使用 delete flash: 檔案名稱。

Port 基本安全設定

在思科的交換器上，所有的 Port 預設都是啓用的，因此將主機接上交換器的 Port 即可啓用，但也因此衍生了安全的問題。Cisco 交換器有幾種基本的 Port 安全性的設定，下面分別敘述之：

(1) 靜態安全性 MAC 位址：MAC 位址是經由管理者手動設定進入交換器，使用下面的命令來進行設定：

```
switchport port-security mac-address   MAC位址
```

(2) 動態安全性 MAC 位址：位址是從訊框的來源位址學習獲得，並且暫時儲存在位址表中。交換器重新開啓後，MAC 位址就被移除。

(3) Sticky MAC 位址：MAC 位址也是動態學習獲得，但是會將學得的位址存在執行設定(running-config)及交換器的 MAC 位址表中。可以使用下面的命令來設定及啓用：

```
Switch(config-if)#switchport port-security mac-address sticky
```

此命令在介面上設定後，即可自動將主機的 MAC 位址黏 (Sticky) 在 running-config 中。running-config 中將會自動出現類似下面語法的設定，此設定也可以使用手動的方式輸入：

```
switchport port-security mac-address sticky   [MAC 位址]
```

若沒有啓動 Sticky 功能就輸入上面這個命令，將會出現錯誤訊息。Sticky 啓用完畢後，若要關閉此功能時，使用

```
no switchport port-security mac-address sticky
```

下面以實作來檢視實際狀況，首先將下面的拓樸連接完成，其中 PC 接到交換器的 Fa 0/1 。

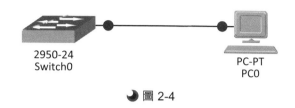

2950-24
Switch0

PC-PT
PC0

🌙 圖 2-4

接著在交換器上進行下面的設定：

```
Switch#conf t
Enter configuration commands, one per line.  End with CNTL/Z.
Switch(config)#interface FastEthernet 0/1
Switch(config-if)#switchport mode access
Switch(config-if)#switchport port-security
Switch(config-if)#switchport port-security mac-address sticky
```

設定完成後，使用 show-running 命令，可以看到如下的片段，其中一行是路由器自動加上的，這就是 sticky 的功能。如果這時候執行 copy running-config startup-config 的命令，這一行自動出現的命令就會被記錄下來，這個 MAC 位址也等於被「鎖」在這個 Port 上。因為使用 sticky 記錄 MAC 的過程不需要管理者手動輸入 MAC 位址，因此對管理者來說非常方便。

```
interface FastEthernet0/1
 switchport mode access
 switchport port-security
 switchport port-security mac-address sticky
 switchport port-security mac-address sticky 0001.436E.B430
```

Port 在進行安全性設定時，可以定義「若發生了違反狀況時的處置」。違反時的處置模式有三種，分別是：保護 (protect) 模式、限制 (restrict) 模式及關閉 (shutdown) 模式，其中最常用的是 shutdown 模式。各模式之差異比較如下：

	轉送流量	送 Syslog 訊息	顯示錯誤訊息	違反計數器+1	關閉 Port
保護	X	X	X	X	X
限制	X	V	X	V	X
關閉	X	V	X	V	V

表 2-2

在 shutdown 模式時，若違反設定的原則，介面將立刻進入 error-disable 狀態 (並不是真的 shutdown)，這個 Port 的 LED 燈將會熄滅，同時送出一個 SNMP trap 通知，違反計數器也會加 1。如果要讓這個 Port 恢復運作狀態，必須先輸入 shutdown ，再輸入 no shutdown 。

在 cisco 交換器上的 Port Security 預設是關閉的。如果啓用 Port Security，每個 Port 的預設安全性位址最多 (maximum) 是 1 個 MAC 位址，也就是說如果同一個 Port 上出現兩個 MAC 位址就構成違反條件。違反處理模式預設是 shutdown，sticky 位址學習的功能是關閉的。下面是 Port Security 的設定範例 :

```
Switch#configure terminal
Switch(config)#interface fastethernet 0/1
Switch (config-if)#switchport mode access
Switch (config-if)#switchport port-security
Switch (config-if)^Z
```

上面的設定是動態的 Port 安全性設定。首先進入全域設定模式，然後再進入乙太網路介面設定模式，將介面的模式設定爲存取模式，透過存取模式才能設定 Port 的安全性，最後啓動 Port 的安全性。這裡沒有設定違反時的動作，代表使用預設的 shutdown 。

實驗

1. 使用兩台交換器 S1 及 S2。

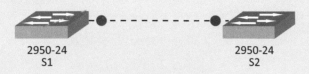

2950-24　　　　　　　　　　　　2950-24
S1　　　　　　　　　　　　　　　S2

◖圖 2-5

```
Switch #configure terminal
Switch (config)#interface fastethernet 0/1
Switch (config-if)#switchport mode access
Switch (config-if)#switchport port-security
Switch (config-if)#switchport port-security maximum 2
Switch (config-if)#switchport port-security mac-address
sticky
Switch (config-if)^Z
```

　　上面設定了這個 Port 最多可以有 2 個安全性的 MAC 位址，違反時將會以 shutdown 模式處理這個 Port。

2. 將上面的設定輸入至 S1。

3. 因為交換器的每個 Port，都有一個 MAC 位址，現在要讓 S1 記錄 S2 fa0/1 的 MAC 位址，所以將 S2 的 Port 0/1 以 crossover 線接到 S1 的 Port 0/10，並等待 Port 的 LED 轉變為綠色。

4. 接著使用 show running-config 看看有關 fa0/10 的設定發生什麼事？

5. 接下來將步驟 3 的網路線移除，將 S2 的 Port0/2 以 crossover 線接到 S1 的 Port 0/10，並等待 Port 的 LED 轉變為綠色。

6. 接著使用 show running-config 看看有關 fa0/10 的設定發生什麼事？

7. 接下來將步驟 5 的網路線移除，將 S2 的 Port0/3以 crossover 線接到 S1 的 Port 0/10。

8. 這時候發生什麼狀況？為什麼？

上面的實驗將會造成 fa 0/10 這個 Port 被關閉，這個時候可以使用 show port-security interface fa0/10 命令，看看其安全狀態，結果如下所示：

```
Switch#sh port-security interface fastEthernet 0/10
Port Security            : Enabled
Port Status              : Secure-shutdown
Violation Mode           : Shutdown
Aging Time               : 0 mins
Aging Type               : Absolute
SecureStatic Address Aging : Disabled
Maximum MAC Addresses    : 2
Total MAC Addresses      : 2
Configured MAC Addresses : 0
Sticky MAC Addresses     : 2
Last Source Address:Vlan : 0010.11E7.7903:1
Security Violation Count : 1
```

圖 2-6

上面的狀態顯示 Port 0/10 已經被安全性的關閉了，最大的 MAC 位址及目前所有的 MAC 位址都是 2，且兩個都是 Sticky 動態學習得到的，最後一行則顯示了這個 Port 的違反計數器記錄了違反發生的次數為 1。

要顯示所有的安全性 MAC 位址，可以使用 show port-security address 命令，結果如下圖所示：

```
Switch#sh port-security address
                    Secure Mac Address Table
-------------------------------------------------------------------
Vlan  Mac Address    Type     Ports  Rrmaining Age
                                     (mins)
----  -----------    ----     -----  -------------
1     0001.436E.B430 SecureSticky  FastEthernet0/1      -
1     0010.11E7.7901 SecureSticky  FastEthernet0/10
1     0010.11E7.7902 SecureSticky  FastEthernet0/10
-------------------------------------------------------------------
Total Addresses in System (excluding one mac per port)    : 1
Max Addresses limit in Ststem (excluding one mac per port) : 1024
```

圖 2-7

爲了安全起見，未使用的 Port 最好全部關閉。但是交換器的 Port 通常非常多，若是一個一個去關閉，會浪費非常多的時間，可以使用下面的命令來一次關閉多個不使用的 Port：

```
S1#conf t
S1(config)#interface range fastEthernet 0/1 - fastEthernet 0/9
S1(config-if-range)#shutdown
S1(config-if-range)#^Z
```

上面的命令同時關閉範圍是 0/1 至 0/9 的 Port 。如果不是連續的 Port，也可以依據下面的方法來設定：

```
S1(config)#interface range fastEthernet 0/07 , fastEthernet
 0/12 , fastEthernet 0/15
S1(config-if-range)#shutdown
```

上面的命令關閉了 0/7、0/12 及 0/15 三個 Port 。

交換器的安全議題

駭客攻擊交換器的手法非常多，前面敘述的基本安全性設定並沒有辦法完全防止駭客對交換器的攻擊，下面介紹幾種與交換器有關的駭客攻擊方式：

(1) MAC 位址泛流(Flooding)

要製造位址泛流只要使用工具程式即可達成，工具程式首先會產生大量的訊框，這些訊框的來源位址都是假造的，依據交換器的特性，只要來源位址是新的 MAC 位址，不存在於交換器位址表內，這訊框的來源位址及來源 Port 號都會被交換器記錄下來，但是交換器的記憶體不是無限的，當這些偽造的訊框數量過多時，MAC 位址表將無法儲存後續到達的 MAC 位址及 Port 號，這時候，依據交換器的基本特性，它會將後續到達的訊框進行廣播的動作 (包含其他 Port 上的訊框也會廣播)，也就是將訊框複製到交換器上的每一個 Port，這就好像是交換器降級變成集線器 (hub) 一樣，駭客的電腦只要接到此交換器的任何

一個 Port 上，並且開啓混雜模式，就可以監聽到這個交換器上所有的訊框。解決的方法就是前面敘述的「限制 Port 的存取」。

混雜模式 (Promiscuous mode)

　　網路卡有幾種接收資料訊框的狀態，如單播、多播、廣播及混雜模式 (Promiscuous)。單播 (Unicast) 是指網卡在接收時，目的地位址必須是本機的硬體位址 (MAC) 的資料訊框才會接受。廣播 (Broadcast) 只接收到的訊框目的地 MAC 位址是廣播位址的訊框，主機才會接收此訊框。多播 (Multicast) 是只接收特定群組的訊框資料。混雜模式是指網卡對訊框中的目的地 MAC 位址不做檢查，全部接收。對於 Hub 來說，假如 A、B、C 接在同一個 Hub 上，當 A 對 C 發送訊框時，依據 Hub 的工作原理，Hub 將會把這個訊框送給交換器上所有的 Port，所以 B(駭客) 實際上也會收到這個訊框，但是因為這是一個單播封包，一般網卡又都在單播模式下，所以預設狀況下，B 會將這個發給 C 的訊框丟棄 (因為 MAC 位址不符合)。但是如果 B 的網路卡處於混雜模式下，B 的網路卡驅動程式就不會丟棄這個訊框，而是把這個訊框送給上層的驅動程式或應用程式。許多的監聽程式都具有開啓混雜模式的功能。

---

(2) CDP 攻擊

　　CDP 是思科特有的第二層協定，訊息本身保含了裝置名稱、IP 位址、軟體版本、平台、相容性 ... 等資訊。預設的情況下，CDP 都是開啓的，CDP 的訊息會週期性的廣播，訊息本身並沒有加密，所以 CDP 的訊息對駭客來說，是非常有用的。解決的方法就是將 CDP 關閉，關閉的命令為 no cdp run。

(3) Telnet 攻擊

　　在 vty 上可以進行密碼的設定，防止遭到任意的登入，但是這樣的防護並不夠，因為有很多的工具程式可以針對 Telnet 的密碼進行破解，最常見的就是暴力密碼攻擊法 (Brute Force Password Attack)，使用這種攻擊法的駭客，只要取

得數以萬計的單字列表 (稱為字典檔)，然後利用工具建立 Telnet 連線，此工具會自動將字典檔中的單字一個個送出進行測試，只要管理者設定的密碼強度不夠，或者密碼是字典檔中的任一個，就會被入侵成功。解決的方法就是經常變換密碼、增加密碼的複雜度及限制可以使用交換器的 IP。另外交換器也容易受到阻斷服務攻擊 (DoS Attack)，這通常是因為 IOS 的版本有問題，只要更新 IOS 版本即可解決。

設定 Telnet 及 SSH

在交換器上，有兩種方法支援遠端的通訊，第一種是 Telnet，在現在的作業系統中幾乎都內建了 Telnet 的客戶端，因此使用 Telnet 進行遠端連線非常方便，但是 Telnet 非常不安全，因為在 Telnet 傳輸的過程中，沒有任何的加密，如果使用監聽軟體，可以擷取到每一個輸入的字。第二種遠端連線的方式是 SSH (Secure Shell)，SSH 必須使用特別的客戶端軟體，且在通訊的過程中，會將資料加密後再傳輸。SSH 有不同的版本，Cisco 的裝置支援 SSH v1 及 SSH v2，建議使用 SSHv2，因為 SSH v2 的演算法更安全。較老的交換器有可能僅支援 Telnet，不支援加密的 SSH 通訊。

在思科的交換器上，Telnet 是 vty 預設支援的協定，不需要指定就可以執行連線，只要設定了交換器的 IP 及 vty 的密碼，遠端就可以使用 Telnet 連線到這個主機。在思科設備上如果要啟用 Telnet 協定，可以在 vty 中使用下面的命令：

```
(config-line)#transport input telnet
```

或

```
(config-line)#transport input all
```

SSH 包含了「SSH 伺服器」及「SSH 客戶端」軟體，在交換器上這兩部份同時存在，交換器支援 SSHv1 或 SSHv2 的伺服器，也支援 SSHv1 客戶端。

SSH 使用 DES 演算法、3DES 演算法及以密碼為基礎的使用者認證。DES 提供 56-bit 加密，3DES 提供 168-bit 加密。

要進行 SSH，必須要先產生 RSA 密鑰，RSA 包含了一個放在公共伺服器上的公鑰 (public key) 及放在發送與接收端上的私鑰 (private key)。公鑰可以對要傳送的訊息進行加密，公鑰可以公開讓所有人知道，訊息被公鑰加密後，其內容只能用私鑰來解密。這稱為非對稱加密 (asymmetric encryption)。在交換器上，要產生 RSA 密鑰，可使用 crypto key generate rsa 這個命令來產生。設定步驟如下：

1. 進入全域設定模式。要先產生 RSA 密鑰，故使用 crypto key generate rsa 命令。

2. (選擇性，非必要) 設定交換器執行的是 SSHv1 或 SSHv2，使用 ip ssh version [1 | 2] 命令，預設支援 SSHv2。

3. 進入 line vty 模式。

4. 輸入 transport input SSH。

完整操作範例如下：

```
Switch#conf t
Enter configuration commands, one per line.  End with CNTL/Z.
Switch(config)# crypto key generate rsa
Switch(config)#ip ssh version 2
Switch(config)#line vty 0 15
Switch(config-line)# transport input ssh
```

因為使用了 transport input ssh 命令，Telnet 就無法再連線。若要刪除 RSA 密鑰，使用 crypto key zeroize rsa 命令，當密鑰被刪除時，SSH 伺服器就會關閉。

雙工模式與 Auto-MDIX

快速乙太網路 (Fast Ethernet) 的 Port 預設是使用 auto 模式。10/100/1000 的 Port 預設的模式是 auto，當速率為 10Mb/s 或 100Mb/s 時，可運作於半雙工及全雙工模式，但是當運作於 1000Mb/s 時，只能運作於全雙工。在 100 BASE-FX 的 Port 預設是全雙工模式。

自動溝通 (Autonegotiation) 模式可能造成無法預期的結果，因為預設情況下當自動溝通失敗，Catalyst 交換器會將 Port 設定為半雙工模式，這通常發生於另一端的連接裝置不支援自動溝通模式。如果這裝置是以手動的方式設定成半雙工模式，它剛好會符合前面預設模式成為半雙工運作。但是如果連接裝置被設定為全雙工模式，這時一端為半雙工模式，一端為全雙工模式，這將會造成半雙工模式這一端發生碰撞錯誤。為了避免這種錯誤，最好手動設定 Port 的模式，讓兩端是相符的。

當連接兩個乙太網路 Port 的裝置時，必須要判斷兩端的裝置是哪一種，例如：路由器與路由器、交換器與路由器 ... 等，依據兩端的設備型態選擇適當的纜線型態 (cross-over 或 straight-through)。在某些新型的交換器設備上，可以使用 CLI 命令列去啟動 mdix 自動介面的設定，這個設定將會依據設備的不同來決定是不是要使用 crossover (auto-MDIX) 的特性。也就是說，當 auto-MDIX 功能啟動時，交換器會偵測纜線的型態及設備的 Port 狀態，使用者不必去瞭解兩端的設備是什麼，或者該使用什麼樣的纜線。auto-MDIX 在交換器版本 Cisco IOS Release 12.2(18)SE 之後預設就是啟用的。版本介於 12.1(14)EA1 及 12.2(18)SE 之間的 auto-MDIX 預設是關閉的。

2-2 IOS 復原與密碼復原

進行 IOS 復原

當下面的狀況發生時，就必須要進行 IOS 復原的動作：

1. IOS 升級。

2. 交換器一直重新開機。

3. 交換器顯示 switch: 提示。這代表無法啓動 IOS，通常是 IOS 被刪除。

4. 出現「error loading flash:xxxx」的訊息。這代表 IOS 可能是故障或者遺失，導致無法成功載入 IOS。完整錯誤訊息類似：Error loading "flash:c2950-i6q4l2-mz.121-12c.EA1.bin"

下面的操作步驟僅確認適合以下型號的交換器：2940、2950/2955、2970、3550、3560、3750 系列的交換器。進行 IOS 復原之前，先確認以下事項：

1. 連接 PC 及 console port。

2. 開啓「超級終端機」或類似軟體，使用以下的設定：

- ◆ Bits per second: 9600

- ◆ Data bits: 8

- ◆ Parity: None

- ◆ Stop bits: 1

- ◆ Flow control: None

🌙 圖 2-8

如果交換器出現的是 switch: 這樣的訊息，則下面的步驟跳過步驟一，直接操作第二步驟。接下來就是復原的操作：

步驟 1.以 Catalyst 2950 系列的交換器說明。

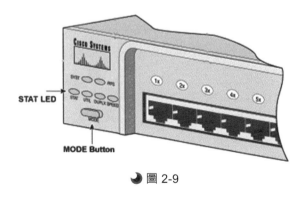

🌙 圖 2-9

(1) 先拔掉電源線。

(2) 再重新接上電源線時，立刻按下交換器的 MODE 按鍵。這個 MODE 按鍵在面板的左邊。

(3) 等到 STAT LED 不閃動且終端機顯示 switch: 的提示符號，就可以放開 MODE 按鍵。

步驟 2.輸入 flash_init 命令及 load_helper 命令。

步驟 3.輸入dir flash:，檢視交換器 Flash 檔案系統的內容。應該會出現類似下面的顯示：

```
switch: dir flash:
Directory of flash:/
2 -rwx 5 <date> private-config.text
3 -rwx 110 <date> info
4 -rwx 976 <date> vlan.dat
6 -rwx 286 <date> env_vars
26 -rwx 1592 <date> config.text
8 drwx 1088 <date> html
19 -rwx 110 <date> info.ver
4393472 bytes available (3347968 bytes used)
```

　　顯示的內容應該是看不到任何的 IOS 檔案名稱。這時為了在 IOS 傳輸時速度加快，可以調整 Console Port 的傳輸速度，命令如下：

```
switch: set BAUD 115200
```

步驟 4.接下來是要利用 Xmodem 協定傳輸 IOS 檔，依據檔案的大小不同，最多可能會花費 20-60 分鐘不等。首先在交換器上輸入如下的命令：

```
switch: copy xmodem: flash:c2955-i6q4l2-mz.121-13.EA1.bin
Begin the Xmodem or Xmodem-1K transfer now...
CCC
```

　　上面粗體字的部份是需要輸入的部份，其他為 IOS 顯示的畫面，IOS 檔名因設備不同而不同。接著在超級終端機 (HyperTerminal) 的視窗中，選擇「Transfer」選項及「Send File」選項。如下圖所示：

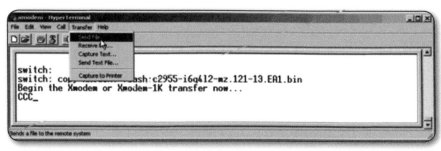

🌙 圖 2-10

接下來選擇要傳輸給交換器的 IOS 檔案及選擇「Xmodem」協定。如下圖所示：

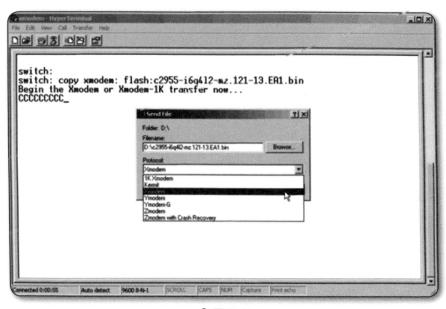

🌙 圖 2-11

最後，按下「Send」開始傳輸，注意是否真的開始傳輸。如下圖：

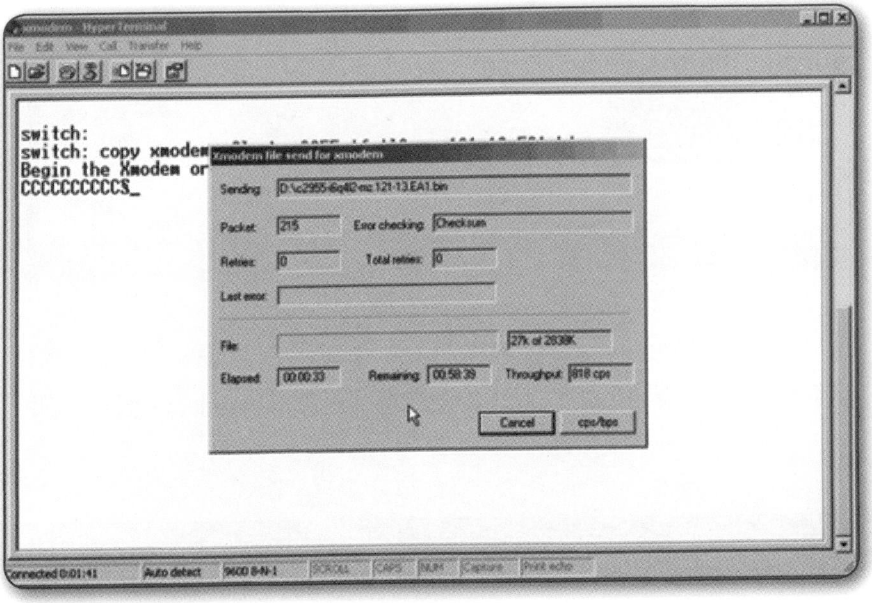

🌙 圖 2-12

步驟 5. 若傳輸完畢，記得將傳送速率改回來。執行下面命令即可改回原速率：

```
Switch : unset BAUD
```

步驟 6. 傳輸完畢後，IOS 並未載入交換器的 DRAM。此時可以下命令載入 IOS 或重新開機，載入 IOS 可輸入以下命令：

```
switch: boot flash:c2955-i6q4l2-mz.121-13.EA1.bin
```

進行密碼復原

　　以下操作步驟僅適合下列的交換器型號：2940、2950/2955、2970、3550、3560、3750 及 3750 系列的交換器。

　　進行密碼復原之前，先確認以下事項：

1. **連接 PC 及 console port。**

2. 開啟「超級終端機」或類似軟體，使用以下的設定：

🔸 Bits per second: 9600

🔸 Data bits: 8

🔸 Parity: None

🔸 Stop bits: 1

🔸 Flow control: None

步驟 1.以 Catalyst 2950 系列的交換器做操作說明；

(1) 拔掉電源線。

(2) 當重新接上電源線時，按下交換器的 MODE 按鍵。這個 MODE 按鍵在面板的左邊。

(3) 等到 STAT LED 不閃動且終端機顯示 switch: ，就可以放開 MODE 按鍵。

步驟 2.輸入 flash_init 命令及 load_helper 命令。

步驟 3.輸入 dir flash: 命令，可以看到 IOS 的檔案及設定檔 config.text：

```
switch: dir flash:
Directory of flash:/
2 -rwx 1803357 <date> c3500xl-c3h2s-mz.120-5.WC7.bin
4 -rwx 1131    <date> config.text
```

步驟 4.因為密碼就在開機設定檔 config.text (也就是 startup-config)裡面，只要將此檔案改名，重新開機後就不會載入密碼設定。輸入下面的命令：

```
switch: rename flash:config.text flash:config.old
```

步驟 5.輸入 boot 重新開機。

```
switch: boot
```

步驟 6.開機完畢後，因為已經沒有密碼的設定，可以使用 enable 直接進入特權模式，如下操作：

```
Switch>en
Switch#
```

步驟 7.將原先的設定檔複製到 config.text ，也就是把名稱改回來。

```
Switch#rename flash:config.old flash:config.text
Destination filename [config.text]
```

步驟 8.再將 config.text 複製到正在執行的系統設定中，此動作會將所有舊設定都套用在交換器上(包括密碼)，舊設定中的許多設定或許都還有用處。因為此時已經擁有特權，就算是舊的密碼套用上也沒關係。如下操作：

```
Switch#copy flash:config.text system:running-config
Destination filename [running-config]?
```

步驟 9.接著就可以將舊密碼用新密碼覆蓋，操作如同一般設定密碼一樣：

```
Switch (config)#enable secret <new_secret_password>
Switch (config)#enable password <new_enable_password>
Switch (config)#line vty 0 15
Switch (config-line)#password <new_vty_password>
Switch (config-line)#login
Switch (config-line)#line con 0
Switch (config-line)#password <new_console_password>
```

步驟 10.最後記得，要將最新的 running-config 設定存入 config.text (stratup-config) 當中。

```
Switch#copy running-config startup-config
```

 評量測驗

(　　) 1.　哪個交換器CLI 模式允許使用者設定密碼？

(1) 使用者模式。

(2) 特權模式。

(3) 全域設定模式。

(4) 介面設定模式。

(　　) 2.　交換器的開機設定檔存在哪裡？(複選)

(1) DRAM

(2) NVRAM

(3) ROM

(4) config.text

(　　) 3.　管理者在交換器上輸入命令及若干參數並按下 ENTER 後，交換器回應「"% Incomplete command」，管理者接下來該怎麼辦？ 在下面的選項中選一個最適當的。

(1) 重新輸入一次同樣的命令。

(2) 在原來的命令後面加上一個 「?」。

(3) 在原來的命令後面加上一個空白及一個「?」。

(4) 在原來的命令後面加上一個Tab 按鍵。

(　　) 4.　若交換器故障，當交換器開機後，SYST LED 會顯示什麼顏色？

(1) 綠色(Green)。

(2) 橙色(Amber)。

(3) 黃色(Yellow)。

(4) 紅色(Red)。

( ) 5. 如果管理者在交換器上輸入下面的命令,將會有什麼結果?

```
Switch1(config-line)# line vty 0 4
Switch1(config-line)# password cisco
Switch1(config-line)# login
```

(1) 將來要用 console port 時,會需要輸入「cisco」密碼。

(2) 將來遠端登入時,會需要輸入「cisco」密碼。

(3) 將來進入特權模式時,會需要輸入「cisco」密碼。

(4) 來進入介面設定時,會需要輸入「cisco」密碼。

( ) 6. 下面關於 EXEC 模式密碼的敘述,哪些是對的?

(1) 「enable secret password」密碼是以明文進行儲存。

(2) 使用「enable secret password」命令可以比「enable password」提供更好的安全性。

(3) 「enable password」及「enable secret password」都可以保護特權模式。

(4) 「service password-encryption」一定要使用「enable secret password」來加密。

(5) 「enable password」及「enable secret password」必須要同時使用。

( ) 7. 以show running-config 命令顯示了下面的輸出,從輸出中可以得到什麼結論?

```
enable password  7 0608070 D1133
```

(1) 密碼是 0608070 D1133

(2) 所有的密碼都是以 MD5 雜湊演算法。

(3) 這個密碼被加密過。

(4) 這個密碼是以明文顯示。

（　）8. 交換器要進行遠端管理，輸入了下面的設定後，仍無法從遠端登入交換
器，最有可能的原因是什麼？

```
Switch#conf t
Enter configuration commands, one per line. End with CNTL/Z.
Switch(config)#interface vlan 99
Switch(config-if)#ip address 172.17.1.1 255.255.0.0
Switch(config-if)#no shutdown
Switch(config-if)#exit
Switch(config)#interface fastEthernet 0/1
Switch(config-if)#switchport mode access
Switch(config-if)#switchport access vlan 99
Switch(config-if)#end
```

(1) ip 位址未設定。

(2) vlan 設定錯誤。

(3) Port 設定錯誤。

(4) ip default-gateway 未設定。

（　）9. 下面是使用哪個命令在交換器上執行後所顯示的畫面？

```
ALL      0180.c200.0005    STATIC      CPU
ALL      0180.c200.0006    STATIC      CPU
ALL      0180.c200.0007    STATIC      CPU
ALL      0180.c200.0008    STATIC      CPU
ALL      0180.c200.0009    STATIC      CPU
ALL      0180.c200.000a    STATIC      CPU
ALL      0180.c20000d      STATIC      CPU
ALL      0180.c200.000e    STATIC      CPU
ALL      0180.c200.000f    STATIC      CPU
ALL      0180.c200.0010    STATIC      CPU
ALL      ffff.ffff.ffff    STATIC      CPU
  1      000c.7671.7534    DYNAMIC     Fa0/2
  1      0013.e809.7695    DYNAMIC     Fa0/2
  1      0017.9a51.d339    DYNAMIC     Fa0/2
  1      0019.5b0a.a951    DYNAMIC     Fa0/2
  1      0060.b0af.7be4    DYNAMIC     Fa0/2
Total Mac Addresses for this criterion: 25
```

(1) show cdp neighbor

(2) show interface Fa0/2

(3) show arp

(4) show mac-address-table

( ) 10. 哪些方法可以讓交換器比較不容易被 MAC 位址泛流攻擊、CDP 攻擊及 Telnet 攻擊?

(1) 關閉交換器上的 CDP 功能。

(2) 經常改變 vty 密碼

(3) 開啟 HTTP 服務。

(4) 關閉所有用不到的 Port。

(5) 關閉所有用不到的服務

( ) 11. 選項中關於 Port 安全性的敘述哪些是對的?

(1) 思科交換器的三個違反模式都會經由 SNMP 送出 log 。

(2) 當交換器重新開機,所有之前學到的動態位址都會消失。

(3) 思科交換器的三個違反模式都必須要管理者手動重新啟用 Port。

(4) 加入 sticky 參數,只有在加入此參數之後學到的 MAC 位址會被記錄。

(5) 交換器Port 上可以設定「允許 MAC 的最大數量」,以限制用戶主機的數量。

( ) 12. 交換器進行了下面的設定。現在有一台 PC ,其 MAC 位址為 00c0.abcd. abcd,如果這台 PC 接上交換器的 Fa0/1 ,並且送出訊框,將會發生什麼事?

```
Switch(config)#interface fastethernet 0/1
Switch(config-if)#switchport mode access
Switch(config-if)#switchport port-security
Switch(config-if)#switchport port-security mac-address
00c0.abab.abab
Switch(config-if)#switchport port-security maximum 1
```

(1) 將會造成 Fa0/1 關閉。

(2) PC 送出的訊框將會被丟棄。

(3) PC 的 MAC 位址會被記錄在交換器的 MAC 位址表中。

(4) 交換器中的所有 MAC 位址將會被移除。

( ) 13. 如果在交換器上的 vty 上輸入 transport input ssh 命令，將會發生什麼事？

(1) 客戶端將可以使用 telnet。

(2) 交換器與客戶端可以使用 SSH 進行加密通訊。

(3) 通訊不再需要帳號及密碼。

(4) 交換器的 SSH 客戶端的功能將會被啟用。

( ) 14. 網路管理者希望交換器上只允許 SSH 的連線，輸入下面的命令後，管理者仍無法以 SSH 或 Telnet 連線到交換器，這個狀況是什麼問題造成？

```
Switch#conf t
Enter configuration commands, one per line. End with CNTL/Z.
Switch(config)#interface vlan 99
Switch(config-if)#ip address 172.17.1.1 255.255.0.0
Switch(config-if)#no shutdown
Switch(config-if)#exit
Switch(config)#ip default-gateway 172.17.1.254 255.255.0.0
Switch(config)#crypto key generate rsa
Switch(config)#ip ssh version 2
Switch(config)#line vty 0 4
Switch(config-line)#password cisco
Switch(config-line)#login
```

(1) 預設閘道設定錯誤。

(2) vty 設定錯誤。

(3) ssh 版本錯誤。

(4) 漏了 transport input ssh 命令。

(5) vlan 中的 ip 設定錯誤。

（　）15. 管理者在交換器重新開機後，對交換器進行了一些新的設定，接著在特權
　　　　模式下輸入 copy startup-config running-config ，然後將交換器關機重開。
　　　　請問這交換器會發生什麼狀況？

(1) 新的設定會被套用。

(2) 新的設定全部遺失。

(3) 交換器無法開機。

(4) 交換器的 IOS 被刪除。

VLAN 與 VTP

CCNA

在一個本地網路中，如果主機的數量增加，廣播的訊框數量也增加，太多的廣播訊框將會影響網路與主機的效能。使用 VLAN 技術是一個減少廣播的方案。VLAN 能夠將一個大的廣播領域切割成多個廣播領域，每個廣播領域中的主機數量便會減少，相對的廣播訊框也就減少。

3-1 VLAN

VLAN 簡介

假設現在某個學校的資管系電腦及網路配置如下：教職員辦公室在二樓，三樓實驗室的學生電腦共一百台，二樓與三樓共用同一個網段，如圖 3-1 所示。

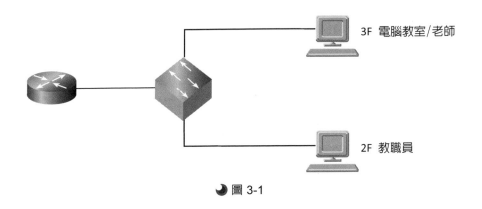

3F 電腦教室/老師

2F 教職員

圖 3-1

在上圖中，三樓是教學電腦的環境，二樓是教職員辦公室，使用同一個交換器連接。在這樣的網路環境下，教職員的電腦如果未使用加密的服務，資訊是很容易就洩漏的。此外電腦教室的電腦數量很多，二樓教職員的電腦，將會受到廣播的影響。為了減少廣播並基於安全性的考量，可以增加交換器設備，讓不同的樓層使用不同的網段，以解決廣播與安全的問題，如下圖 3-2 所示。下圖中，二樓與三樓分別使用一台交換器。如果有更多的單位，當然可以繼續

擴增交換器來解決，但是成本相對會增加，此外路由器是否有這麼多的 Port 連接交換器也是一個問題，若要更換路由器只會增加更多的成本。

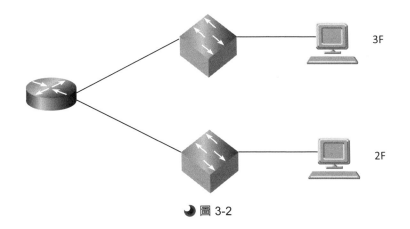

● 圖 3-2

　　VLAN (Virtual LAN) 技術可以在極低的成本下解決上述的問題，VLAN 的運作主要是在交換器上進行的，VLAN 允許多個子網路存在於交換器之上，每個 VLAN 可以看成是一個獨立的本地區域網路，VLAN 也允許網路管理者將不同地理位置的使用者變成同一群組，這裡的一個群組就是一個 VLAN。管理者可以依據不同 VLAN 用戶的特性，為每個 VLAN 設定不同的存取政策。

　　在下圖 3-3 中顯示了 VLAN 的使用狀況，S1 的三個 Port 及其連接的主機分屬於不同的 VLAN，不同的 VLAN 會有不同的號碼，不同的 VLAN 所使用的 IP 也分屬不同的網段，在圖的右邊是 S2 交換器，雖然與 S1 是不同的地理位置，但是在兩台交換器上同個 VLAN 的用戶之間，仍然可以是同屬於一個群組，並且使用相同網段的 IP 位址。這裡要注意的是：不同的 VLAN 就是不同的子網路，因此不同 VLAN 的主機是無法通訊的。

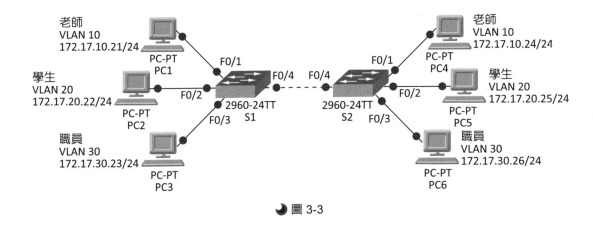

圖 3-3

　　歸納 VLAN 的主要優點有：1. 安全。2. 成本降低。3. 高效率。4. 減緩廣播風暴。5. 易於管理。VLAN 的號碼範圍可以分為一般範圍及延伸範圍。以下分別說明：

(1) **一般範圍**：在 1 到 1005 之間，其中 1002 到 1005 是被保留給 Token Ring 及FDDI 。VLAN 號碼 1 及 1002 到 1005 是自動被建立，並且無法被移除。有關 VLAN1 在稍後會有更詳細的敘述。當要使用 VLAN 時，必須先在 VLAN 資料庫中建立 VLAN 號碼，這個資料庫其實是一個檔案，檔案名稱是 vlan.dat。這個檔案存在於交換器的 flash 記憶體當中。在後面介紹的 VTP (VLAN trunking protocol) 協定只對「一般範圍」的 VLAN 有作用。

(2) **延伸範圍**：在 1006 至 4094 之間，主要是提供給網路服務的提供者，相關設定會儲存在 running-config 檔中。

一個思科的 Catalyst 2960 交換器可以支援設定最多到 255 個 VLANs。

VLAN 的種類

　　VLAN 有幾種不同的型態，下面介紹這幾種 VLAN：

(1) **資料(Data) VLAN**：VLAN 被設定成只能攜帶電腦所產生的資料流量。有的 VLAN 可以用來攜帶「語音流量」或「管理交換器的流量」，但是資料 VLAN 不會攜帶上述的兩種流量。

(2) **預設(Default) VLAN**：當交換器第一次開機時，所有的 Port 都會是這個預設 VLAN 的成員，所以所有的 Port 會在相同的廣播領域之下。思科交換器的預設 VLAN 就是 VLAN 1，如下圖 3-4 所示，使用 show vlan 命令可以顯示交換器 VLAN 的現況。VLAN1 不能被刪除。因為 VLAN1 是每台交換器預設的 VLAN，基於安全性的考量，最好將 VLAN1 這個預設的 VLAN 改變為其他的 VLAN，並且將 Port 全部歸屬給這個 VLAN。當交換器建立了其他的 VLAN 後，交換器之間連接的鏈路必須使用特殊的模式，才能讓所有的 VLAN 通過，這個特殊的模式稱為通路(trunk)，交換器的任何一個 VLAN 流量都可以經過 trunk 鏈路到達另一台交換器。

```
Switch#sh vlan

VLAN Name                Status    Ports
---- ------------------- --------- ----------------
1    default             active    a0/1, Fa0/2, Fa0/3, Fa0/4
                                   Fa0/5, Fa0/6, Fa0/7, Fa0/8
                                   Fa0/9, Fa0/10, Fa0/11, Fa0/12
                                   Fa0/13, Fa0/14, Fa0/15, Fa0/16
                                   Fa0/17, Fa0/18, Fa0/19, Fa0/20
                                   Fa0/21, Fa0/22, Fa0/23, Fa0/24
1002 fddi-default        act/unsup
1003 token-ring-default  act/unsup
1004 fddinet-default     act/unsup
1005 trnet-default       act/unsup

VLAN Type  SAID   MTU  Parent RingNo BridgeNo Stp BrdgMode Trans1 Trans2
---- ----- ------ ---- ------ ------ -------- --- -------- ------ ------
1    enet  100001 1500 -      -      -        -   -        0      0
1002 fddi  100002 1500 -      -      -        -   -        0      0
1003 tr    100003 1500 -      -      -        -   -        0      0
1004 fdnet 100004 1500 -      -      -        ieee -       0      0
1005 fdnet 100005 1500 -      -      -        ieee -       0      0
```

🌙 圖 3-4

(3) **原始(Native) VLAN**：在一般 VLAN 所屬的 Port 上，若有訊框進入這個 Port，訊框均會被加上標籤(tagged)，但是在 native VLAN 所屬的 Port 上，進入的訊框是不會加上標籤(untagged)的。802.1Q 的 trunk port 上可以通過加上標籤的流量，也可以通過未加上標籤的流量。思科預設的 native VLAN 是 VLAN 1。個人電腦所產生的訊框就是未加上標籤的訊框流量，當交換器第一次啟動且未建立其他 VLAN 時，因為交換器的 Port 預設都屬於 VLAN1，若電腦接上交換器的 Port，交換器並不會把電腦的訊框流量加上標籤。但是因為 VLAN1 的安全性問題，最好使用別的 VLAN 號碼當做 Native VLAN。

(4) **管理(Management) VLAN**：管理性 VLAN 就是當管理者在遠端網路時，為了方便管理的目的所存在的 VLAN，建立此 VLAN 必須設定「VLAN 介面」，並且在此管理性 VLAN 介面內必須要設定一個 IP 及子網路遮罩。思科使用 VLAN 1 做為預設的管理性 VLAN，在前面章節已經看過將管理性 VLAN 從 VLAN 1 調整到 VLAN99 的例子。

(5) **語音(Voice) VLAN**：在使用 VoIP 時，必須要有足夠的頻寬才能確保聲音的品質，因此使用獨立的 VLAN 才能確保傳輸水準，下圖 3-5 是 IP 電話的連接拓樸：

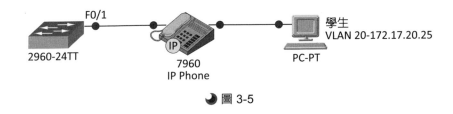

🌙 圖 3-5

在圖中，S3 交換器上連接著 IP 電話，而 IP 電話接著電腦，電腦屬於 VLAN20，但是 IP 電話屬於不同的 VLAN，所以在交換器 Fa 0/1 上必須要設定兩種 VLAN。有關此 Port 的設定，稍後再敘述。若設定完成，使用 show interface fa0/18 switchport 顯示的畫面如下所示：

```
Switch#show interfaces fa0/1 switchport
Name: Fa0/1
Switchport: Enabled
Administrative Mode: static access
Operational Mode: down
Administrative Trunking Encapsulation: dot1q
Negotiation of Trunking: off
Access Mode VLAN: 20 (VLAN0020)
Trunking Native Mode VLAN: 1 (default)
Administrative Native VLAN tagging: enabled
Voice VLAN: 150 (VLAN0150)
```

上面顯示了 VLAN150 是語音 VLAN，將會攜帶 IP 電話的語音流量，VLAN 20 是資料 VLAN，將會攜帶電腦的資料流量，F0/1 將會把 IP 電話的訊框貼上 VLAN150 的標籤 (tag)，個人電腦的訊框則會被貼上 VLAN 20 的標籤。思科的 IP 電話事實上就是一部整合了 10/100M Port 的交換器，PC 雖然接在 IP 電話上，但是送出的資料會穿越 IP 電話，不會被貼上任何標籤。而交換器與 IP 電話連接的鏈路就像是 Trunk 鏈路一樣。

Port 設定

交換器的 Port 是屬於第二層的實體介面，因此只能控制第二層的協定。交換器的 Port 可以分別屬於一個或多個不同屬性的 VLAN。設定 VLAN 時，除了要指定號碼，也可以給 VLAN 一個名字，便於將來辨識 VLAN 的用途。交換器的 Port 可以被設定成支援下列的幾種 VLAN 型態：

(1) **靜態(Static) VLAN**：這是將交換器的 Port 以手動方式設定的 VLAN，如果指定的 VLAN 不存在，IOS 會自動建立這個 VLAN。有關的設定方法如下所示：

```
Switch(config)#interface fastEthernet 0/1
Switch (config-if)#switchport mode access
Switch (config-if)#switchport access vlan 20
Switch (config-if0#end
```

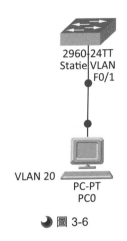

VLAN 20   2960-24TT
           Statie VLAN
                F0/1

           PC-PT
           PC0

🌙 圖 3-6

(2) **動態(Dynamic) VLAN**：此種類型的 VLAN 會使用到一個 VLAN 成員政策
伺服器(VLAN Membership Policy Server，VMPS)，Port 的 VLAN 由這個
伺服器動態設定，伺服器會依據連線設備的來源 MAC 位址來給予 VLAN
號碼。此架構可以讓設備在不同交換器的 Port 上使用時，仍能使用同一個
VLAN，管理者不需要去更改設定。

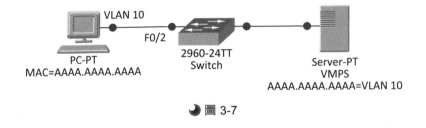

VLAN 10

F0/2

PC-PT   2960-24TT   Server-PT
MAC=AAAA.AAAA.AAAA Switch   VMPS
                           AAAA.AAAA.AAAA=VLAN 10

🌙 圖 3-7

(3) **語音(Voice) VLAN**：交換器的 Port 可以連接 IP 電話，但是這個 Port 必
須被設定成語音模式，在設定時必須要設定「語音的 VLAN」及「資料
的 VLAN」。假設現在 VLAN 150 是語音的 VLAN，VLAN 20 是資料的
VLAN，拓樸及設定如下所示：

```
Switch(config)#interface fastEthernet 0/1
Switch (config-1f)#mls qos trust cos
Switch (config-if)#switchport voice VLAN 150
Switch (config-if)#switchport mode access
Switch (config-if)#switchport access vlan 20
Switch (config-if)#end
```

🌙 圖 3-8

　　上面的設定 mls qos trust cos 命令會使語音流量成為具有最高優先權的流量。接著的 switchport voice VLAN 150 命令會讓 VLAN 150 成為語音 VLAN。switchport access VLAN 20 命令會讓 VLAN 20 成為資料的 VLAN。

VLAN 上的廣播

　　不管是單播、多播或廣播，會被影響的主機只有在同一個 VLAN 當中。增加 VLAN 的數量可以增加廣播領域的數量，如同路由器增加介面就可以增加廣播領域的數量一樣。但是，交換器的不同 VLAN 間不能互相通訊，路由器的介面間卻可以互相通訊。如果交換器的 VLAN 之間要互相通訊，必須利用到 Intra-VLAN 的通訊技術或是使用第三層的交換器進行，這在後面章節會敘述。

Trunk

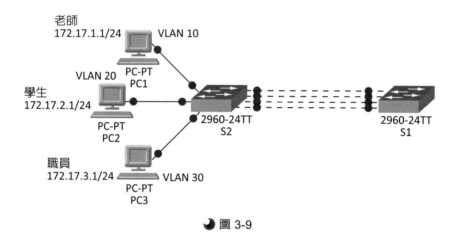

🌙 圖 3-9

在圖 3-9 中，每個 VLAN 就是一個獨立的子網路，因為有多個 VLAN 的資料要從 S2 傳輸到 S1 (包含 VLAN1、VLAN10、VLAN20、VLAN30)，勢必要使用多條線路，讓每個線路連接的 Port 都屬於一個獨立的 VLAN，這在 VLAN 數量極多的時候，將會造成交換器的 Port 消耗殆盡。

VLAN Trunk 是一條點到點的鏈路，可用在「交換器與交換器」之間，或者是「交換器與路由器」之間。Trunk 鏈路能在單一的鏈路上傳送多個 VLAN 的流量，被設定成 Trunk 模式的 Port 不屬於任何一個 VLAN。交換器的 Trunk Port 使得 VLAN 流量能在多個交換器之間傳輸，思科支援 IEEE 802.1Q 的 Trunk 協定。

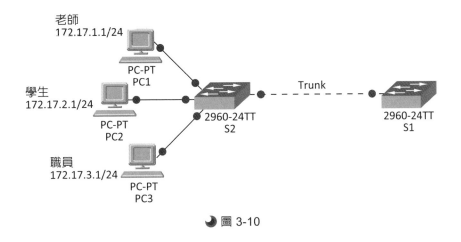

圖 3-10

在圖 3-10 中，S1 與 S2 之間使用 Trunk 鏈路，只需要一條線路就可以傳輸多個 VLAN 的資料。交換器使用第二層的訊框，原始的訊框中並沒有 VLAN 的相關訊息，當乙太網路的訊框放在 Trunk 鏈路上面時，必須要在訊框上有額外的 VLAN 訊息，才不會讓訊框錯亂。

有些思科交換器可以支援兩種 trunk 協定：IEEE 802.1Q 及 ISL，但是現在大部份交換器只支援 802.1Q。IEEE 802.1Q 的 trunk port 同時支援有標籤及無標籤的流量。在思科設備上使用的 802.1Q 表頭是在原來的訊框表頭上加了一個標籤 (tag)，這個標籤在訊框進入交換器時就被加入，且 FCS 會被重新計算，改變過的訊框會被送往 trunk 或其他的 Port。

下面開始說明 Native VLAN，以及為什麼在 802.1Q 的 trunk port 上，可以有標籤 (tagged) 與沒有標籤 (untagged) 的兩種訊框存在。如下圖 3-11 所示，假設 VLAN1 是 Native VLAN，左邊主機 1.1.1.1 送出一個 untagged 的訊框，這個訊框到達交換器的 Port 是屬於 VLAN1，所以訊框進入交換器之後被加上標籤，這個訊框會被送往 Trunk Port，交換器的 Trunk Port 在設定時，會核對 Native VLAN 的 ID (在這裡就是 1)，當這個 VLAN1 的訊框要離開 Trunk Port 時，標籤又會被拿掉，所以這時在 trunk 鏈路上的訊框是沒有標籤的。訊框繼續往右邊送，假設到達了一個沒有 Trunk 能力的設備 (圖中的是一個 Hub)，在

此設備下方的設備將只會接受沒有標籤的訊息 (有標籤的訊框因為格式異常，會被 hub 丟棄)，另外一組被 hub 複製的訊框會繼續往右邊的交換器送出，當進入右邊的交換器時，因為交換器的 trunk port 也結合了一個 Native VLAN 的 ID (在圖中也是 1)，於是訊框再度被加上 VLAN1 的標籤，且這個訊框會被送往屬於 VLAN1 的 Port，故訊框最後可以到達 1.1.1.2。trunk port 上只會對離開的 Native VLAN 訊框以及進入的未加標籤訊框做特別處理，其他已加上標籤的訊框則不會進行處理。

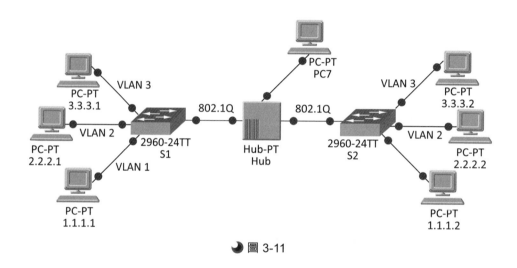

🌙 圖 3-11

下面是在 Trunk Port 上設定 Native VLAN 的方法 :

```
S1#configure terminal
S1(config)#interface 0/2
S1(config-if)#switchport mode trunk
S1(config-if)#switchport trunk native vlan99
S1(config-if)#^z
```

前面敘述過 trunk port 不屬於任何一個 VLAN，所以 switchport trunk native vlan99 也僅是說明 Native VLAN 是 99 。可以使用 show vlan 來檢視 vlan 的狀態，如下所示 :

```
S1#show vlan

VLAN Name                   Status    Ports
---- ------------------     --------  ----------------------
1    defau                  active    Fa0/1, Fa0/3, Fa0/4, Fa0/5
                                      Fa0/6, Fa0/7, Fa0/8, Fa0/9
                                      Fa0/10, Fa0/11, Fa0/12, Fa0/13
                                      Fa0/14, Fa0/15, Fa0/16, Fa0/17
                                      Fa0/18, Fa0/19, Fa0/20, Fa0/21
                                      Fa0/22, Fa0/23, Fa0/24, Gig1/1
                                      Gig1/2
20   VLAN0020               active
99   VLAN0099               active
1002 fddi-default           active
1003 token-ring-default     active
1004 fddinet-default        active
1005 trnet-default          active
```

圖 3-12

上面顯示了各個 Port 分別屬於哪一個 VLAN。但是可以發現 Fa0/2 消失了，因為它是 trunk Port，不屬於任何 VLAN。使用 show interfaces 命令也可以看到相關的狀態：

```
S1#show interfaces fastEthernet 0/2 switchport
Name: Fa0/2
Switchport: Enabled
Administrative Mode: trunk
Operational Mode: trunk
Administrative Trunking Encapsulation: dot1q
Operational Trunking Encapsulation: dot1q
Negotiation of Trunking: On
Access Mode VLAN: 1 (default)
Trunking Native Mode VLAN: 99
...
Trunking VLANs Enabled: ALL
```

動態 Trunking 模式

動態通道協定 (DTP，Dynamic Trunking Protocol) 是交換器 Trunk Port 兩端預備連線時所進行協調與溝通的模式，DTP 是思科獨有的協定，其他廠牌的交換器並不支援 DTP。某些思科的交換器與路由器也不支援 DTP。下面就是 DTP 幾種模式的介紹：

(1) Trunk On：這是思科交換器預設的模式。交換器會週期性的送出 DTP 訊框到另一端的 Port，這個 DTP 訊框稱之為宣傳(advertisement)，此宣傳會要求對方回應，另一端會回應此宣傳，並改變狀態為 Trunk 狀態。要設定此模式時，必須使用switchport mode trunk 命令。若某一端的 Port 設為 Trunk On，則另一端的 Port 即便是設成其他模式，最後仍會成為 Trunk 鏈路(除了 Access 模式及對方關閉時)。

(2) Dynamic auto：交換器會週期性的送出 DTP 訊框到另一端的 Port，要設定此模式時，必須要使用 switchport mode dynamic auto 命令。一端的 Port 會送出宣傳到另一端的 Port，宣稱本地端可以成為 Trunk 狀態，但是不會要求一定要成為 Trunk 狀態，只有在另一端的 Port 設定為 on 或 desirable 模式時，本地端才會成為 Trunk Port。如果交換器兩端都設成 auto，則必定不會變成 trunk 狀態。

(3) Dynamic desirable：DTP 週期性的送出 DTP 訊框到另一端的 Port，要設定此模式時，必須要使用 switchport mode dynamic desirable 命令。如果本地的 Port 偵測到另一端的 Port 被設定成 on、 desirable 或 auto 模式，本地端的 Port 就會成為 Trunk 模式。如果另一端是 no negotiate 模式，則本地端的 Port 不會成為 Trunk Port。下圖是將兩端在不同模式配對下，建立 Trunk 的互動表。可以歸納為下面兩句話：「兩端皆設定為 Auto 模式，一定會成為 Access Port」及「任一端設定為 Access 模式，就會成為 Access 模式」。

	Dynamic Auto	Dynamic Desireable	Trunk	Access
Dynamic Auto	Access	Trunk	Trunk	Access
Dynamic Desireable	Trunk	Trunk	Trunk	Access
Trunk	Trunk	Trunk	Trunk	不建議
Access	Access	Access	不建議	Access

表 3-1

(4) **關閉 DTP**：可以關閉 DTP 的使用，使交換器的 Port 不再送出 DTP 訊框到遠端的 Port 上，關閉 DTP 必須使用 switchport nonegotiate 命令。當另一端的交換器是其他廠牌的交換器，且不支援 DTP 協定時，適合使用這個命令。

如果圖 3-13 中的拓樸連接完成，S1 及 S2 的 Fa0/1 被設定成 trunk on 模式，而 S1 與 S3 的 Fa0/2 被設定成 daynamic auto 模式。當 Port 的設定完成後，哪一條鏈路會成為 trunk 鏈路？結果是交換器 S1 及 S2 間的 Port 會成為 trunk Port，因為 S1 及 S2 的 Fa0/1 會強制變成 Trunk Port 模式。而交換器 S1 及 S3 的 Fa0/2 則會停留在存取模式。Catalyst 2950 交換器 Port 的預設模式是 dynamic desirable，而 Catalyst 2960 交換器預設的模式是 dynamic auto。所以如果 S1 及 S3 兩台交換器都是 Catalyst 2950，且都使用預設模式，那麼 S1 及 S3 之間的 Port 及鏈路，都將會變成 trunk。

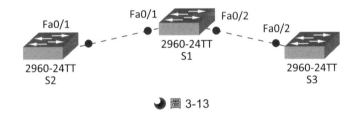

圖 3-13

3-3 VLAN 及 TRUNK 的設定

在設定 VLAN 時，主要的步驟如下：

1. **建立 VLAN**。

2. **指定交換器的 Port 屬於哪個 VLAN**。

3. **在交換器間啟動 Trunk Port**。

在交換器上要建立一個新的 VLAN，有兩種方式可以建立，一個是「資料庫設定模式」，一個是「全域設定模式」，下面使用的命令是「全域設定模式」：

```
Switch#configure terminal
Switch(configure)#vlan 10
Switch(configure-vlan)#name VLAN10
```

上面的命令建立了一個 VLAN 10，並且指定了一個識別用的名稱「VLAN10」。在某些設備上，允許使用一次建立多個 VLAN 的命令，例如：

```
Switch (config)#vlan 100,101,104-105
```

VLAN 建立完畢之後，要在 Port 上面指定 VLAN 號碼。這種使用手動方式建立的 Port，稱為靜態存取 (Static Access) Port，一個靜態存取 Port 一次只能屬於一個 VLAN。下面是相關的命令：

```
Switch#configure terminal
Switch(config)#interface 介面名稱
Switch(config-if)#switchport mode access
Switch(config-if)#switchport access vlan 號碼
```

使用 show vlan 可以看到所有 VLAN 設定的結果，如下圖 3-14：

```
S1#show vlan

VLAN Name              Status     Ports
---- ---------------   ---------  -------------------------------
1    defalt            active     Fa0/1, Fa0/2, Fa0/3, Fa0/4
                                  Fa0/5, Fa0/6, Fa0/7, Fa0/8
                                  Fa0/9, Fa0/10, Fa0/11, Fa0/12
                                  Fa0/13, Fa0/14, Fa0/15, Fa0/16
                                  Fa0/17, Fa0/18, Fa0/19, Fa0/20
                                  Fa0/21, Fa0/22, Fa0/23, Fa0/24
                                  Gig1/1, Gig1/2
20   VLAN0020          active
99   VLAN0099          active
```

圖 3-14

完整的 show vlan 語法如下所示：

```
show vlan [brief | id vlan-id | name vlan-name | summary]
```

下面圖 3-15 是使用 show vlan name vlan 名稱 顯示出來的畫面，可以看到有關指定 VLAN 的狀態：

```
S1#show vlan name VLAN0020

VLAN Name                                Status    Ports
---- -------------------------------- --------- -----------------
20   VLAN0020                            active

VLAN Type  SAID    MTU Parent RingNO BridgeNO Stp BrdgMode Trans1 Trans2
---- ----  -----   ---- ----- ----- ------- --- ------- ----- ------
20   enet 100020 1500 -      -      -      -   -        0      0
```

圖 3-15

在前面介紹過管理性 VLAN。某些交換器在 interface vlan 建立完畢之後，還要於資料庫中建立該 VLAN ，interface vlan 才會真正啓動成為 up 的狀態。如下所示：

```
Switch(config)#interface vlan 99
Switch(config)#no shutdown
Switch(config)#vlan 99
Switch(config-vlan)#^Z
```

建立管理性 VLAN 後，可以使用 show interface vlan 10 來檢視這個 VLAN 的狀態是否為 up，如下圖 3-16 所示：

```
S1#show interfaces vlan 99
Vlan99 is up, line protocol is down
  Hardware is CPU Interface, address is 0030.a380.2a12 (bia 0030.
a380.2a12)
```

圖 3-16

假設現在將 vlan 99 套用在介面 0/1 上，如下所示：

```
Switch(config)#interface fastEthernet 0/1
Switch(config-if)#switchport mode access
Switch(config-if)#switchport access vlan 99
Switch(config-if)#^Z
```

套用完畢後，0/1 已經屬於 vlan 99，可以使用 show interface 0/18 switchport 來檢視 VLAN 的狀態，如下圖 3-17 所示：

```
S1#show interfaces fastEthernet 0/18 switchport
Name: Fa0/18
Switchport  Enabled
Administrative Mode: static access
Operational Mode: down
Administrative Trunking Encapsulation: dotlq
Operational Trunking Encapsulation: native
Negotiation of Trunking: on
Access Mode VLAN: 99 (VLAN0099)
Trunking Native Mode VLAN: 1 (default)
```

🌙 圖 3-17

上面的 Port 設定了 VLAN 以後，如果要將此 Port 自 vlan99 的成員中移除，可以使用 no switchport access vlan，如下所示：

```
Switch(config)#interface fastEthernet 0/1
Switch(config-if)#no switchport access vlan
Switch(config-if)#^Z
```

當交換器設定或測試完畢，要將所有 VLAN 資料清除時，可以使用 delete flash:vlan.dat 命令來刪除 VLAN 資料庫。在刪除之前，可以先使用 show flash: 檢視是否有 vlan.dat 這個檔案：

```
S1#show flash
directory of flash:/

   1  -rw-   4414921    <no date>  c2960-lanbase-mz.122-25.FX.bin
   2  -rw-       616    <no date>  vlan.dat

64016384 bytes total (59600847 bytes free)
```

🌙 圖 3-18

刪除 vlan.dat 的過程如下所示：

```
Switch#delete flash:vlan.dat
Delete filename [vlan.dat]?
Delete flash:/vlan.dat? [confirm]
```

再次顯示 flash 的內容，可以看到 vlan.dat 被刪除：

```
S1#show flash:
```

```
directory of flash:/

    1  -rw-    4414921   <no date>  c2960-lanbase-mz.122-25.FX.bin

64016384 bytes total (59601463 bytes free)
```

🌙 圖 3-19

若以 show running-config 檢視設定，可發現 interface vlan 99 仍然存在，由此可以知道管理性 VLAN 不屬於一般的 VLAN 資料庫。

設定 TRUNK

在交換器的 Port 上設定及啟用 Trunk 的過程如下所示：

```
Switch #configure terminal
Switch(config)#interface fastEthernet 0/1
Switch(config-if)#switchport mode trunk
Switch(config-if)#switchport trunk native vlan 99
Switch(config-if)#^Z
```

上面設定了 0/1 為 Trunk，並且將 Native VLAN 設為 99。在前面曾經提到，Trunk 鏈路上預設是允許所有的 VLAN 通過，如果現在要限制某個 VLAN 不能通過，可以使用 remove 命令，將該 VLAN 自資料庫中移除。如下所示：

```
Switch(config-if)#switchport trunk allowed vlan remove 30
```

如果要將 VLAN 30 再放回 Trunk 鏈路的成員中，則可以使用 add 命令，如下所示：

```
Switch(config-if)#switchport trunk allowed vlan add 30
```

若要將 native VLAN 取消，可以使用如下的命令：

```
Switch(config)#interface fastEthernet 0/1
Switch(config-if)#no switchport trunk native vlan
```

這時候 switchport native vlan 的命令會被移除。如果要連同 switchport mode trunk 命令也移除掉，可再使用下面的命令：

```
Switch(config-if)#no switchport mode
```

VLAN 及 Trunk 的除錯

VLAN 發生的錯誤通常都是主機 IP 位址與所屬的子網段不合，這將會造成相同的 VLAN 的主機無法溝通。下面以圖 3-20 中的拓樸及設定來進行說明：

依據圖 3-20 的拓樸，設定如下所示：

```
S1(config)#interface fastEthernet 0/1
S1(config-if)#switchport mode trunk
S1(config-if)#switchport trunk native vlan 99
S1(config)#interface vlan 99
S1(config-if)#no shutdown
S1(config)#interface fastEthernet 0/2
S1(config-if)#switchport mode access
S1(config-if)#switchport access vlan 10
% Access VLAN does not exist. Creating vlan 10
S1(config-if)#^Z
S1(config)#interface fastEthernet 0/3
S1(config-if)#switchport mode access
S1(config-if)#switchport access vlan 20
% Access VLAN does not exist. Creating vlan 20
S1(config-if)#^Z
S1(config)#interface vlan 99
S1(config-if)# ip address 192.168.1.33 255.255.255.252
S1(config-if)#no shutdown
```

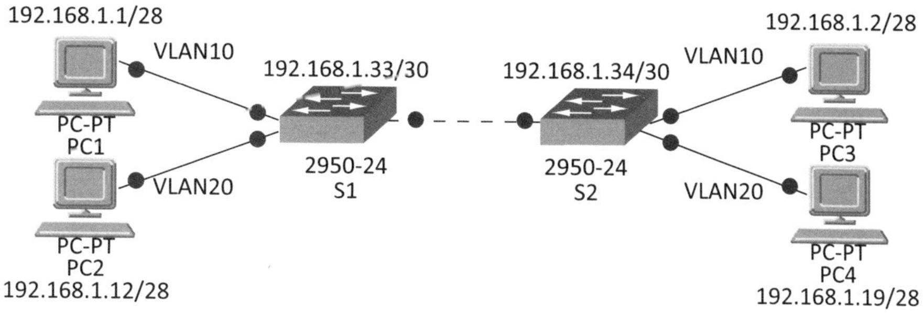
192.168.1.1/28
VLAN10
192.168.1.33/30
192.168.1.34/30
VLAN10
192.168.1.2/28
PC-PT
PC1
2950-24
S1
2950-24
S2
PC-PT
PC3
VLAN20
VLAN20
PC-PT
PC2
192.168.1.12/28
PC-PT
PC4
192.168.1.19/28

圖 3-20

S2 交換器的設定類似 S1，僅 vlan 99 的管理性 IP 要設定爲 192.168.1.34。設定完成後，以主機 PC1 和 PC3 互相 Ping，可以發現是可以互通，因爲這兩台電腦都屬於 VLAN 10。由圖中可知，PC 2 和 PC4 均爲 VLAN 20，但是因爲 PC2 的 IP 設定錯誤，所以這兩台主機無法互相通訊。若直接在交換器 S1 中，執行 Ping S2 交換器的 192.168.1.34，可發現有回應，這是因爲兩台交換器的管理性 IP 屬於同一個網段。

在 Trunk 上會發生錯誤，通常都是設定上的錯誤，最常見的錯誤包括：

(1) **Native VLAN 不匹配**：兩台交換器的 Trunk Port 被設定成不同的 Native VLAN。下面以圖 3-21 的拓樸來說明。圖中 Switch0 的 Fa0/1 是 Trunk Port，且被設定 VLAN99 是 Native VLAN，另外 Switch1 的 Fa0/1 是 Trunk Port，預設的 VLAN 1 是 Native VLAN。Switch0 與 Switch1 的設定如下所示：

```
Switch0(config)#interface fastEthernet 0/1
Switch0(config-if)#switchport mode trunk
Switch0(config-if)#switchport trunk native vlan 99

Switch1(config)#interface fastEthernet 0/1
Switch1(config-if)#switchport mode trunk
```

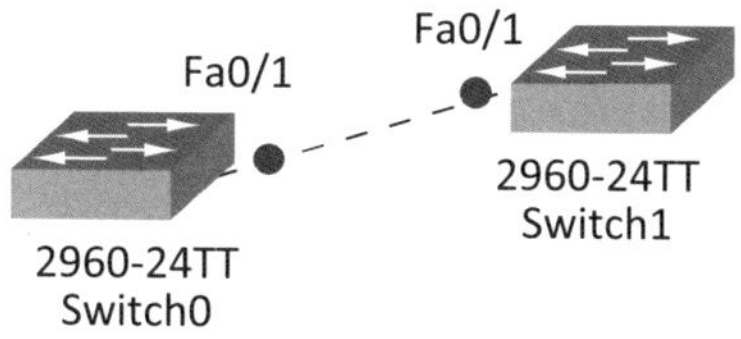
Fa0/1
Fa0/1
2960-24TT
Switch1
2960-24TT
Switch0

圖 3-21

Switch1 交換器的 native VLAN 為預設的 VLAN1 。這時 CDP 會得知這個
狀況，並在交換器的終端機 (Console) 畫面會有錯誤的警告訊息，如下圖 3-22
所示：

```
%LINK-5-CHANGED: Interface FastEthernet0/1, changed state to up
%LINEPROTO-5-UPDOWN: Line protocol on Interface FastEthernet0/1, changed state
to up
%LINEPROTO-5-UPDOWN: Line protocol on Interface Vlan99, changed state to up
%CDP-4-NATIVE_VLAN_MISMATCH: Native VLAN mismatch discovered on FastEthernet0/1
(99), with Switch FastEnternet0/1 (1),
```

🌙 圖 3-22

(2) **Trunk 模式不匹配**：一邊的 Trunk Port 的模式設定成 On ，另外一邊的模式
設定成 Access，或是兩邊都設定成為 Auto 模式，則 Trunk 模式將無法形
成。

(3) **Trunk 上的 VLAN**：Trunk 上允許的 VLAN 被移除掉，此被移除的 VLAN
將無法運作。這個問題只要用 show running-config 來檢視 Trunk Port 上的
VLAN 列表，並將缺少的 VLAN 加入即可解決。

3-4 VTP

VTP 的觀念

在前面介紹了 VLAN 的建立及管理，但是都只在少數的交換器上建立
VLAN，如果交換器與 VLAN 的數量較多時，設定的工作將會變的非常繁瑣，
交換器的設定將會是一件令人畏懼的工作。VTP (VLAN Trunking Protocol) 就是
為了解決此一問題而產生的協定，它能夠簡化 VLAN 的設定工作。

網路管理者設定一台交換器後，VTP 能讓這台交換器的 VLAN 訊息自動傳遞到網路上的其他交換器。在使用 VTP 協定前，拓樸中的交換器必須先設定成不同角色，包括了 VTP 伺服器 (Server) 及 VTP 客戶 (Client)。管理者只需要在擔任「伺服器」角色的交換器上進行 VLAN 的設定，設定完成後，VLAN 的訊息就會從擔任伺服器角色的交換器上，傳送給其他的交換器。使用 VTP 時，交換器 VLAN 的號碼範圍必須是一般的範圍 (VLAN 1 至 1005)，VTP 不支援延伸範圍的 VLAN（ID 大於 1005)。管理者在伺服器角色的交換器上可以進行「新增」、「修改」、「刪除」VLAN 的設定，變更的 VLAN 訊息會快速分發給 其他 VTP 交換器，如此交換器 VLAN 的設定就會一致，不會因為設定太多的交換器而發生錯誤的情形。

在交換器網路中要使用 VTP 時，VTP 伺服器與 VTP 客戶間必須要使用 Trunk 鏈路，如圖 3-23，如果使用一般的存取鏈路，將無法傳送 VTP 的訊息。

● 圖 3-23

歸納 VTP 的優點，包括：

(1) 讓 VLAN 在網路上是一致的。

(2) 正確的監督 VLAN 訊息。

(3) 提供管理者更方便的管理。

VTP 名詞

VTP 有幾個重要的名詞，下面是這幾個名詞的簡要描述：

💧 **VTP Domain**：在 VTP 領域內的交換器有相同的領域名稱，領域內可包含一個或多個互連的交換器，在領域內所有的交換器會使用 VTP 宣傳(advertisement)來分享有關 VLAN 的設定訊息。下圖顯示了兩個 VTP 領域，領域之間的 VLAN 訊息不會互相交換。

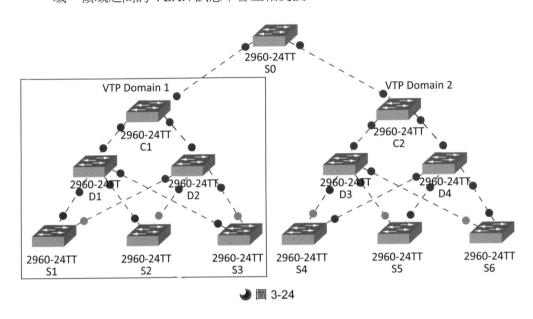

🌙 圖 3-24

💧 **VTP 宣傳(Advertisement)**：在 VTP 領域內，VTP 分配及同步VLAN 的訊息封包。

💧 **VTP 模式(Mode)**：使用 VTP 協定的交換器可以被設定成三種模式，分別是伺服器模式、客戶模式及透明模式。

💧 **VTP 伺服器(Server)**：VTP 伺服器會宣傳 VTP 領域的 VLAN 訊息，傳送到其他參與這個 VTP 領域的交換器，VTP 伺服器會儲存 VLAN 的資訊到 NVRAM當中，只有VTP 伺服器可以新增、修改及刪除這個 VTP 領域內 VLAN 的訊息。

💧 **VTP 客戶端(Client)**：VTP 客戶不能建立、修改及刪除 VLAN，僅能暫時記錄 VLAN 的訊息。交換器預設都是 VTP 伺服器模式，所以 VTP 客戶模式必須手動設定。

● **VTP 透明(Transparent)模式**：VTP 透明模式會轉送 VTP 宣傳到 VTP 客戶及 VTP伺服器，但是 VTP 透明模式的交換器並不會參與 VTP 的運作，在這台VTP 透明模式的交換器上，新增、修改及刪除 VLAN 訊息，都只對這個交換器本身有作用，與 VTP 領域的其他交換器無關。

● **VTP 修剪(Pruning)**：VTP 修剪可以藉由限制不必要的 VTP訊息，以達成增加網路可用的頻寬。

VTP 的預設值

VTP 有三個版本，Version 1、Version 2 及 Version 3。在 VTP 的一個領域中，一次只允許一個版本運作，較舊的交換器預設是 Version 1，Cisco 2960 的交換器預設是 version 2，使用前最好先確定 VTP 的版本。要觀察交換器中 VTP 的預設狀態，可以使用 show vtp status 命令，出現的畫面如下所示：

```
Switch#show vtp status
VTP Version                       : 2
Configuration Revision            : 0
Maximum VLANs supported locally   : 255
Number of existing VLANs          : 5
VTP Operating Mode                : Server
VTP Domain Name                   :
VTP Pruning Mode                  : Disabled
VTP V2 Mode                       : Disabled
VTP Traps Generation              : Disabled
MD5 digest                        : 0x7D 0x5A 0xA6 0x0E 0x9A 0x72
                                    0xA0 0x3A
Configuration last modified by 0.0.0.0 at 0-0-00 00:00:00
Local updater ID is 0.0.0.0 (no valid interface found)
```

● 圖 3-25

由顯示中可以看到以下的項目：

● VTP Version：VTP 的版本是 2。

● Configuration Revision：現在這台交換器上面的設定，其修正版本號碼(Revision)是 0。

- Maximum VLANs Supported Locally：最多可以支援的 VLAN 數量。

- Number of Existing VLANs：已經存在的 VLAN 數量，預設是 5 個，分別是 1 及1002~1005。

- VTP Operating Mode：交換器的VTP 運作模式，預設的運作模式是Server。

- VTP Domain Name：預設 VTP 領域名稱是空的。

- VTP Pruning Mode：預設 VTP 的修剪模式是關閉的。

- VTP V2 Mode：預設 VTP Version 2 的模式是關閉的。

- VTP Traps Generation：預設 VTP 的 Trap 通知不會送至網路管理的工作站。

- MD5 Digest：VTP 設定的 16 位元檢查碼。

- Configuration Last Modified：上次設定被修改的時間及被哪個 IP 修改。

VTP 領域

在同一個 VTP 領域內的交換器可以交換 VLAN 訊息，但是不同領域的交換器不能交換訊息。當某個 VTP 領域內的設定發生錯誤時，也只會影響該 VTP 領域內的交換器。一個交換器一次只能是一個 VTP 領域的成員，這裡是用 VTP 領域名稱來識別是否為同一個領域。如下圖 3-26 中，VTP 領域名稱被改變為 cisco：

```
Switch#sh vtp status
VTP Version                 : 2
Configuration Revision      : 0
Maximum VLANs supported locally : 255
Number of existing VLANs    : 5
VTP Operating Mode          : Server
VTP Domain Name             : cisco
VTP Pruning Mode            : Disabled
VTP V2 Mode                 : Disabled
VTP Traps Generation        : Disabled
MD5 digest                  : 0xAA 0xB9 0x0c 0xCD 0xD7 0xE8
                              0xA6 0xE0
Configuration last modified by 0.0.0.0 at 0-0-00 00:00:00
```

圖 3-26

假設拓樸如圖 3-27 所示，如果網路上每一台交換器的模式都是伺服器，且都是預設的領域名稱 (空的)，當其中一台 VTP 伺服器 (S1) 的領域名稱更改時 (cisco1)，這台 VTP 伺服器會把 VTP 領域名稱宣傳給其他的 VTP 伺服器 (S2 及 S3) 上，使得這些 VTP 伺服器的領域名稱也被改變。

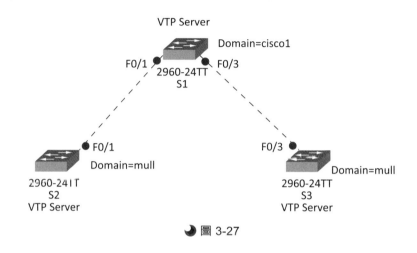

圖 3-27

VTP 的宣傳

VTP 的宣傳會傳送「VTP 領域名稱」及「VLAN 設定」到領域內已啟動 VTP 協定的交換器上。VTP 宣傳是一個多播的位址，在領域中的每一台交換器，都會週期性的將 VTP 宣傳送到這些交換器的 Trunk Port 上。在 VTP 訊息中有一個很重要的訊息，那就是修正號碼 (Revision)，它是一個 32 bit 的數字，這個號碼預設是 0。當每一次 VTP 伺服器進行 VLAN 的修改 (新增或移除) 時，這個號碼就會加 1。接著 VTP 伺服器會將這個新的修正號碼利用 VTP 摘要宣傳送出，當領域內的交換器收到這個宣傳時，如果接收到的修正號碼比自己的修正號碼大，那麼就會向 VTP 伺服器發出需求宣傳，以取得新的 VLAN 資訊，並且將新的修正號碼取代原來的修正號碼。在下圖 3-28 中，顯示這個交換器做了兩次的 VLAN 修改，且 VLAN 的數量由原來就存在的 5 個 VLAN 增加為 7 個 VLAN。

```
Switch#show vtp status
VTP Version                      : 2
Configuration Revision           : 2
Maximum VLANs supported locally : 255
Number of existing VLANs         : 7
VTP Operating Mode               : Server
VTP Domain Name                  :
VTP Pruning Mode                 : Disabled
VTP V2 Mode                      : Disabled
VTP Traps Generation             : Disabled
MD5 digest                       : 0xB1 0x77 0x14 0x5D 0x66 0x75
                                   0xB8 0xA7
Configuration last modified by 0.0.0.0 at 3-1-93 00:00:59
Local updater ID is 0.0.0.0 (no valid interface found)
```

圖 3-28

在交換器間使用的 VTP 宣傳共有三種類型：

(1) **摘要宣傳(Summary Advertisements)**：摘要宣傳包括了VTP 領域名稱、現在的修正號碼及其他的 VTP 設定細節。摘要宣傳是由 VTP 伺服器每五分鐘送出一次，通知相鄰的 VTP 交換器現在的修正號碼，以確定交換器的 VLAN 設定是否發生變更。

(2) **子集宣傳(Subset Advertisements)**：子集宣傳包括了VLAN 的資訊。一個 VLAN 的更新訊息，可能會需要多個子集宣傳的訊框才能完全更新完畢。子集宣傳是因為下面的原因而觸發：

◆ 建立及刪除 VLAN。

◆ 停止(Suspending)或啟動(activating)一個VLAN。

◆ 改變 VLAN 的名字。

◆ 改變 VLAN 的 MTU。

(3) **需求宣傳(Request Advertisements)**：在一個領域當中，VTP 客戶端發送需求宣傳給 VTP 伺服器，VTP伺服器會先回應一個摘要宣傳，然後再回應一個子集宣傳。需求宣傳會在下面的情況下發送：

◆ VTP 領域名稱被改變時。

◆ 交換器收到摘要宣傳，這個宣傳的更正號碼大於現在交換器自己的修正號碼。

◆ 子集宣傳的訊息因為某些原因遺失了。

◆ 交換器被重新啟動。

　　設定成透明模式的交換器只負責轉送 VTP 的宣傳，不會將 VTP 訊息中的 VLAN 資訊放在自己的 VLAN 資料庫中，而自己的 VLAN 訊息也不會影響到 VTP 宣傳中的 VLAN 資訊。交換器自己的 VLAN 設定一樣會存在 NVRAM 當中，所以設定好之後重新開機，仍可以看到自己獨立設定的 VLAN。下表 3-2 是整理三種模式的重要特性：

	VTP Server	VTP Client	VTP Transparent
描述	可以修改。	不可修改。	無關，獨立的 VLAN。
參與程度	完全參與。	完全參與。	只轉送。
儲存	VLAN 儲存在NVRAM	放在 RAM。	只存自己的 VLAN 到 NVRAM。
影響	主動更新其他交換器。	被動更新，並將訊息傳遞出去。	無影響，僅轉送訊息。

🌙 表 3-2

VTP 的修剪

　　以圖 3-29 為例，交換器之間的 Trunk 鏈路允許所有的 VLAN 通過，S1 的 VLAN 10 現在送出了一個訊框，依據前面敘述過的原理，這個訊框會廣播傳送到三個 Trunk 鏈路上，但是管理者可以很明顯的知道，在 S2 交換器上並沒有 VLAN10。這個從 S1 廣播送到 S2 的訊框將沒有任何意義，只會造成頻寬的浪費。

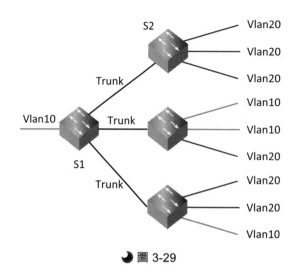

🌙 圖 3-29

　　VTP 提供一種節省頻寬的方法，只要在 VTP 上做一些設定，即可降低廣播、多播 (multicast) 與單播 (unicast) 的封包量，這稱之為修剪 (pruning)。經過修剪之後，VTP 只會將廣播傳送到真正需要的 Trunk 鏈路上。根據預設，所有交換器上的 VTP 修剪功能都是關閉的。當啟動 VTP 伺服器上的修剪功能時，也就是為整個網域啟動了 VTP 修剪功能。預設的情況下，VLAN 2 到 1005 都是可以進行修剪的，但是 VLAN 1 則不可以，因為它是一個預設的管理性 VLAN。

3-5 VTP 的設定

基本的 VTP 設定

(1)　在進行 VTP 設定及連接交換器前，先確認所有交換器的 VTP 是預設值，最好是先將交換器的設定清除乾淨(包含刪除 vlan.dat)，並重新開機。這可以確保將來的設定能順利進行。接著建立如下圖所示的拓樸，並使用 show vtp status 檢查三個交換器的預設設定。

2960-24TT

2960-24TT

2960-24TT

🌙 圖 3-30

(2) 將第一個加入網路的交換器當做 VTP 伺服器，並且在這台交換器上設定 VTP 領域名稱，其他陸續加入的交換器將會透過 Trunk 鏈路獲得這個領域 的領域名稱及 VLAN 資訊。VTP 領域名稱使用下面的命令可完成：

```
Server1(config)#vtp domain cisco
Changing VTP domain name from NULL to cisco
Server1(config)#interface FastEthernet 0/1
Server1(config-if)#switchport mode trunk
```

這裡領域名稱被設定成 cisco，並將 Fa 0/1 設定成 trunk。

(3) 因為在 VTP 環境當中，只有 VTP 伺服器可以對 VLAN 進行增修與刪除， 如果同一領域中有多台的交換器，建議將其中的兩台交換器設定成伺服器 模式。VTP 雖然方便，但是當 VTP 伺服器發生問題時，將會造成整個領域 內的 VLAN 發生問題。如果有兩台 VTP 伺服器，當其中一台VTP 伺服器發 生問題時，另一台 VTP 伺服器就變成備援伺服器，可以保證整個VTP 網路 的正常運作。在下圖中，兩台 VTP Server 之間的鏈路連接完成，Server2 的 0/1 被設定成 Trunk Port。

```
Server2(config)#interface fastEthernet 0/1
Server2(config-if)#switchport mode trunk
```

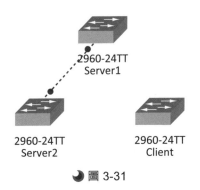

2960-24TT
Server1

2960-24TT
Server2

2960-24TT
Client

● 圖 3-31

以 show vtp status 檢視 Server2，可以發現 Server2 的領域名稱已經自動改為 cisco。

```
Server2#show vtp status
VTP Version                     : 2
Configuration Revision          : 0
Maximum VLANs supported locally : 255
Number of existing VLANs        : 5
VTP Operating Mode              : Server
VTP Domain Name                 : cisco
VTP Pruning Mode                : Disabled
VTP V2 Mode                     : Disabled
VTP Traps Generation            : Disabled
MD5 digest                      : 0xAA 0xB9 0x0C 0xCD 0xD7 0xE8
                                  0xA6 0xE0
Configuration last modified by 0.0.0.0 at 0-0-00 00:00:00
Local updater ID is 0.0.0.0 (no valid interface found)
```

● 圖 3-32

(4) 必須要在啟動 VTP 之後才能建立 VLAN。若是在啟動 VTP 之前建立的 VLAN，將會在 VTP 啟動之後被移除。下面的命令是在 Server 2 上建立 VLAN 10 及 VLAN 20：

```
Server2(config)#vlan 20
Server2(config-vlan)#exit
Server2(config)#vlan 10
```

若進入 Server1 交換器，以 show vtp status 顯示狀態，可以發現 Server1 交換器的 VLAN 也同步被更改 (VLAN 數量是 7 個)，如下圖所示。這代表同一領

域中，任何一個 VTP 伺服器所建立的 VLAN ，都會被宣傳到另一台 VTP 伺服器上。

```
Server1#show vtp status
VTP Version                    : 2
Configuration Revision         : 3
Maximum VLANs supported locally : 255
Number of existing VLANs       : 7
VTP Operating Mode             : Server
VTP Domain Name                : cisco
VTP Pruning Mode               : Disabled
VTP V2 Mode                    : Enabled
VTP Traps Generation           : Disabled
MD5 digest                     : 0x39 0x9C 0xD6 0x70 0x4D 0x16
                                 0xD1 0xCC
Configuration last modified by 0.0.0.0 at 3-1-93 00:24:01
```

🌙 圖 3-33

(5) 所有交換器的 VTP 的版本必須要相同，Version 1 與 Version 2 並不相容。當網路中某一台伺服器角色的交換器設定成使用 VTP Version 2 時，所有的交換器都會自動設定成使用 VTP Version 2，這時候如果領域中有一台交換器只具有 Version1 的能力，將使這台交換器無法參與這個 VTP 領域的運作。可以使用下面的命令啟動 Version2：

```
Server2(config)#vtp version 2
```

(6) VTP 可以設定密碼，防止 VLAN 訊息被竊聽。如果設定了 VTP 密碼，必須要確定領域中每個交換器上的密碼是相同的，在一個領域中如果某個交換器的密碼不相同，將造成這個交換器無法接收 VTP 的宣傳。在觀念上要釐清一個事實，VTP 只會傳輸 VLAN 的訊息，對於哪個 Port 使用哪個 VLAN 的資訊，並不會透過 VTP 傳輸。因此 VTP 領域中的每台交換器可以個別設定每個 Port 屬於那個 VLAN。設定 VTP 的密碼可以使用下面的命令：

```
Server1(config)#vtp password class
Setting device VLAN database password to class
```

(7) 當設定 VTP 客戶端時,一樣要先用 show vtp status 檢查交換器的預設值是否正確,然後再進行設定,如果要將 VTP 模式恢復,只需要輸入 no vtp mode 即可。可以使用下面的命令設定客戶端:

```
Client(config)#vtp mode client
Setting device to VTP CLIENT mode.
```

(8) 同樣的,Client 交換器上的 Trunk Port 必須要進行設定,並將鏈路接上,密碼也一併要設定。拓樸連接如圖3-34 所示:

```
Client(config)#interface fastEthernet 0/1
Client(config-if)#switchport mode trunk
Client(config-if)#exit
Client(config)#vtp password class
Setting device VLAN database password to class
Client(config)#^z
Server1(config)#interface fastEthernet 0/2
Server1(config-if)#switchport mode trunk
```

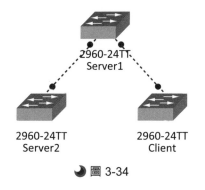

2960-24TT
Server1

2960-24TT
Server2

2960-24TT
Client

🌙 圖 3-34

以 show vtp status 檢視,可以看到 VLAN 訊息已經加入這個 VTP 客戶交換器當中,如圖 3-35。

```
Client#show vtp status
VTP Version                    : 2
Configuration Revision         : 3
Maximum VLANs supported locally : 255
Number of existing VLANs       : 7
VTP Operating Mode             : Client
VTP Domain Name                : cisco
VTP Pruning Mode               : Disabled
VTP V2 Mode                    : Enabled
VTP Traps Generation           : Disabled
MD5 digest                     : 0xC4 0x04 0x16 0x9C 0x90 0x30
                                 0x26 0xBB
```

🌙 圖 3-35

(9) 最後，只要依據各個 Port 的需要，將 Port 指定給 VLAN 即可完成。例如：

```
Client(config)#interface fastEthernet 0/2
Client(config-if)#switchport access vlan 20
```

(10) 可以使用 show vtp counters 來檢視 VTP 宣傳訊息的數量，如下圖3-36所示：

```
Scrver1#show vtp counters
VTP statistics:
Summary advertisements received    : 33
Subset advertisements received     : 5
Request advertisements received    : 1
Summary advertisements transmitted : 35
Subset advertisements transmitted  : 7
Request advertisements transmitted : 0
Number of config revision errors   : 24
Number of config digest errors     : 1
Number of V1 summary errors        : 0
```

🌙 圖 3-36

　　下面將拓樸再做一些修改，並且加入了兩台交換器，如圖 3-37 所示：

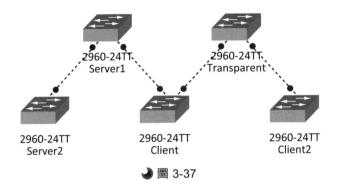

2960-24TT
Server1

2960-24TT
Transparent

2960-24TT
Server2

2960-24TT
Client

2960-24TT
Client2

🌙 圖 3-37

再於下列交換器上進行設定：

```
Client(config)#interface fastEthernet 0/3
Client(config-if)#switchport mode trunk
Transparent(config)#interface fastEthernet 0/1
Transparent(config-if)#switchport mode trunk
Transparent(config-if)#exit
Transparent(config)#interface fastEthernet 0/2
Transparent(config-if)#switchport mode trunk
Transparent(config-if)#exit
Transparent(config)#vtp mode transparent
Transparent(config)#vtp domain cisco
Changing VTP domain name from NULL to cisco
Transparent(config)#vtp password class
Setting device VLAN database password to class
Transparent(config)#vtp version 2
Client2(config)#interface fastEthernet 0/1
Client2(config-if)#switchport mode trunk
Client2(config-if)#exit
Client2(config)#vtp mode client
Setting device to VTP CLIENT mode.
Client2(config)#vtp password class
Setting device VLAN database password to class
```

設定完成後，在 Transparent 這台交換器上使用 show vtp status 命令，可以
發現 VLAN 資料庫並沒有被變更。

```
Transparent#show vtp status
VTP Version                     : 2
Configuration Revision          : 0
Maximum VLANs supported locally : 255
Number of existing VLANs        : 5
VTP Operating Mode              : Transparent
VTP Domain Name                 : cisco
VTP Pruning Mode                : Disabled
VTP V2 Mode                     : Enabled
VTP Traps Generation            : Disabled
MD5 digest                      : 0x4D 0x31 0x23 0xE7 0x26 0xF0
                                  0x0F 0x58
Configuration last modified by 0.0.0.0 at 3-1-93 00:08:30
```

🌙 圖 3-38

使用 show vtp counters 來檢視 VTP 宣傳訊息的數量，因爲這台交換器本身不參與 VTP，故所有數值均爲 0。如下圖所示：

```
Transparent#show vtp counters
VTP statistics.
Summary advertisements received    : 0
Subset advertisements received     : 0
Request advertisements received    : 0
Summary advertisements transmitted : 0
Subset advertisements transmitted  : 0
Request advertisements transmitted : 0
Number of config revision errors   : 0
Number of config digest errors     : 0
Number of V1 summary errors        : 0
```

🌙 圖 3-39

但是進入 Client2 這台交換器，使用 show vtp status 命令，可以發現收到了 VLAN 訊息。這代表 Transparent 這台交換器進行了轉送的任務。

```
Client2#show vtp status
VTP Version                    : 2
Configuration Revision         : 4
Maximum VLANs supported locally : 255
Number of existing VLANs       : 8
VTP Operating Mode             : Client
VTP Domain Name                : cisco
VTP Pruning Mode               : Disabled
VTP V2 Mode                    : Enabled
VTP Traps Generation           : Disabled
MD5 digest                     : 0x0B 0xF5 0x38 0x36 0xA4 0x2D
                                 0x64 0xA4
```

圖 3-40

　　如圖 3-41 所示，使用 show vtp counters 來檢視宣傳訊息的數量，在顯示當中，可以看到 Request advertisements received 這個項目的數值為 0 ，表示沒有收到任何的需求宣傳。除了透明模式的交換器外，只有 VTP 客戶模式的交換器可能會發生這種狀況。此外 Request advertisements transmitted 這個項目的數值為 1 ，代表這個交換器有送出需求宣傳。假若這台交換器是伺服器模式，這個項目應該為 0 ，因為 VTP 伺服器模式的交換器不會送出需求。所以可以從下面的顯示來進行反推，這台交換器一定是 VTP 客戶端模式。

```
Client2#show vtp counters
VTP statistics:
Summary advertisements received   : 18
Subset advertisements received    : 1
Request advertisements received   : 0
Summary advertisements transmitted : 17
Subset advertisements transmitted : 1
Request advertisements transmitted : 1
Number of config revision errors  : 0
Number of config digest errors    : 1
Number of V1 summary errors       : 0
```

圖 3-41

VTP 除錯

VTP 在設定時，經常發生的錯誤有下面幾項：

(1) 兩台交換器使用不同的VTP 版本。

(2) VTP 密碼的問題。VTP 密碼預設是空的，如果一台交換器設定了密碼，但是另外一台沒有設定密碼，VTP 訊息將不會互相傳送。VTP 密碼經常發生的錯誤也包括了打錯字的狀況，或在輸入密碼時在最後面加了一個空白。

(3) VTP 的領域名稱不正確或不一致。

(4) VTP 修正號碼不正確。修正號碼不正確發生的原因，可以如下進行模擬。首先交換器的鏈路先不要接，將兩台交換器進行如下之設定 .

```
Client (config)#vtp domain cisco
Client (config)#vtp mode server
Client(config)#vlan 10
Client (config-vlan)#exit
Client (config)#vlan 20
Client (config-vlan)#exit
Client (config)#vlan 30
Client (config-vlan)#exit
Client(config)#vtp mode client
Client(config)#interface fastEthernet 0/1
Client(config-if)#switchport mode trunk
```

上面的 Client 交換器原先是伺服器模式，因為某些原因，已經先建立了一些 VLAN。Client 交換器後來又改為 VTP 客戶模式。當設定完成後，使用 show vtp status ，可以看到修正號碼 (Revision) 為 3 。接著在 Server 交換器上進行如下設定：

```
Server(config)#vtp domain cisco
Server(config)#vlan 40
Server(config-vlan)#exit
Server(config)#vlan 20
Server(config)#interface fastEthernet 0/1
Server(config-if)#switchport mode trunk
Server(config-if)#exit
Server(config-)#^Z
```

　　Server 交換器上實際只曾經建立兩個 VLAN ，因此使用 show vtp status ，可以看到修正號碼 (Revision) 為 2 。接著將 Trunk 鏈路接上，再使用 show vtp status 顯示 Server 交換器的 VTP 狀態，可以看到修正號碼 (Revision) 變成是 3 。接著使用 show vlan 可以看到 VLAN 10、20 及 30 ，原來建立的 VLAN 40 不見了。由此可知，VTP 客戶交換器的修正號碼若是錯誤的，將造成 VLAN 的資訊異常。

　　因此在加入一台交換器前，必須先檢查交換器的修正號碼，若發現此交換器的修正號碼不正確 (大於伺服器角色交換器的修正號碼)，可以使用下面的方法更正：

1.　**先確定這台交換器的 Trunk 鏈路已經拿掉。**

2.　**輸入以下命令：**

```
Switch(config)#vtp domain test
Changing VTP domain name from cisco to test
Switch(config)#vtp domain cisco
Changing VTP domain name from test to cisco
```

　　這方法是將領域名稱改成任意的名字，因為領域名稱更換，所以修正號碼將會歸零。然後再將名字改回來，修正號碼再度歸零。接著再把 Trunk 鏈路接上，這台交換器就可以正常運作了。

 評量測驗

( ) 1. VLAN 有哪些優點？

(1) VLAN 可以將網路切成較小的邏輯網路，以減小廣播風暴的影響。

(2) VLAN 可以進行流量控制，增加網路效能。

(3) VLAN 可以過濾網路流量。

(4) VLAN 可以滿足實體介面的需求，進而達到節省成本的目的。

(5) VLAN 可以增加網路的安全性。

( ) 2. 交換器中的 VLAN 1 有哪些特性？

(1) VLAN1 可以刪除。

(2) 預設所有的 Port 都是 VLAN1 的成員。

(3) VLAN 1 不會顯示在 VLAN 資料庫中。

(4) VLAN1 必須要設定到各個 port 上。

(5) VLAN1 預設是管理用的 VLAN。

( ) 3. 依據圖中所示，電腦 1 送訊框到電腦 4，兩台電腦間哪些被標記的鏈路允許有 VLAN ID 標籤的訊框出現？

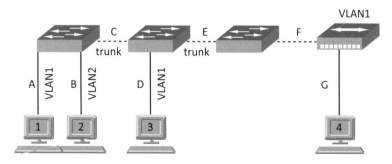

(1) A, C, E, F, G

(2) A, C, E, F

(3) A, B, D, G

(4) C, E, F

(5) C, E

(　) 4. 下面有關 VLAN 的建立,哪些是正確的?

(1) VLAN 可以命名。

(2) VLAN 的資訊會存在開機設定檔中。

(3) VLAN 只能在 VLAN 資料庫模式中建立。

(4) VLAN 只能在 VLAN 全域設定模式中建立。

(5) VLAN 能在 VLAN 資料庫模式及全域設定模式中建立。

(　) 5. 某個 Port 是一個 VLAN 的成員,當這個 VLAN 被刪除時,會發生什麼事?

(1) 這個 Port 會自動關閉。

(2) 這個 Port 會回到管理性的 VLAN 中。

(3) 這個 Port 沒有辦法與其他 Port 通訊。

(4) 這個 Port 仍屬於被刪除的 VLAN。

(　) 6. 如果交換器 trunk 鏈路的一端設定了 switchport mode dynamic auto 命令,會有什麼影響?

(1) 另一端的交換器 Port 如果設定 switchport mode access,則 trunk 鏈路會形成。

(2) 另一端的交換器 Port 如果設定 switchport mode dynamic desirable,則 trunk 鏈路會形成。

(3) 另一端的交換器 Port 如果設定 switchport mode dynamic auto,則 trunk 鏈路會形成。

(4) 另一端的交換器 Port 如果設定 switchport mode trunk,則 trunk 鏈路會形成。

( ) 7. 有關 VLAN 的敘述，下列何者正確？

    (1) VTP 是用來溝通以形成 TRUNK 的協定。

    (2) 不同 VLAN 的主機可以使用相同網段的 IP。

    (3) 不同 VLAN 間通訊，必須透過第三層的設備。

    (4) VLAN 上的主機會接收帶有 VLAN ID 的訊框。

( ) 8. 如果交換器兩端的 Trunk port 上使用不同的 Native VLAN，將會發生哪些結果？

    (1) 在交換器的 CLI 模式下，會顯示「Native VLAN MisMatch」的訊息。

    (2) Trunk 鏈路無法形成。

    (3) 在交換器的 CLI 模式下，不會顯示任何訊息。

    (4) 對 Trunk 鏈路不會有任何影響。

( ) 9. 下面有關 802.1q trunking 協定的敘述，哪個是真的？

    (1) 802.1q 使用 MAC 位址運作。

    (2) 使用 802.1q 時，FCS 不會重新計算。

    (3) 802.1q 不是思科獨有的。

    (4) 在存取 Port 上，802.1q 不會運作。

( ) 10. 如果交換器 trunk 鏈路的一端設定了 switchport mode dynamic desirable 命令，另一端要使用哪些模式，才能形成 Trunk 鏈路？

    (1) dynamic desirable mode

    (2) on 或 dynamic desirable mode

    (3) on, auto 或 dynamic desirable mode

    (4) on, auto, dynamic desirable 或 nonegotiate mode

( ) 11. 如果要將 Fa0/1 上的 VLAN10 移除，並且指定給 VLAN 20，必須要輸入什麼命令？

    (1) 在介面設定模式下輸入 no vlan 10，再輸入 vlan20。

    (2) 在介面設定模式下輸入 switchport access vlan 20。

    (3) 在介面設定模式下輸入 switchport trunk native vlan 20。

    (4) 在介面設定模式下輸入 shutdown，再輸入 vlan20。

( ) 12. 當客戶模式的交換器收到一個版本號碼比目前的版本號碼更高的摘要宣傳時，這交換器會做什麼事？

    (1) 這交換器會發送一個摘要宣傳給 VTP 伺服器模式的交換器，以獲得新的VLAN 訊息。。

    (2) 這交換器會發送一個需求宣傳給 VTP 伺服器模式的交換器，以獲得新的VLAN 訊息。

    (3) 這交換器會新增 VLAN 的資訊。

    (4) 這交換器會刪除 VLAN 的資訊。

( ) 13. 下面有關 VTP 的敘述，哪個是正確的？

    (1) VTP 使用 802.1Q 協定。

    (2) VTP 使 VLAN 的管理變得極為複雜。

    (3) 在同一個 VTP 領域中的所有交換器，能互相交換 VLAN 資訊。

    (4) 一台交換器可以在多個 VTP 領域中使用。

( ) 14. VTP 伺服器模式有哪些特色？

    (1) 可以增加 VLAN。

    (2) 無法增加 VLAN。

    (3) 可以轉送所有的 VLAN 資訊。

    (4) 只能轉送特定的 VLAN 資訊。

    (5) 可以增加 VLAN，但是只有這台交換器有意義。

(　) 15. 被設定了 VTP 的交換器，什麼時候會執行一個摘要宣傳？

    (1) 每300秒會送出。

    (2) 網路中新增一台主機。

    (3) 客戶模式的交換器從網路中移除。

    (4) 網路中移除一台主機。

(　) 16. 下列哪些關於 VTP 修剪的敘述是正確的？

    (1) 預設 VTP 修剪是關閉的。

    (2) 修剪是設定在 VTP 客戶端模式的交換器上。

    (3) 修剪是設定在所有設定了 VTP 伺服器模式的交換器上。

    (4) 修剪可以防止不必要的廣播經由Trunk 鏈路泛流到其他交換器上。

(　) 17. 交換器要形成同一 VTP 領域的成員，哪三個參數必須要相同？

    (1) 領域名稱。

    (2) 修正號碼。

    (3) 網段。

    (4) VTP 模式。

    (5) 領域密碼。

    (6) VTP 版本號碼。

(　) 18. 下面哪些描述 VTP transparent 模式是正確的？

    (1) transparent 模式的交換器可以建立 VLAN 管理資訊。

    (2) transparent 模式的交換器可以建立自己的 VLAN。

    (3) transparent 模式的交換器可以傳遞從其他交換器送來的 VLAN 管理資訊。

    (4) transparent 模式的交換器可以接收從其他交換器送來的 VLAN資訊，並更新自己的 VLAN 資料庫。

(　) 19. 下面選項中有關 VTP 的敘述哪些是正確的?

   (1) 領域名稱區分大小寫。

   (2) VTP 模式只能設定 Server 及 Client 模式。

   (3) 交換器的名稱必須要相同。

   (4) 交換器必須透過 trunk 鏈路連接。

(　) 20. 在 VTP 環境下,當一台交換器要加入網路時,哪個步驟可以預防這台交換器上不正確的VLAN 資訊送到其他交換器?

   (1) 關閉這台交換器的 VTP 修剪。

   (2) 改變這台交換器成為伺服器模式。

   (3) 改變這台交換器的領域名稱成為其他的名稱,再改回正確的名稱。

   (4) 關閉這台交換器上所有的 Port 。

(　) 21. Trunk 鏈路上允許哪些 VLAN 通過?

   (1) 只有native VLAN。

   (2) 只有管理 VLAN。

   (3) VLAN 1 到 1005。

   (4) 只有 VLAN 1。

   (5) 沒有 VLAN。

   (6) 所有 VLAN。

(　) 22. VTP 的訊息是使用下列哪一種方式宣傳?

   (1) 第二層單播。

   (2) 第二層多播。

   (3) 第二層廣播。

   (4) 第三層單播。

   (5) 第三層多播。

   (6) 第三層廣播。

04

Inter-VLAN

CCNA

4-1 Inter-VLAN

在前面的章節中說明了如何使用 VLAN，也說明了每個 VLAN 就是一個獨立的子網路，預設的情況下是無法通訊的。但是如果不同的 VLAN 之間想要通訊該怎麼辦？

在路由器的原理當中，曾經提到每個路由器的介面所連接的都是一個獨立的子網路，擁有獨立的遮罩，因此可以使用路由器來當做 VLAN 間轉送的裝置，如下圖 4-1 所示：

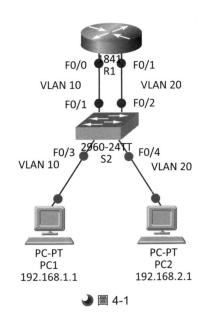

🌙 圖 4-1

在圖 4-1 中，R1 的 F0/0 所連接的是一個獨立的子網路，因此我們將其連接到 VLAN 10，這裡要注意 S2 的 F0/1 必須設定為屬於 VLAN10 的存取 Port。R1 的另一個介面 F0/1 則與 S2 的 F0/2 連接，而 S2 的 F0/2 則必須要設定為屬於 VLAN 20 的存取 Port。

因為路由器自己的介面及網段不需要進行設定，本來就是可以互相繞送，所以接下來只要在 F0/0 及 F0/1 設定好 IP ，這兩個 IP 也就是 VLAN 10 與 VLAN 20 的預設閘道。並當 PC1 及 PC2 上的 IP 與預設閘道都設定好之後，如果 PC1 要與 PC2 通訊，PC1 會將訊框送往閘道 (R1 的 F0/0)，接著 R1 會將封包繞送到 F0/1，接著送進 S2 的 F0/2，最後到達 S2 的 F0/4 及 PC2。當訊框離開 S2 的 F0/1 或 F0/2 時，是未加 Tag 的訊框，因此可以被 R1 的介面所接受。

在設定時，S2 的 F0/1 及 F0/3 都是 VLAN 10，而 F0/2 及 F0/4 都是 VLAN 20 ，因此這四個 Port 都是一般存取 Port 。設定如下所示：

```
Switch(config)#vlan 10
Switch(config-vlan)#vlan 20
Switch(config-vlan)#exit
Switch(config)#interface fastEthernet 0/1
Switch(config-if)#switchport mode access
Switch(config-if)#switchport access vlan 10
Switch(config-if)#exit
Switch(config)#interface fastEthernet 0/3
Switch(config-if)#switchport mode access
Switch(config-if)#switchport access vlan 10
Switch(config-if)#exit
Switch(config)#interface fastEthernet 0/2
Switch(config-if)#switchport mode access
Switch(config-if)#switchport access vlan 20
Switch(config-if)#exit
Switch(config)#interface fastEthernet 0/4
Switch(config-if)#switchport mode access
Switch(config-if)#switchport access vlan 20
```

R1 的兩個 Port 分別連接到 S2 的 F0/1 及 F0/2。

```
Router(config)#interface fastEthernet 0/0
Router(config-if)#ip address 192.168.1.1 255.255.255.0
Router(config-if)#no shutdown
Router(config-if)#exit
Router(config)#interface fastEthernet 0/1
Router(config-if)#ip address 192.168.2.1 255.255.255.0
Router(config-if)#no shutdown
```

上面的設定中，兩個路由器介面上設定的 IP 就是兩個子網路 (VLAN) 的閘道，接下來只要設定好主機的資料，這個路由器就可以執行繞送的功能了。

接下來使用 show ip route 命令來檢查路由表，可以得到如下的輸出：

```
192.168.0.0/24 is subnetted, 2 subnets
C 192.168.1.0 is directly connected, FastEthernet0/0
C 192.168.2.0 is directly connected, FastEthernet0/1
```

路由器會依據封包中的目的地 IP 位址，來決定是要繞送到遠端的子網路，還是本地的網路。由上面的輸出可以發現，路由表中有兩條路徑，一條路徑是 192.168.1.0 子網路，連接到介面 Fa0/0，另一條路徑是到 192.168.2.0 子網路，是連接到 Fa0/1。如果路由器收到一個目的地位址為 192.168.1.0 網路的封包，將會轉送至 Fa0/0 介面，如果路由器收到一個目的地位址為 192.168.2.0 網路的封包，將會轉送至 F0/1 介面。

圖 4-1 的 VLAN 繞送可以運作的很好，但是當 VLAN 的數量增加，問題將會出現，因為 R1 的乙太網路介面可能會不夠使用。如果依據上面的邏輯，VLAN 每增加一個，R1 的實體介面就必須要多使用一個，同時還要相對使用一個交換器的 Port。大部分的路由器的乙太網路 Port 都是有限的，所以上面的方法雖然可行，但是只能針對 VLAN 數量很少的時候才能使用。

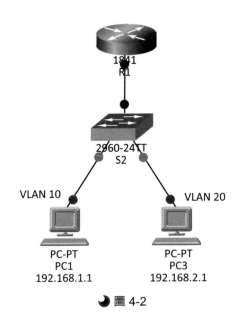

🌙 圖 4-2

可以將圖 4-1 中 S2 通往 R1 的多條鏈路予以合併，如圖 4-2 所示，也就是說交換器的一條 Trunk 鏈路通往路由器，這時候路由器只需要一個實體介面即可，但是這個路由器的乙太網路介面要能夠處理 Trunk 上多個 VLAN 的流量，這樣的拓樸架構稱之為 Router-on-a-stick (一根棍子上的路由器)。路由器將會接收到具有 VLAN 標籤的流量，以執行 inter-VLAN 繞送。在路由器的這個介面上，為了可以接收不同 VLAN 的流量，必須要使用子介面 (subinterface) 的技術，子介面是虛擬的，但是卻如同真正的介面一樣，使這個路由器可以繞送具有任何 VLAN 標籤的流量到其他的 VLAN。在一個實體介面上可以同時建立許多個虛擬的子介面，這些子介面只需要透過設定即可產生，因為每個子介面都像真實的介面一樣，所以每個子介面都可以設定 IP 位址及遮罩，而且每個子介面都分屬不同的子網路 (VLAN)。

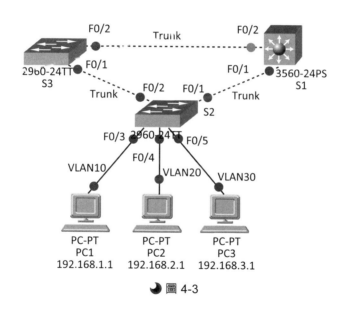

🌙 圖 4-3

某些交換器具有第三層的功能 (多層交換器)，因此可以使用多層交換器替代路由器的功能，於是圖 4-2 可以修改成如圖 4-3 所示。

在圖 4-3 中，假設 PC1 要送資料給 PC3，這兩台主機分別屬於不同的 VLAN。PC1 送出單播流量到 S2 交換器，S2 將這流量加上 VLAN 10 的標籤 (tag)，並且轉送到通往 S1 交換器的鏈路上。S1 交換器收到訊框後會移除 VLAN 10 的標籤。S1 交換器因為具有繞送功能，因此依據這個訊框的目的地 IP 位址繞送到 VLAN 30 介面，此時這個訊框會重新加上 VLAN 30 的標籤，並且轉送到通往 S2 的 trunk 鏈路上，並送到 S2 交換器，S2 交換器再將此訊框送到屬於 VLAN 30 的 F0/5，於是 PC3 收到資料。inter-VLAN 若使用 Router-on-a-Stick 模型進行繞送，只需要一個實體介面，明顯的可以取代多介面的繞送方式。

子介面的型式為實體介面的編號加上子介面編號，中間用「.」這個符號區隔，例如：

```
F0/0.1
F0/1.2
```

上面的兩行，分別代表在 F0/0 實體介面上建立編號為 1 的子介面及 F0/1 實體介面上建立編號為 2 的子介面。這裡的子介面編號不具有任何特殊意義，只是一個代號，管理者可以依據喜好自行建立使用，通常會依據 VLAN 號碼做為子介面編號的號碼。

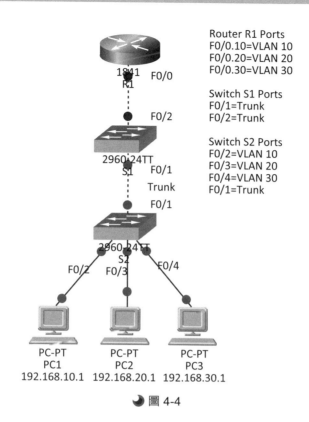

Router R1 Ports
F0/0.10=VLAN 10
F0/0.20=VLAN 20
F0/0.30=VLAN 30

Switch S1 Ports
F0/1=Trunk
F0/2=Trunk

Switch S2 Ports
F0/2=VLAN 10
F0/3=VLAN 20
F0/4=VLAN 30
F0/1=Trunk

🌙 圖 4-4

　　在圖 4-4 中。 PC1 要與 PC3 通訊，PC1 在 VLAN 10，PC3 在 VLAN 30。R1 上設定了子介面，分別是給 VLAN 10 使用的 F0/0.10 子介面，給 VLAN 20 使用的 F0/0.20 子介面，以及 VLAN 30 使用的 F0/0.30 子介面，因為各子介面分屬不同的 VLAN，因此在設定時，各子介面下必須使用 encapsulation dot1q vlan VLAN_id 這個命令來設定，此外各子介面上都必須要設定 IP 位址。

　　實體介面必須使用 no shutdown 命令，所有的子介面才會被啟用，如果實體介面被關閉，所有的子介面都會被關閉。除了必須要手動建立子介面之外，設定子介面的方法與設定實體介面的方法非常類似。子介面並非沒有缺點，因為實體介面的每個介面都各自擁有獨立的頻寬，因此在傳輸效能上會比較好，而使用子介面時，因為只使用一個實體介面去建立多個子介面，因此會被這個實體介面的頻寬所限制，此實體介面下的各 VLAN 流量也必須面對頻寬的競爭，

有可能在此介面上造成通訊的瓶頸。解決的方法是在多個實體介面上建立子介面，以分攤各個 VLAN 的流量。

路由器使用傳統的方式（多個實體介面）進行 inter-VLAN 繞送時，對應連接的交換器 Port 都是「Access Port」。當路由器使用子介面時，對應連接的交換器 Port 是「Trunk Port」。在接線的複雜度上，若路由器使用傳統的方式時必須使用比較多的接線，相對於使用子介面只需要一條線路，明顯比較複雜。使用子介面時，會讓路由器的設定變的較為複雜，但是交換器這邊的設定又變的較為簡單 (不需要在每個 Port 上設定 VLAN)。在除錯上，子介面的除錯比較困難，尤其當繞送發生問題時。因為有可能是 Trunk 設定的問題，或者是 VLAN ID 設定錯誤，也可能是 IP 位址設定錯誤，或是線路的問題，管理者必須要檢視整個設定才能判斷哪裡發生問題。

4-2 設定 Inter-VLAN 繞送

下面是介紹路由器子介面的設定方法，拓樸如下圖 4-5 所示：

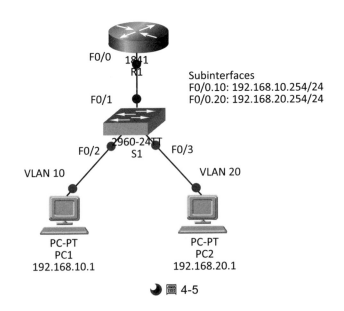

🌙 圖 4-5

路由器的子介面設定命令如下所示：

```
R1(config)#interface fastEthernet 0/0
R1(config-if)#no shutdown
R1(config)#interface fastEthernet 0/0.10
R1(config-subif)#encapsulation dot1Q 10
R1(config-subif)#ip address 192.168.10.254 255.255.255.0
R1(config-subif)#exit
R1(config)#interface fastEthernet 0/0.20
R1(config-subif)#encapsulation dot1Q 20
R1(config-subif)#ip address 192.168.20.254 255.255.255.0
R1(config-subif)#^z
```

在上面的命令輸入中，首先是將實體介面啟用。這裡要特別注意，一旦使用了子介面，實體介面是不能設定 IP 的。每個子介面都必須經由命令產生，然後利用 encapsulation dot1Q 命令，後面接著 VLAN 的 ID，將這個子介面指定給某個 VLAN。設定的 IP 為此 VLAN (子網路) 內主機的閘道。接下來設定交換器的各個 Port：

```
S1(config)#vlan 10
S1(config-vlan)#vlan 20
S1(config-vlan)#^Z
S1(config)#interface fastEthernet 0/1
S1(config-if)#switchport mode trunk
S1(config-if)#exit
S1(config)#interface fastEthernet 0/2
S1(config-if)#switchport mode access
S1(config-if)#switchport access vlan 10
S1(config-if)#exit
S1(config)#interface fastEthernet 0/3
S1(config-if)#switchport mode access
S1(config-if)#switchport access vlan 20
S1(config-if)#^z
```

設定完成後，先檢查 R1 的路由表，以 show ip route 檢視路由表，可以見到如下的輸出：

```
Gateway of last resort is not set
192.168.0.0/24 is subnetted, 3 subnets
C 192.168.10.0 is directly connected, FastEthernet0/0.10
C 192.168.20.0 is directly connected, FastEthernet0/0.20
```

可以看到兩個網段都出現在路由表當中，且分別對應不同的子介面。接下來就是測試主機是否可以互相通訊。所以兩台主機上都必須分別設定各自網段的 IP，假設 PC1 的 IP 是 192.168.10.1，PC2 的 IP 是 192.168.20.1。測試時，按部就班進行測試。步驟如下：

(1) 選擇來源主機 PC1。

(2) 來源主機的閘道是 192.168.10.254，在 PC1 上使用 Ping 命令測試閘道，若有回應，代表 PC1 到達閘道是正常的，若沒有回應，代表中間的線路或設定發生問題。

(3) 目標主機是 PC2，其閘道為 192.168.20.254，PC1 接下來要 Ping 此閘道，此閘道若沒有回應，先確認閘道設定是否正確。若設定正確，但閘道仍沒有回應，應檢查 PC2 至閘道的線路是否正常。

(4) 最後再 Ping 至PC2 主機，只要主機 IP 沒有設定錯誤，應該就會有回應。

（　）1. 本地網路有四個 VLAN ，路由器只有一個快速乙太網路 Port，現在
VLAN 需要繞送，以最低成本解決這問題，可以使用什麼方法？

(1) 加上 router-on-a-stick 設定。

(2) 加一台路由器。

(3) 加一台交換器。

(4) 加三個快速乙太網路 Port。

（　）2. 傳統的繞送方式與 router-on-a-stick 有何差別?

(1) 傳統繞送使用一個交換器介面，Router-on-a-stick 使用多個交換器介
面。

(2) 傳統繞送需要設定繞送協定，Router-on-a-stick 不需要繞送協定。

(3) 傳統繞送的每個邏輯網路使用一個 Port，Router-on-a-stick 使用子介
面。

(4) 傳統繞送使用一條線路，Router-on-a-stick 使用多條連線。

（　）3. 依據圖，下面哪些敘述是正確的？

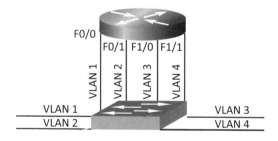

(1) 這種 VLAN 繞送的方法會使用較多的交換器 Port 及路由器 Port 。

(2) 這種 VLAN 繞送的方法要擴充不容易。

(3) 這種 VLAN 繞送的方法可以簡化 VLAN 的設定。

(4) 這種 VLAN 繞送的方法需要使用 802.1q 協定。

(5) 這種設計根本無法繞送 VLAN。

( ) 4. 一台路由器與一台交換器以 Router-on-a-stick的技術連接，路由器設定如下。一個來自於IP 位址192.168.10.1 及目的地位址 192.168.3.1的封包，這台路由器將會如何處理？

```
R1(config)#interface fastethernet 0/0
R1(config-if)#no shutdown
R1(config-if)#interface fastethernet 0/1.10
R1(config-subif)#encapsulation dot1q 10
R1(config-subif)#ip address 192.168.10.254 255.255.255.0
R1(config-subif)#interface fastethernet 0/1.20
R1(config-subif)#encapsulation dot1q 20
R1(config-subif)#ip address 192.168.20.254 255.255.255.0
R1(config-subif)#interface fastethernet 0/1.30
R1(config-subif)#encapsulation dot1q 30
R1(config-subif)#ip address 192.168.30.254 255.255.255.0
R1(config-subif)#end
```

(1) 從FastEthernet 0/1.10 介面轉送出。

(2) 從FastEthernet 0/1.20 介面轉送出。

(3) 從FastEthernet 0/1.30 介面轉送出。

(4) 封包會丟棄。

( ) 5. R1 與 S1 是以 Router-on-a-stick的技術連接，交換器的 Fa0/1 連接到路由器的 Fa0/0。執行下面的設定之後，沒有辦法 ping 到 VLAN 20 網段的主機，最有可能造成這問題的原因是什麼？

```
R1(config)#interface fastethernet 0/0
R1(config-if)#no shutdown
R1(config-if)#interface fastethernet 0/0.10
R1(config-subif)#encapsulation dot1q 10
R1(config-subif)#ip address 192.168.10.254 255.255.255.0
R1(config-subif)#interface fastethernet 0/0.20
R1(config-subif)#encapsulation dot1q 20
R1(config-subif)#ip address 192.168.20.254 255.255.255.0

S1(config)#interface fastethernet 0/1
S1(config-if)#switchport access vlan 10
S1(config-if)#switchport access vlan 20
S1(config-if)#no shutdown
```

(1) 因為 R1 是設定成為 router-on-a-stick。

(2) S1 沒有建立 VLAN 資料庫。

(3) R1 的子介面編號錯誤。

(4) R1 的 IP 設定錯誤。

(5) S1的 fa0/1 不是 trunk 模式。

( ) 6. 下面哪些有關子介面與 inter-VLAN 的敘述是正確的？

(1) 一個 VLAN 需要一個子介面。

(2) 一個子介面對應一個實體介面。

(3) 一個子介面對應一個網段。

(4) 一個子介面對應一個 Trunk。

(5) 一個子介面對應一條靜態繞送。

( ) 7. 有關router-on-a-stick inter-VLAN 與 ARP 的敘述，下列何者正確？

(1) 當回應 ARP 需求時，每個子介面會回應一個不同的 MAC 位址。

(2) 當回應 ARP 需求時，每個子介面會回應交換器實體介面的 MAC 位址。

(3) 當回應 ARP 需求時，每個子介面會回應同一個實體介面的 MAC 位址。

(4) 當回應 ARP 需求時，子介面會回應主機的 MAC 位址。

（　）8. 依據下面的拓樸及設定。PC1 試著 ping 到 PC2 ，但是沒有成功。為什麼會出現這種情況？

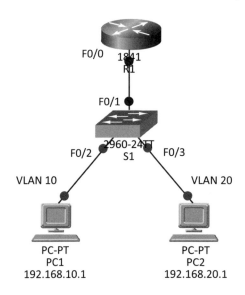

```
R1(config)#interface fastethernet 0/0
R1(config-if)#no shutdown
R1(config-if)#interface fastethernet 0/0.10
R1(config-subif)#encapsulation dot1q 10
R1(config-subif)#ip address 192.168.10.254 255.255.255.0
R1(config-subif)#interface fastethernet 0/0.20
R1(config-subif)#encapsulation dot1q 2
R1(config-subif)#ip address 192.168.20.254 255.255.255.0
```

(1) PC1 及 R1 介面 F0/0.1 在不同的子網路。

(2) R1 的 F0/0 沒有 IP 位址。

(3) R1 F0/0.10 介面上的封裝命令不正確。

(4) R1 F0/0.20 介面上的封裝命令不正確。

（　）9. 下面哪些關於 interface fa0/0.10 命令的描述是正確的？

(1) 這個介面會有 VLAN 10 的流量。

(2) 這個介面是一個子介面。

(3) 這個介面使用 ISL。

(4) 這個介面不能設定 IP 位址。

(5) 這個介面使用了 router on-a-stick 的 inter-VLAN 繞送。

( ) 10. 依據圖中所顯示，可以得到什麼結論？

```
R1#show ip route
 <output omitted>
Gateway of last resort is not set

  192.168.0.0/24 is subnetted, 2 subnets
C   192.168.1.0 is directly connected,
FastEthernet0/0.10
C   192.168.2.0 is directly connected,
FastEthernet0/0.20
```

(1) 兩個直接連接的網路是使用同一個實體網路。

(2) F0/0 是一條負載平衡線路。

(3) 必須要設定繞送協定才能讓兩個子網路進行繞送。

(4) 192.168.1.0 與 192.168.2.0 兩個網段可以互相通訊。

(5) F0/0 實體介面必須要設定 IP 位址。

( ) 11. 依據圖。R1 及 S1 間使用 router-on-a-stick，路由器上的設定沒有錯誤，管理者現在要從拓樸圖中進行除錯，最有可能的錯誤原因是什麼？

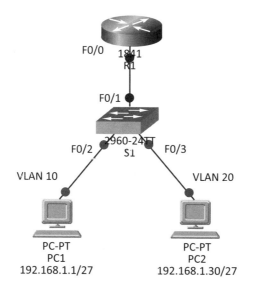

(1) R1 的 F0/0 要設定成trunk。

(2) PC1 及 PC2 不在同一個 VLAN。

(3) PC1 與 PC2 使用相同的子網路。

(4) S1 交換器的介面被關閉。

( ) 12. 依據圖。網路管理者在路由器上要執行 inter-VLAN 繞送。但是繞送卻無法動作，在 SW2 上哪裡發生錯誤？

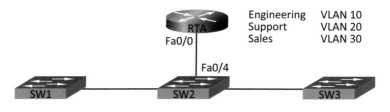

```
SW2# show vlan
VLAN   Name              Status      Ports
-----  ----------------  ----------  -----------------------------------------
1      default           active      Fa0/4, Fa0/21, Fa0/22, Fa0/23, Fa0/24
10     Engineering       active      Fa0/5, Fa0/6, Fa0/7, Fa0/8, Fa0/9, Fa0/10
20     Support           active      Fa0/11, Fa0/12, Fa0/13, Fa0/14, Fa0/15
30     Sales             active      Fa0/16, Fa0/17, Fa0/18, Fa0/19, Fa0/20
-----------------------------------------------------------------------------
SW2# show interfaces switchport
<output omitted>
Name: Fa0/4
Switchport: Enabled
Administrative Mode: dynamic auto
Operational Mode: static access
Administrative Trunking Encapsulation: dot1q
Operational Trunking Encapsulation: native
Negotiation of Trunking: On
Access ModeVLAN: 1 (default)
<output omitted>
```

(1) Port 0/4 是關閉的。

(2) Port 0/4 沒有設定成 trunk 模式。

(3) Port 0/4 所屬的 VLAN 設定錯誤。

(4) Port 0/4 使用了錯誤的協定。

( ) 13. 使用 inter-VLAN 繞送及設定路由器子介面時，下面哪一項是最重要的
事？

(1) 子介面的號碼必須與封裝的 VLAN 號碼相同。

(2) 實體介面要設定一個 IP。

(3) 每個子介面都要執行 no shotdown 的命令，將子介面開啟。

(4) 子介面的 IP 位址就是該 VLAN 子網路的預設閘道位址。

( ) 14. Inter-VLAN繞送在什麼時候可以用實體介面替代 router-on-a-stick ？

(1) 子網路非常多的時候。

(2) VLAN 數量少的時候。

(3) 需要個人化的時候。

(4) 路由器只有一個乙太介面的時候。

NOTE

05

STP

CCNA

　　對某些非常依賴網路的企業來說，內部網路的可用性遠比採購費用來的重要。為了防止本地網路的網路設備(交換器)無預警的故障，管理者會希望本地網路上的交換器能夠有容錯 (redundancy) 的機制，也就是說當本地網路的某一條鏈路故障時，能夠有另外一條鏈路自動的取代，如圖 5-1 所示。要應付這種需求就必須要使用 STP 協定。如果圖當中沒有使用 STP 協定，則封包將會在 S1-S2-S3 之間不停的傳送，最後變成廣播風暴。但是使用了 STP 之後，可能在 S2-S3 之間的鏈路會停止轉送資料，迴圈的問題也就解決。若 S1 與 S2 之間的鏈路發生故障，S3-S2 間的備用鏈路就會重新啟用，這個網路不會因為多了一條鏈路，而有迴圈 (loop) 的情況發生。

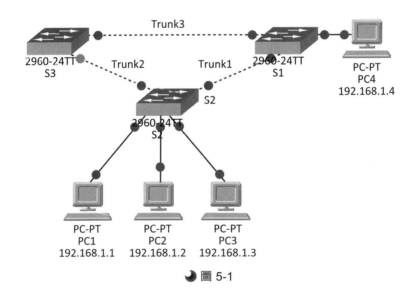

🌙 圖 5-1

　　在階層式設計的大型網路中，容錯的機制更是重要，如圖 5-2 中所示，假設這個本地網路是啟動 STP 協定，當交換器與鏈路都是正常運作時，封包會有多條路徑可走，也許 STP 預設狀況下走的是 S1-D2-C1-D4-S6 這條路徑。

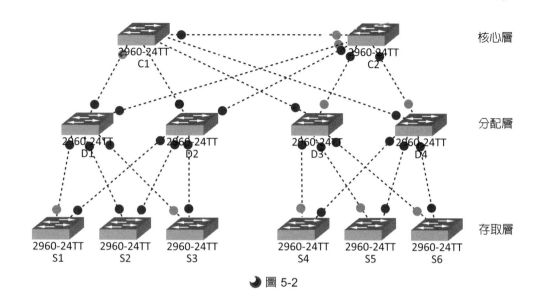

核心層

分配層

存取層

2960-24TT
C1

2960-24TT
C2

2960-24TT
D1

2960-24TT
D2

2960-24TT
D3

2960-24TT
D4

2960-24TT
S1

2960-24TT
S2

2960-24TT
S3

2960-24TT
S4

2960-24TT
S5

2960-24TT
S6

🌙 圖 5-2

但是，如果分配層的 D2 到 C1 的這條鏈路發生了故障，則 D1 可能會自動
選擇 S1-D1-C1-D4-S6 這條路徑。如果核心層的 C1 交換器發生了故障，則訊框
行經的路徑可能會變更為 S1-D2-C2-D4-S6，STP 網路總是會盡力的找到一條替
代路徑。

若 STP 開啟，則第二層迴圈不會發生，思科交換器預設是開啟 STP 的功
能。一般的交換器可能沒有支援 STP，如果交換器上不支援 STP，或者是 STP
沒有開啟，當多條路徑存在於兩個交換器之間，將會發生第二層的迴圈 (Layer 2
Loop)，交換器網路將會因為封包的不停傳送而無法工作。乙太網路的訊框不像
IP 的封包，IP 封包具有 TTL 的設計，TTL 每經過路由器一次就會減 1，TTL 減
到 0 時就丟棄，因此第三層迴圈中的封包會有停止的時候。

廣播訊框會複製到交換器上所有的 Port (除了來源 Port)，當鏈路的迴圈出
現時，廣播訊框就會一直在交換器重複的傳送與複製。下面說明第二層迴圈發
生的過程。

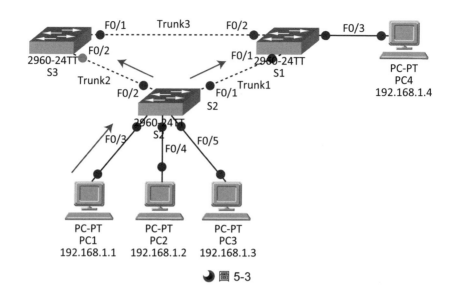

圖 5-3

在圖 5-3 中,假設 PC1 送出了一個廣播訊框至 S2 ,S2 會將此廣播訊框送至其他 Port (F0/2 及 F0/1)。於是 S3 (F0/2) 及 S1 (F0/1) 都收到這個廣播訊框,並且繼續將這個廣播訊框送出,於是 S3 (F0/1) 會收到 S1 送來的廣播訊框,S1(F0/2) 收到 S3 送來的廣播訊框。S3 與 S1 又會先後把這個廣播訊框送給 S2 (F0/2 或 F0/1),S2 又會先後把 S3 與 S1 的廣播訊框繼續送出 (F0/1、F0/2、F0/3、F0/4、F0/5),於是 S2 與 S1 上的主機 (PC1-PC4) 將會不斷收到廣播訊框,若 PC 上繼續送出新的廣播訊框,則交換器之間的廣播訊框也將會繼續累積。因為廣播訊框一直在交換器間不斷複製,因此廣播訊框會越來越多,最後影響到正常流量及交換器的運作,本地網路將無法再進行資料通訊,這就是廣播風暴 (Broadcast Storms)。廣播訊框不是唯一會在迴圈中影響網路效能的訊框,單播 (Unicast) 訊框在迴圈的網路中也會發生影響。假如 PC1 送出了一個單播訊框,S2 會將其從 F0/2 及 F0/1 送出,單播訊框會到達 S3 及 S1,S1 會將此單播訊框送達 PC4,S3 會將此單播訊框送達 S1,S1 會將此單播訊框再度送達PC4,因此 PC4 至少收到兩次這個單播訊框。雖然最後 PC4 的上層協定會將錯誤檢測出,但是浪費了 PC4 的資源及部份的網路頻寬。

迴圈可以在兩台交換器之間發生,在圖 5-4 中就會構成迴圈。S1 與 D1 之

間並不是 EtherChannel，EtherChannel 是將多條實體鏈路結合成一條邏輯的鏈
路，讓傳輸頻寬可以加總。

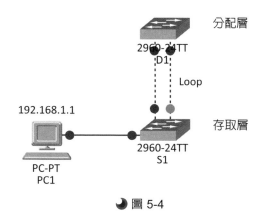

圖 5-4

　　另一種迴圈發生在交換器的兩條上行 (uplink) 鏈路，如圖 5-5。這種迴圈對
網路的衝擊會更大，因為它會影響到多個交換器。

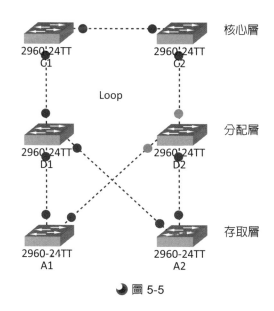

圖 5-5

　　在下圖 5-6 中，可能只是兩個使用者將他們的 Hub 互相連接，這也會造成
迴圈的發生。

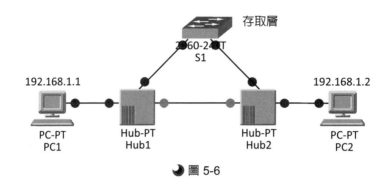

圖 5-6

STP

STP 可以在網路中找出某一條會造成迴圈的路徑，並把這條路徑上的某個 Port 阻斷 (blocking)，使其停止資料的傳輸。在這個被阻斷的交換器 Port 上，一般的網路資料不會「進入」或「離開」(不包括 BPDU，稍後介紹)，這樣就能預防迴圈的發生。因為被阻斷的實體線路事實上仍然存在，如果原先傳送資料的路徑上某個交換器或鏈路發生故障，STP 會立刻重新計算路徑，並且啟動必要的 Port 及線路。

STP 使用擴張樹演算法 (STA，Spanning Tree Algorithm) 來決定網路上那個 Port 必須轉變成阻斷模式。STA 會透過「選舉」的程序，將網路中的某一台交換器當作「根橋接器」，根橋接器是計算所有路徑的「基準點」。所有參與 STP 運作的交換器都會相互交換 BPDU 訊框，以決定 STP 網路上哪個交換器擁有最低的橋接器 ID (BID)，擁有最低 BID 的交換器會變成這個 STP 網路中的根橋接器 (Root Bridge，RB)，有關選舉的過程稍後討論。

STP 網路中為了互相交換訊息的特殊訊框是 BPDU，每個 BPDU 都包含了一個 BID 以識別此 BPDU 是哪個交換器送出的，BID 是由「優先權 (Priority)」及「交換器 MAC 位址」這兩個欄位組合而成。

當根橋接器選舉出來後，STP 網路中的每個交換器都會分別使用 STA 來決定到達根橋接器的最佳路徑。STA 會考慮路徑上的總成本，而每一段鏈路的成本則是依據 Port 的速度來決定，路徑總成本是整個路徑上所有 Port 成本的總和。如果有兩條以上的路徑可到達根橋接器，STA 會選擇最低總成本的那一條路徑。當 STA 開始決定路徑時，它會將交換器的 Port 設定成幾種不同的角色，這些角色包括：

(1) **指定(Designated) Port**：指定 Port 會轉送網路流量。在圖 5-7 中假設 S1 是根橋接器，根橋接器的 Port 一定是指定 Port。其他不是「根 Port」的 Port 都有可能成爲指定 Port，以圖 5-7 來說，S2 的 F0/2 也是指定 Port。

(2) **根(Root) Port**：交換器最接近根橋接器的 Port，以圖 5-7 中來解說，假設每段路徑的成本相同，S2 的根 Port 是 F0/1 的這個 Trunk Port，S3 的根 Port 是 F0/1。

(3) **非指定(Non- Designated) Port**：非指定 Port 將會成爲阻斷狀態以防止迴圈，以圖 5-7 來說，S3 的 F0/2 就是非指定 Port，所以這個 Port 會成爲阻斷的狀態。

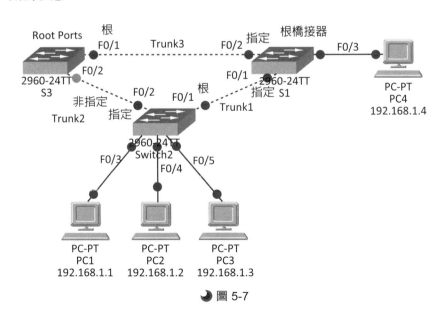

🌙 圖 5-7

當 STA 的演算程序開始時，每一個廣播領域 (每個 VLAN) 都會有一台交換器被指定成根橋接器。所有交換器都會送出包含了 BID 及 Root ID 的 BPDU 訊框，這個訊框每隔兩秒送一次。而 Root ID 是為了要識別網路上的根橋接器。

在剛開始的時候，每個交換器的 Root ID 與 BID 是相同的，每個交換器都把自己當成根橋接器，接著交換器開始轉送 BPDU 給相鄰的交換器，相鄰的交換器會讀取該 BPDU 中的 Root ID 資訊，如果這台交換器收到的 BPDU 訊框中的 Root ID 比自己的 BID 還低，那麼這台交換器會將它自己的 Root ID 值改為訊框中的 Root ID，接下來這台交換器會接著轉送新的 BPDU 給相鄰的交換器 (此時這台交換器的 Root ID 已改變)，於是經過一段時間，整個廣播領域上的所有交換器都可知道根橋接器的 BID (就是 Root ID 所記錄的)。

當根橋接器被指定後，STA 開始計算從各個交換器到達根橋接器的最佳路徑成本。最佳路徑是從各個交換器到根橋接器的所有路徑中，成本總和最低的。成本取決於鏈路 (Port) 的速度，下表 5-1 中顯示了不同的鏈路所對應的成本，在表中可以看到 10Gb/s 的乙太網路 Port，其成本定義為 2，1Gb/s 的乙太網路的成本定義為 4，100Mb/s 的成本定義為 19，10Mb/s 的成本定義為 100。

Link Speed	Cost
10 GB/s	2
1 Gb/s	4
100 Mb/s	19
10 Mb/s	100

表 5-1

在圖 5-8 的拓樸中，每一條鏈路都是快速乙太網路 (100 Mb/s)，因此每一條鏈路成本都是 19。根橋接器是 S1，因為在優先權與 MAC 位址的 BID 組合中，它的優先權數字最小。假設現在要計算 S2 到根橋接器 S1 的最佳路徑，可以發現從 S2 到 S1 的路徑共有兩條，第一條路徑為 S2 的 F0/1 到 S1 的 F0/1，

其成本總和為 19 ，第二條路徑為 S2 - S3 - S1，其成本總和是 S2 - S3 的 19 加上 S3 - S1 的 19 ，共計是 38。兩條到達根橋接器的路徑做個比較，很明顯是第一條鏈路的成本較低，所以 S2 至根橋接器 S1 最佳路徑是第一條路徑。

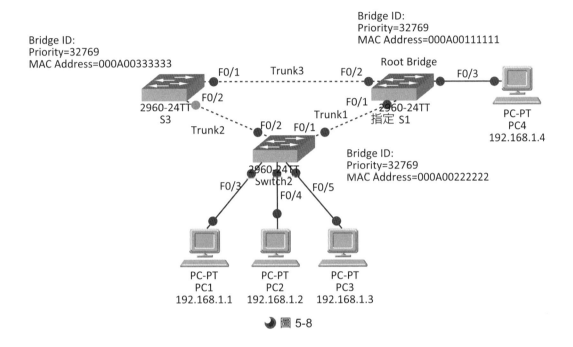

● 圖 5-8

　　交換器的 Port 雖然都有預設的對應成本，但是管理者還是可以對 Port 的成本進行更改。使用下面的命令可以設定 Port 的成本：

```
Switch(config)#interface FastEthernet0/1
Switch(config-if)#spanning-tree cost 25
Switch(config-if)#^z
```

　　在 cost 後面的數字允許 1 到 200,000,000，如果要將成本改為原來的預設值，只要使用下面的命令即可：

```
Switc (config)#interface FastEthernet0/1
Switch(config-if)#no spanning-tree cost
Switch(config-if)#^z
```

如果要核對 Port 及到達根橋接器的路徑成本，可以使用 show spanning-tree 命令，如下圖 5-9 所示：

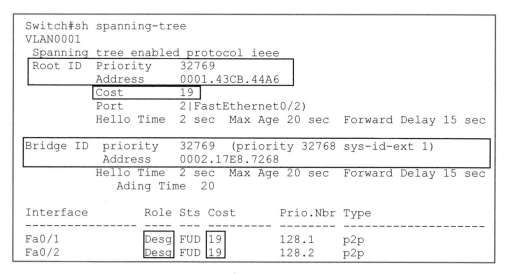

```
Switch#sh spanning-tree
VLAN0001
 Spanning tree enabled protocol ieee
Root ID   Priority    32769
          Address     0001.43CB.44A6
          Cost        19
          Port        2|FastEthernet0/2)
          Hello Time  2 sec  Max Age 20 sec  Forward Delay 15 sec

Bridge ID  priority    32769  (priority 32768 sys-id-ext 1)
           Address     0002.17E8.7268
           Hello Time  2 sec  Max Age 20 sec  Forward Delay 15 sec
               Ading Time  20

Interface        Role Sts Cost       Prio.Nbr Type
---------------- ---- --- ---------  -------- --------------------
Fa0/1            Desg FUD 19          128.1    p2p
Fa0/2            Desg FUD 19          128.2    p2p
```

🌙 圖 5-9

圖中可以看到 Root ID 及 BID (很明顯這台交換器不是根橋接器)，此外在 Root ID 下方的 Cost 是這台交換器到達根橋接器的路徑總成本。圖中最下方的介面是這台交換器參與 STP 運作的介面，這裡可以看出這兩個 Port 的成本，以及其扮演的角色。Desg 就是指定 Port，Root 就是根 Port 。

BPDU 訊框的 Hello Time 預設是兩秒鐘，所以 BPDU 每隔兩秒鐘送一次，每個交換器都會擁有及維護各自的 STP 資訊，這些資訊包括 BID、Root ID 及到達根橋接器的成本。如果想要讓一個交換器成為根橋接器，只要將這台交換器的優先權設定成比這個網路上其他交換器的優先權數字來的低即可。早期交換器 BPDU 中的優先權欄位共有 16bit，所以可以設定的範圍是 1 到 65536，思科交換器預設的優先權是 32768，若優先權設成 1 代表擁有最高的優先權。但是早期的 STP 網路因為沒有使用到 VLAN，所有的交換器上只會建立單一的 STP。在使用了 VLAN 之後，STP 必須要考慮每個 VLAN 都是一個廣播領域，

必須建立各自獨立的 STP 資訊，因此舊的優先權欄位被修改，切割成 4bit 的優先權欄位及 12bit 的延伸系統 ID 欄位，延伸 ID 欄位中就包括了 VLAN 的 ID 號碼，但是因爲借用了原來優先權欄位後面的 12 bit，這 12 Bit 中只有全 0 是用不到的，可以留下來給優先權使用。而優先權欄位的前面 4 個 bit 是可以改變的，因此優先權的數字將會變成：

```
0001000000000000 =4096
0010000000000000 =8192
0011000000000000 =12288
0100000000000000 =16384
....
```

這些數字都是 4096 的倍數，如果管理者要設定優先權，必須要設定成能夠被 4096 除盡的數字。假設現在設定優先權爲 4096，這個 STP 是在 VLAN 1 當中執行，這時候優先權的值會變成：

```
0001 000000000001 = 4097。
```

在圖 5-9 中，Root ID 的優先權是 32769，而預設優先權不是 32768 嗎？這是因爲上面提到的 VLAN ID 預設是 1，橋接器優先權這個欄位變成就會由「預設的橋接器優先權」加上「VLAN ID」而組成，也就是：

```
1000 000000000001 = 32769
```

如果所有交換器設定了相同的優先權 (預設就是相同)，而且有相同的延伸系統 ID，那麼接下來就是要比較哪個交換器的 MAC 最低，MAC 最低的將會是根橋接器。當根橋接器選舉完畢，若網路中加入一個新的交換器，STP 不會重新選舉根橋接器，因爲如果重新選舉，將會造成交換器的網路暫時中斷。

如果管理者要指定一台交換器成爲根橋接器，有兩種設定方法可以用來設定思科的交換器，第一種方法是使用下面的命令：

```
Switch(config)#spanning-tree vlan 1 root primary
```

設定完成後，這台交換器的優先權會被設定成 24576 或是網路上交換器最低優先權數字減 4096 。如果根橋接器有變動的可能，需要一個預備的根橋接器，可以在選定的交換器上，設定如下的命令：

```
Switch (config)#spanning-tree vlan 1 root secondary
```

設定完成後，這台交換器的優先權會被設定成 28672。假設其他所有的交換器都使用預設的優先權 32768，當主要的根橋接器故障時，這台交換器會被選舉出來變成根橋接器。

第二種方法是直接設定交換器的優先權，如下面命令所示：

```
S2(config)#spanning-tree vlan 1 priority 24576
```

設定完成後，可以在根橋接器上使用 show spanning-tree 檢視。由圖 5-10 中可看到，這台交換器是根橋接器 (Root ID 與 Bridge ID 相同)，優先權是 24577 (24576+1)，這台根橋接器的 Port 都是指定 (Desg) Port 。

```
S1#sh spanning-tree
VLAN0001
 Spanning tree enabled protocol ieee
 Root ID    Priority    24577
            Address     0001.43CB.44A6
            This bridge is the root
            Hello Time  2 sec  Max Age 20 sec  Forward Delay 15 sec

 Bridge ID  priority    24577   (priority 24576 sys-id-ext 1)
            Address     0001.43CB.44A6
            Hello Time 2 sec  Max Age 20 sec  Forward Delay 15 sec
            Ading Time   20

Interface        Role Sts Cost       Prio.Nbr Type
---------------- ---- --- ---------  -------- -----------------
Fa0/1            Desg FWD 19          128.1    p2p
Fa0/2            Desg FWD 19          128.2    p2p
```

🌙 圖 5-10

根 Port 會轉送流量給根橋接器，根 Port 存在於不是「根交換器」的交換器上，且最多只有一個根 Port。在圖 5-8 中，S1 是根橋接器，S1 連接其交換器的 Port 都是指定 Port，S2 與 S3 因為直接與根交換器連接，所以都有一個根 Port 透過 Trunk 鏈路連接回到 S1。

指定 Port 是用來接收與發送訊框給根橋接器，每個區段只允許有一個指定 Port。如果兩交換器間有一個區段，那麼就必須要選舉出此區段的指定 Port，在圖 5-8 中，S2 與 S3 之間必須要選擇出一個指定 Port。由圖 5-8 中可以得知，S2 的 F0/2 被選擇為指定 Port，因此最後剩下的 Port (S3 的 F0/2) 既不是根 Port，又不是指定 Port，那就是非指定 Port 了，非指定 Port 就是被阻斷的 Port，在某些新的 STP 協定當中，非指定 Port 又稱為替代 (Alternate) Port。

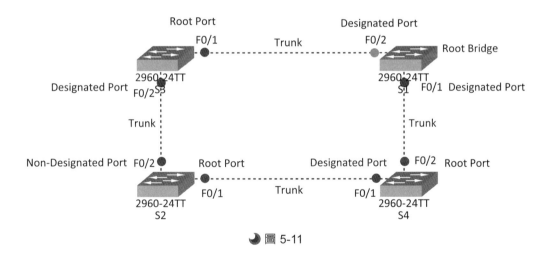

● 圖 5-11

再看圖 5-11 的例子，S1 是根橋接器，所以 S1 的 F0/2 及 F0/1 都是指定 Port。S3 上的 F0/1 到根橋接器的成本最低，所以是根 Port。S4 的 F0/2 到根橋接器的成本最低，所以也是根 Port。但是在 S2 上卻發生了問題，S2 的 F0/1 與 F0/2 都具有到達根橋接器的最低成本，當一個交換器的兩個 Port 都有到達根橋接器最低路徑成本，就要依據最低的 Port 優先權數字與 Port ID 來決定。Port 的優先權數字是管理者可以進行設定的，預設是 128。Port ID 就是 Port 號碼，

例如 F0/1 的 Port ID 就是 1，F0/2 的 Port ID 就是 2。因此完整的優先權通常是以類似 128.1 的這種方式來標示，128 就是 Port 優先權數字，.1 就是 Port ID。因此在圖 5-11 當中，S2 會依據 Port 優先權數字低的 Port，選做根 Port，因此 F0/1 就是根 Port。最後 S2-S3 之間的網段很明顯是 S3 的 F0/2 距離根橋接器的成本最低，所以它是指定 Port。S2-S4 之間的網段很明顯是 S4 的 F0/1 距離根橋接器的成本最低，所以它是指定 Port。最後，只剩下 S2 的 F0/2，它就是非指定 Port，也就是被阻斷的 Port。

Port 的優先權數字可以使用下面的命令修改：

```
S2(config)#interface FastEthernet 0/1
S2(config-if)#spanning-tree port-security 112
S2(config-if)#^z
```

spanning-tree port-security 後面的數字可以是 0 至 240，但是每次必須以 16 的倍數來增加，即 16、32、48....。數字越低，優先權越高。上面的例子中是把預設的 128 改成 112，比預設值低。

5-3 STP 的 Port 狀態

STP 有五種 Port 的狀態，這五種狀態使 STP 能夠進行運作，分別是：

(1) **阻斷(Blocking)**。如果 Port 是阻斷狀態，那麼這個 Port 一定是非指定 Port，它無法轉送(進入與離開)資料訊框，但是仍然可以接收及處理 BPDU 訊框，以瞭解 STP 的運作狀況，在必要的時候，這個 Port 仍然可以啟用。

(2) **傾聽(Listening)**。這個 Port 已經準備要開始接收 BPDU 訊框，並且也準備開始送出它自己的 BPDU 訊框，以通知相鄰的交換器要參與這個拓樸。

(3) **學習(Learning)**。這個 Port 準備去參與訊框轉送，且開始傳送及學習 MAC 位址。

(4) **轉送(Forwarding)**。這個 Port 已經是拓樸的一部份，可以轉送一般的資料訊框，也可以送出及接收 BPDU 的訊框。同時間，仍然會繼續學習 MAC 位址。

(5) **關閉(Disavled)**。這個 Port 不參與 STP，也不轉送一般的資料訊框，也就是管理性的關閉。下表 5-2 是前面所述 Port 五種狀態的彙整：

Processes	Blocking	Listening	Leaming	Forwarding	Disable
接收及處理BPDU	1YES	YES	YES	YES	NO
轉送資料訊框	NO	NO	NO	YES	NO
學習MAC位址	NO	NO	YES	YES	NO

表 5-2

　　Port 停留在不同狀態的時間是依據 BPDU 計時器來決定，只有根橋接器的這台交換器可以調整計時器的時間。STP 使用的計時器主要有三個：

(1) **Hello Time**：就是 BPDU 訊框送出的間隔時間，預設是兩秒鐘，但是可以設定成 1 秒到 10 秒之間。

(2) **Forward Delay**：就是傾聽狀態及學習狀態所花費的時間，每一個狀態預設是 15 秒，可以調整成 4 到 30 秒之間。

(3) **Maximum Age**：這個計時器控制了 Port 儲存 BPDU 資訊的最大時間長度，預設是 20 秒，可以被設定成 6 到 40 秒之間。

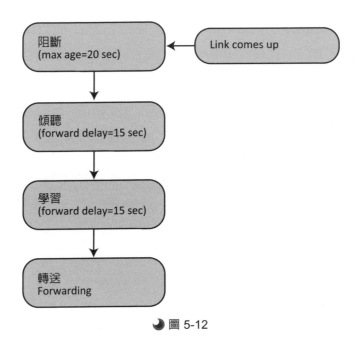

阻斷
(max age=20 sec)

Link comes up

傾聽
(forward delay=15 sec)

學習
(forward delay=15 sec)

轉送
Forwarding

🌙 圖 5-12

　　當網路上 STP 啟動，每一個網路上的交換器 Port 都會立即進入阻斷模式，然後會轉換狀態為傾聽模式及學習模式，當最後穩定時，Port 可能在阻斷 (Blocking) 模式或者是轉送 (Forwarding) 模式。當拓樸改變，Port 會暫時性的進入傾聽模式與學習模式一段時間，這一段時間稱為轉送延遲間隔 (forward delay interval)。

　　在一般的思科交換器上，如果 Port 上連接的是主機，一般會將這個 Port 設定成存取模式。在每一次接上主機後，這個 Port 的燈號由橘燈轉成綠燈都要花費數十秒鐘，這是因為思科交換器預設是將 STP 開啟的，因此必須要等待 STP 收斂完成，讓這個 Port 的狀態轉換到轉送模式。PortFast 是思科的技術，當一個存取 Port 被設定了 PortFast 模式後，主機接上這個 Port 時，將會使這個 Port 從阻斷狀態立刻變成轉送狀態，不需要再等待數十秒的時間。但是這個 Port 只能用來連接主機或伺服器，在設定為 PortFast 之前，必須要先確定這個 Port 將來不會連接交換器，否則很可能會造成迴圈的發生。

為了防止被設定成 PortFast 的介面收到了 BPDU 的訊框，可以使用一個叫做 BPDU Guard 的技術。使用此技術後，當這個 Port 收到 BPDU 的訊框時，它會將這個 Port 轉成阻斷模式。設定 BPDU Guard 屬於 CCNP 範圍。在下圖 5-13 中，S2 的 F0/3 、F0/4 及 F0/5 這三介面都可以設定成 PortFast 模式。

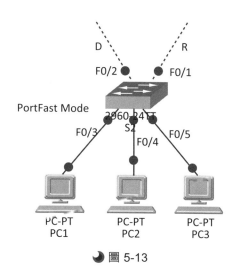

● 圖 5-13

要設定 PortFast 可使用如下的命令：

```
S2(config)#interface FastEthernet 0/3
S2(config-if)#spanning-tree portfast
%Warning: portfast should only be enabled on ports connected
 to a single host. Connecting hubs, concentrators, switches,
 bridges, etc... to this interface when portfast is enabled,
 can cause temporary bridging loops. Use with CAUTION
%Portfast has been configured on FastEthernet0/1 but will only
 have effect when the interface is in a non-trunking mode.
S2(config-if)#^z
```

由顯示可以看到，介面在設定完 PortFast 後，會出現數行的警告訊息。若要關閉 PortFast 可以使用下面的命令：

```
S2(config)#interface FastEthernet 0/1
S2(config-if)#no spanning-tree portfast
S2(config-if)#^z
```

收斂是 STP 流程中重要的一項程序，歸納「擴張樹」收斂共可分成下列的幾個不同的步驟：

(1) 依據 BID 選出根橋接器，根橋接器的 Port 都是 D Port。

(2) 非根交換器上選出距離根橋接器最低成本的根 Port。

(3) 每個網段中選出指定 Port。

(4) 最後剩下的就是非指定 Port (Blocking)。

當成本相同時，比較的順序為：(1) BID。(2) Port 優先權：Port ID。

5-4 PVST+,RSTP 及 Rapid-PVST+

如同許多的網路標準一樣，STP 有許多的改良版本，包括思科的改良版本及 IEEE 的改良版本在內，下面是簡述 Cisco 及 IEEE 的幾種主要 STP 改良版本。

STP 的改良版本

➡ 思科

(1) PVST (Per-VLAN spanning tree protocol)：維護每個 VLAN 上運作一個 STP，它使用了思科獨有的 ISL 通道協定，允許一條通道(Trunk)鏈路只轉送某些 VLAN，而阻斷其他的 VLAN。因為 PVST 對待每個 VLAN 如同一個獨立的網路，藉由某些 VLAN 在某個通道，另外的一些 VLAN 在另一個通道，達成第二層的流量負載平衡，而不會產生迴圈。思科在 PVST 發展了許多延伸功能，例如 BackboneFast、UplinkFast及 PortFast，延伸功能不在 CCNA 範圍。

(2) PVST+(Per-VLAN spanning tree protocol plus) ：與 PVST 類似，發展 PVST+ 的目的是爲了支援 IEEE 802.1Q 通道，PVST+ 提供 PVST 相同的功能，包括在前面 PVST 敘述的延伸功能。PVST+ 不支援非思科的裝置。PVST+ 也包含了 PortFast 的延伸功能，稱爲 BPDU Guard 及 Root Guard。

(3) Rapid PVST+(Rapid per-VLAN spanning tree protocol) ：基於 IEEE 8021.w 標準，與 802.1D 標準的 STP 相比，RPVST+ 收斂速度非常快，同樣包含了前述的BackboneFast 、UplinkFast 及 PortFast 延伸功能。

➡ IEEE

(1) RSTP(Rapid spanning tree protocol) ：是 802.1D 標準 STP 的改良版，首次發表於 1982 年，於拓樸改變時能快速的收斂，RSTP 包含了 Cisco 特有的BackboneFast 、UplinkFast 及 PortFast 延伸功能。IEEE 在 2004 年將 RSTP 納入 802.1D 中，成爲 IEEE 802.1D-2004 。所以當聽到 STP ，它就是 RSTP。

(2) MSTP(Multiple STP) ：這是 STP 及 RSTP 的改良版，能啓動多個 VLAN 對應到一個擴張樹，當 VLAN 很多時，可以降低需要維護的擴張樹數量。靈感源自於思科特有的 MISTP (Multiple Instances STP)。首次發表在 1998 年，標準的 IEEE802.1Q-2003 直接包含了 MSTP。MSTP 爲流量提供了多個轉送路徑，MSTP 不在 CCNA 的範圍。

PVST+

　　在思科的 PVST+ 環境，可以調整擴張樹的參數讓不同的 VLAN 在不同的 Trunk 鏈路下通行，如下圖 5-14，S2 的 Port F0/1 在 VLAN 10 是轉送 狀態，但是 VLAN 20 是阻斷狀態，S2 的 F0/2 在 VLAN10 是阻斷狀態，但是在 VLAN 20 是轉送狀態。而且每個 VLAN 都會選舉它自己的根橋接器。在下圖中，S3 是 VLAN 20 的根橋接器，S1 是 VLAN10 的根橋接器。

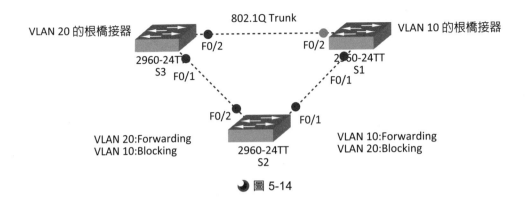

VLAN 20 的根橋接器

802.1Q Trunk

VLAN 10 的根橋接器

F0/2　　F0/2

2960-24TT
S3　F0/1

2960-24TT
S1
F0/1

F0/2　　F0/1

VLAN 20:Forwarding
VLAN 10:Blocking

2960-24TT
S2

VLAN 10:Forwarding
VLAN 20:Blocking

🌙 圖 5-14

在 2960 上，預設的擴張樹模式就是 PVST+ 。假設現在要建立圖 5-14 的 PVST+ 拓樸，S3 是 VLAN20 的主要根橋接器，VLAN 10 的第二根橋接器。S1 是 VLAN10 的主要根橋接器，VLAN 20 的第二根橋接器。在 S2 的 PortF0/2 是 VLAN 20 的轉送 Port，且其 VLAN 10 是阻斷 Port。 S2 的 PortF0/1 是 VLAN 10 的轉送 Port，且其 VLAN 20 是阻斷 Port。

因此，在 S3 及 S1 可以設定如下：

```
S3(config)#spanning-tree vlan 20 root primary
S3(config)#spanning-tree vlan 10 root secondary
S3(config)#^z
S1(config)#spanning-tree vlan 10 root primary
S1(config)#spanning-tree vlan 20 root secondary
S1(config)#^z
```

也可以使用修改優先權的方法來設定 S3 與 S1 成為不同 VLAN 的根橋接器，命令如下所示：

```
S3(config)#spanning-tree vlan 20 priority 4096
S3(config)#^z
S1(config)#spanning-tree vlan 10 priority 4096
S1(config)#^z
```

下面是將數值故意輸入錯誤所顯示的畫面：

```
Switch(config)#spanning-tree vlan 1 priority 23456
% Bridge Priority must be in increments of 4096.
% Allowed values are:
0 4096 8192 12288 16384 20480 24576 28672
32768 36864 40960 45056 49152 53248 57344 61440
```

　　錯誤訊息會提示哪幾個數字可以使用。核對或檢查 PVST+ 的擴張樹，同樣也可以使用 show spanning-tree 命令，顯示的結果可以看到不同的 VLAN 擁有不同的根橋接器，如下圖 5-15 所示：

```
S1#show spanning-tree
VLAN0001
  Spanning tree enabled protocol ieee
  Root ID    Priority    32769
             Address     0030.F20D.D6B1
             Hello Time  2 sec  Max Age 20 sec  Forward Delay 15
sec
Bridge ID    priority    32769  |priority 24576 sys-id-ext 1|
             Address     0050.0F6B.146E
             Ading Time 300

Interface        Role Sts Cost      Prio.Nbr Type
---------------- ---- --- --------- -------- --------------------
Fa0/1            Desg FWD 19         128.3    Shr
Fa0/2            Desg FWD 19         128.3    Shr
Fa0/3            Desg FWD 19         128.3    Shr
Fa0/4            Desg FWD 19         128.3    Shr


VLAN0010
  Spanning tree enabled protocol ieee
  Root ID    Priority    32778
             Address     0030.F20D.D6B1
             Hello Time  2 sec  Max Age 20 sec  Forward Delay 15
sec
Bridge ID    priority    32778  |priority 32768 sys-id-ext 10|
             Address     0050.0F6B.146E
             Ading Time 300

Interface        Role Sts Cost      Prio.Nbr Type
---------------- ---- --- --------- -------- --------------------
Fa0/1            Desg FWD 19         128.3    Shr
Fa0/2            Desg FWD 19         128.3    Shr
Fa0/3            Desg FWD 19         128.3    Shr
Fa0/4            Desg FWD 19         128.3    Shr
```

● 圖 5-15

RSTP

RSTP(IEEE 802.1w) 是 802.1D 標準的改良版，RSTP 保留了 STP 的術語及 STP 的相容性，絕大多數的參數都沒有改變。在下圖 5-16 中，顯示了 RSTP 的拓樸，S1 是根橋接器，因此有兩個在轉送狀態的指定 Port，RSTP 有兩個新的 Port 狀態，分別是備用 (backup) Port 與替代 (Alternate) Port，替代 Port 狀態取代了阻斷 Port，RSTP 沒有阻斷狀態 (Blocking state)。S3 的 F0/3 是在「拋棄 (Discarding) 狀態」的替代 Port，RSTP 定義的 Port 狀態有拋棄狀態 (Discarding)、學習狀態 (Learning) 及轉送狀態 (Forwarding)。

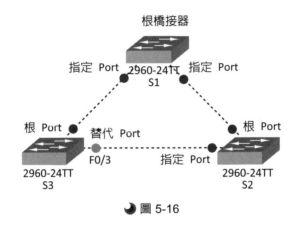

圖 5-16

當拓樸改變時，RSTP 的擴張樹計算速度 (收斂) 加快了，因為 RSTP 重新定義及簡化了 Port 的狀態，讓替代 Port 的狀態能夠快速的轉換到轉送狀態，並且不需要依賴任何 802.1D 中所定義的計時器設定。RSTP 的 BPDU 格式與 802.1D 的格式相同。在 RSTP 中定義了幾個鏈路型態的名詞：

- Point-to-Point Link Type：連接到交換器的 Port，且運作在全雙工模式。

- Shared Link Type：運作在半雙工模式，且可能連接著多個交換器。

- **邊界型態(Edge Type)**：這裡將 Port 分為兩類，分別是 Edge Port 與Non-Edge Port。Edge Port 就是沒有連接到其他交換器的 Port，因此這種 Port

會立刻成為轉送狀態。Edge Port 就像是思科的 PortFast 一樣，通常連接到主機或伺服器，不會參與 RSTP 的運作。但是 Edge Port 與 PortFast 不同的是，它不需要 BPDU guard 的機制，Edge Port 如果收到 BPDU 的訊框，將會立刻成為 STP 的 Port。Non-Edge Port 就是連接交換器的 Port，參與 RSTP 的 Non-edge Port 有兩種鏈路型態，就是前述的 Point-to-Point Link 及 Shared Link，鏈路的型態是依據實際狀況自動決定的。

在 圖 5-17 中，S1-S3、S3-S2 及 S2-S1 是 Point-to-Point Link， 此 外 PC1-S2、PC2-S2 及 PC3-S2 的鏈路也是 Point-to-Point Link。S1-R1 之間的鏈路因為是半雙工，所以是 Shared Link。

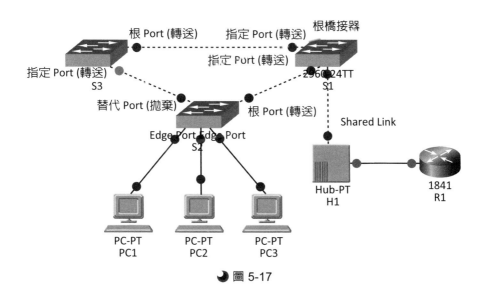

🌙 圖 5-17

在 RSTP 中，Port 的角色與 Port 的狀態是不同的，不一定需有直接對應的關係，例如：指定 Port 可以是暫時性的處於拋棄 (Discarding) 狀態，即使最後仍會成為轉送狀態。下面是 RSTP 的 Port 狀態與描述。

(1) **拋棄狀態(Discarding)**：這個狀態會發生在已經收斂完成的拓樸上，或者是拓樸在改變時，這狀態相當於阻斷狀態(Blocking)。

(2) **學習狀態(Learning)**：這個狀態會發生在已經收斂完成的拓樸上，或者是拓樸在改變時，這個狀態會接受資料訊框及 MAC 表。

(3) **轉送狀態(Forwarding)**：這個狀態只會發生在已經收斂完成的拓樸上。

下面是 STP 的 Port 狀態與 RSTP 的 Port 狀態對應表，主要的差異是 STP 的 Blocking 與 Listening 在 RSTP 中都是屬於 Discarding。

STP Port State	RSTP Port State
Blocking	Discarding
Listening	Discarding
Leaming	Leaming
Forwarding	Forwarding
Disabled	Discarding

）表 5-3

RSTP 的 Port 角色包括：(1) Root Port。(2) Designated Port。(3) Alternate Port。(4) Backup Port。

Rapid-PVST+ 設定

快速 Rapid-PVST+ 簡單的說就是 Cisco 的 RSTP。在下面的拓樸圖當中使用了 VLAN 10、VLAN 20 及 VLAN30，S1 是根橋接器。

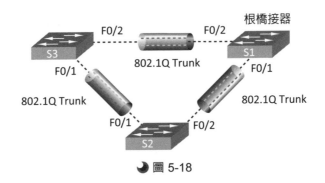

）圖 5-18

假設現在於 S1 交換器上要進行 Rapid-PVST+ 的設定，下面是設定範例：

```
S1(config)#spanning-tree mode ?
 pvst Per-Vlan spanning tree mode
 rapid-pvst Per-Vlan rapid spanning tree mode
S1(config)#spanning-tree mode rapid-pvst
S1(config)#interface fastEthernet 0/1
S1(config-if)#spanning-tree link-type ?
 point-to-point Consider the interface as point-to-point
 shared Consider the interface as shared
S1(config-if)#spanning-tree link-type point-to-point
S1(config)#interface fastEthernet 0/2
   S1(config-if)#spanning-tree link-type point-to-point
S1(config-if)#^Z
```

有關優先權的設定則與其他 STP 類似，如下所示：

```
S1(config)#spanning-tree vlan 1 priority 24576
S1(config)#spanning-tree vlan 10 priority 4096
S1(config)#spanning-tree vlan 20 priority 8192
S1(config)#spanning-tree vlan 30 priority 28672
```

圖 5-19 的訊息是使用 show spanning-tree vlan vlan-id 命令顯示 S1 的 VLAN 10。注意 BID 的優先權被設定成 4096 (加上 VLAN 10 是 4106)，在 VLAN 10 的所有交換器中數值最低，所以 S1 是 VLAN 10 的根橋接器。

```
S1#sh spanning-tree vlan 10
VLAN0010
 Spanning tree enabled protocol rstp
 Root ID  Priority   4106
          Address    00E0.F9A1.DC0C
          This bridge is the root
          Hello Time  2 sec  Max Age 20 sec  Forward Delay 15 sec

 Bridge ID priority   4106  (priority 4096 sys-id-ext 10)
          Address    00E0.F9A1.DC0C
          Hello Time  2 sec  Max Age 20 sec  Forward Delay 15 sec
           Ading Time  20


Interface       Role Sts Cost     Prio.Nbr Type
--------------- ---- --- --------- -------- --------------------
Fa0/2           Desg FWD 19        128.2    P2p
Fa0/4           Desg FWD 19        128.4    P2p
```

🌙 圖 5-19

思科的 2960 交換器可以支援 PVST+、Rapid-PVST+ 及 MSTP，但是同一時間只能啓動一種版本的 STP。

如果不是設定錯誤，要進行 STP 的除錯並不容易。在進行一般的除錯前，必須要先知道以下項目：

(1) 交換器網路的完整拓樸。

(2) 根橋接器的位置。

(3) 阻斷 Port 的位置及容錯鏈路的位置。

一般情況下，可能發生的問題包括：

(1) 設定錯誤，包含將設定成 PortFast 的介面接到交換器。

(2) STP 的網路直徑超過 7。

(3) 鏈路或交換器發生故障，使 STP 失效。

( ) 1. 依據圖中所示，如果 STP 未啓用。主機 PC1 如果送出一個廣播訊框，這個網路將會如何處理？

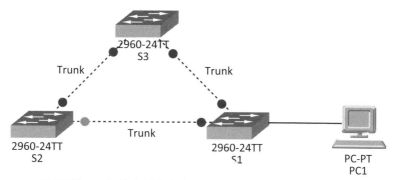

(1) 交換器 S1 會拋棄這個訊框。

(2) 交換器 S2 會拋棄這個訊框。

(3) 交換器 S3 會拋棄這個訊框。

(4) 除了原來的來源 Port，交換器 S1 會向所有的 Port 廣播這個訊框，並且會不斷傳送，造成迴圈的狀況。

(5) 除了原來的來源 Port，交換器 S1 會向所有的 Port 單播這個訊框。

( ) 2. 依據圖，STP 未開啓，如果主機送出一個廣播給預設閘道，將會發生什麼狀況？

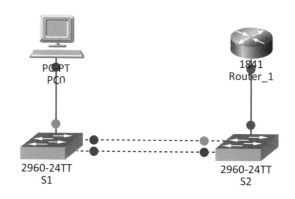

(1) Router_1 將會把廣播訊框丟棄。

(2) Router_1 會回應廣播訊框。

(3) 廣播訊框會在 S1 及 S2 間繼續泛流。

(4) 當廣播訊框的 TTL 減到 0 時，訊框會被丟棄。

(5) Router_1 會將訊框轉送出去。

( ) 3. 一個已經收斂完成的 STP 網路，包含下列哪些項目？

(1) 所有轉送狀態的 Port 都是非指定 Port。

(2) 每個網路有一個根橋接器。

(3) 每個非根橋接器都有一個根 Port。

(4) 每個網段都有一個根 Port.

(5) 每個網段都有多個指定 Port。

(6) 每個網段都有一個指定 Port。

( ) 4. 下面哪些是選擇根橋接器的準則？

(1) Port ID。

(2) 根優先權。

(3) MAC 位址。

(4) Port 優先權。

(5) Port 成本。

( ) 5. 在 STP 中哪些狀態會記錄 MAC 位址？

(1) blocking。

(2) learning。

(3) disabling。

(4) listening。

(5) forwarding。

（　）6. 在 PVST+ 中，原來 STP 的 BID 新增哪個欄位？

(1) 橋接器優先權。

(2) MAC 位址。

(3) Root ID。

(4) VLAN ID。

(5) 橋接器 ID。

（　）7. 在 RSTP 的網路中，哪一個角色是在每個乙太網段中，被選舉出來用來轉送流量？

(1) 替代 Port。

(2) 指定 Port。

(3) 非指定 Port。

(4) 邊界 Port。

(5) 備份 Port。

（　）8. STP 使用的計時器主要有哪三個？

(1) Max-age timer。

(2) Hold down timer。

(3) Forward delay。

(4) Hello Timer。

(5) Blocking delay。

（　）9. STP 演算的第一個步驟是什麼？

(1) 關閉所有非指定 Port。

(2) 開啟所有的 Port 以轉送 BPDU。

(3) 選舉根橋接器。

(4) 決定根 Port。

(5) 決定指定 Port。

（　）10. 哪些是 Rapid Spanning-Tree Protocol 的鏈路型態？

(1) End-to-end。

(2) Point-to-many。

(3) Point-to-point。

(4) Shared。

(5) Edge-type。

(6) Boundary-type。

（　）11. 交換器利用 BPDU 的資訊及使用哪兩種方法進行 STP？

(1) 利用 trunk 溝通。

(2) 利用全雙工。

(3) 計算到根橋接器的最短路徑。

(4) 計算到根橋接器的距離。

(5) 擴張樹中哪個 Port 轉送訊框。

（　）12. 關於 spanning-tree portfast 命令的哪兩個敘述是正確的？

(1) PortFast 是思科特有的命令。

(2) PortFast 可以快速的從 Listening 模式轉換到傾聽模式。

(3) PortFast 可以快速的從 blocking 模式轉換到轉送模式。

(4) PortFast 可以快速的從 Learning 模式轉換到轉送模式。

(5) PortFast 是用來防止迴圈。

（　）13. 在 STP 中哪個狀態同時會記錄 MAC 位址及轉送資料？

(1) blocking。

(2) learning。

(3) disabling。

(4) listening。

(5) forwarding。

( ) 14. 依據圖，哪個交換器的哪個 Port 會成為阻斷 Port？

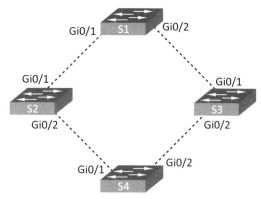

S1 Priority=24576 MAC Address=000A00333333	S2 Priority=32768 MAC Address=000A00222222
S3 Priority=32768 MAC Address=000A00111111	S4 Priority=36864 MAC Address=000A00111110

(1) S1 的 Gi0/1。

(2) S1 的 Gi0/2。

(3) S2 的 Gi0/1。

(4) S2 的 Gi0/2。

(5) S3 的 Gi0/1。

(6) S3 的 Gi0/2。

(7) S4 的 Gi0/1。

(8) S4 的 Gi0/2。

( ) 15. 網路管理者如何改變 STP 的根橋接器？

(1) 改變交換器的介面成本，設定成較小的數字。

(2) 改變交換器的 MAC 位址，設定成較小的數字。

(3) 改變 Hello Time 計時器，設定成較小的數字。

(4) 改變交換器的優先權，設定成較小的數字。

(　　) 16. 如果 RSTP 的 Edge Port 收到 BPDU 訊框，將會發生什麼事?

(1) 立刻啓動 BPDU guard 。

(2) 立刻失去 Edge Port 的狀態。

(3) 立刻變成傾聽狀態。

(4) 立刻變成學習狀態。

(5) 這個 Port 立刻關閉。

(6) 立刻變成一般的擴張樹 Port.

(　　) 17. 依據圖，哪一個選項的敘述是正確的？

```
S1#
<output truncated>
VLAN0010
  Spanning tree enabled protocol ieee
  Root ID  Priority    4106
           Address     0019.aa9e.b000
           This bridge is the root
           Hello Time   2 sec  Max Age 20 sec  Forward
Delay 15 sec
Bridge ID  priority  4106 (priority 4096 sys-id-ext 10)
           Address    0019.aa9e.b000
           Hello Time  2 sec  Max Age 20 sec  Forward
Delay 15 sec
             Ading Time 300


Interface         Role Sts Cost       Prio.Nbr Type
---------------   ---- --- ---------  -------- -----------
Fa0/2             Desg FWD 19         128.2    p2p
Fa0/4             Desg FWD 19         128.2    p2p
<output truncated>
```

(1) 這台交換器沒有啓動 STP。

(2) 優先權被設定成 4096，使得這台交換器成為根橋接器。

(3) 優先權被設定成 4106，使得這台交換器成為根橋接器。

(4) STP 收斂的時間是 35 秒。

(5) BPDU 訊框每 20 秒送出一次。

（　）18. 下面哪三個選項正確的描述了 RSTP 及 STP？

  (1) RSTP 使用快速演算法來決定根 Port。

  (2) RSTP 及 STP 都使用 Portfast 命令讓 Port 狀態快速轉換到轉送狀態。

  (3) 類似 STP 的 PortFast，RSTP 的 edge port 如果收到 BPDU 訊框，會立刻失去 Edge Port 的狀態，並且變成一般擴張樹的 Port。

  (4) STP 與 RSTP 都可以指定 Primary 及 Secondary 的根橋接器。

  (5) RSTP 相容於 STP。

  (6) RSTP 允許在 4096 個 VLAN 中運作。

（　）19. 在下面有關交換器 STP 容錯線路的敘述，哪些是正確的？

  (1) 根橋接器的 Port 速度最快。

  (2) 根橋接器的鏈路速度最快。

  (3) 如果有兩個 Port 成本相同，就依據 port priority 及 Port identity。

  (4) 根橋接器的 Port 都是根 Port．

  (5) 每一個非根橋接器都會選出一個根 Port。

（　）20. 下面有關 STP 中鏈路速度與成本的選項，何者錯誤？

  (1) 10G/b 的成本是 2。

  (2) 1G/b 的成本是 4。

  (3) 100M/b 的成本是 20。

  (4) 10M/b 的成本是 100。

NOTE

06

Wireless

CCNA

無線網路 (Wireless) 是乙太網路的延伸，與無線網路通訊有關的標準非常多，主要的標準就是 802.11。無線網路使用射頻 (Radio Frequence，簡稱 RF) 取代了纜線的實體層與資料連結層的 MAC 子層。無線網路可以透過射頻信號傳送資料給任何人，但是也可能會被任意接收或干擾，會有更多的安全顧慮。

在 802.3 乙太網路中，每個主機的網路卡使用纜線接到交換器上。802.11 的無線區域網路則延伸了乙太區域網路的架構。主機可以透過無線網卡 (Wireless Adaper) 獲得存取網路的能力，但是必須要使用一個「無線網路發射裝置」，例如：無線網路路由器或無線存取點 (Access Point)。無線網卡能與這兩個設備使用射頻訊號進行通訊。在不同國家，可以使用的射頻頻帶不完全相同。

無線網路標準

802.11 家族是 IEEE 定義的網路標準，IEEE 802.11 是第一個釋出的標準，使用 1-2Mb/s 的資料傳輸率，它在 2.4G hz 的無線頻率上運作，在當時有線的區域網路是運作在 10Mb/s。無線網路的標準持續有新的版本出現，不同的標準會有不同的傳輸率，下表 6-1 就是幾個重要無線網路協定的特性表：

	802.11a	802.11b	802.11g	802.11n
頻帶	5GHz	2.4GHz	2.4GHz	2.4GHz 或5GHz
頻道	23	3	3	
調變	OFDM	DSSS	DSSS	MIMO
資料傳輸率	54Mbps	11Mbps	11Mbps /54Mbps	248Mbps
距離	150ft(35M)	150ft(35M)	150ft(35M)	230ft(70M)
版本年代	1999	1999	2003	2008

🌙 表 6-1

由上表可以看出，802.11b 是屬於傳輸速度比較慢的標準，而頻帶的高低影響了訊號是否容易被障礙物吸收。例如：802.11a 使用 5Ghz 的頻帶，所以傳透力不強，傳輸距離受到限制。在某些國家的某些頻帶是不准使用的，例如：俄羅斯不准 5Ghz 頻帶的使用。使用 2.4Ghz 也有壞處，因為很多家電會產生 2.4Ghz 的電波信號，無線網路很容易受到這些家電的干擾。802.11n 使用了多個天線的技術，稱之為 MIMO(multiple input/multiple output)，能將高速的資料串流分成多個低速的串流，在使用兩個串流時，理論值最高可達 248Mb/s。有幾個重要的機構都投入了無線裝置標準的建立，這些機構包括下表這些單位：

機構	目的
IEEE(電子電機工程師學會) ◆IEEE	發展與維護運作標準，制訂 RF 如何調變與攜帶資訊。
ITU-R RF	RF 頻寬的配置。
Wi-Fi 聯盟 Wi-Fi™	Wi-Fi 認證是 Wi-Fi 聯盟(Wi-Fi Alliance)所提供，推動與檢驗 WLAN 的互通性。
FCC(美國聯邦通訊委員會)	規範美國無線裝置的使用。

🌙 表 6-2

因為無線網路是透過無線頻率傳送，所以一樣受到各國通信法律規範。以美國來說，無線通信是受到 FCC 規範的，而 IEEE 就依據 FCC 開放的頻帶來建立標準。 FCC 開放了三個頻帶給公眾使用，分別是 900Mhz、2.4Ghz 及 5.7Ghz。前兩者稱為工業、科學與醫療 (ISM) 頻帶，5Ghz 頻帶被稱為國家資訊基礎建設頻帶 (UNII)。

無線元件

無線網路有幾個重要的元件，以下分別敘述之：

(1) **無線網卡**：就像乙太網路網卡一樣，無線網卡會將資料編碼，並使用 RF 射頻技術將訊號送出，通常無線網卡會內建於移動裝置中，例如：筆記型電腦及智慧型手機都會內建無線網卡。當然也有 USB 外接的無線網卡。

(2) **無線存取點**：無線網卡可以與無線存取點(簡稱AP)通訊。無線存取點必須連接有線的區域網路。無線存取點會將其收到的 802.11 格式的訊框轉換成802.3 的乙太網路訊框。右圖 6-1 是 Cisco Aironet 1141 無線存取點：

🌙 圖 6-1

(3) **無線路由器**：無線路由器執行了存取點、交換器及路由器的角色。例如： Linksys WRT300N 就是一台內建 4 Port、全雙工的無線路由器。右圖 6-2 是 Cisco Linksys WRT160NL 無線路由器：

🌙 圖 6-2

空氣是一個分享的媒介，因此無線存取點會「聽到」所有的無線流量，但是無線網卡要做到同時發送與接收是非常不容易的，所以無線裝置不會去「檢測碰撞」，而是希望做到「避免碰撞」，無線網路所使用的技術稱為 CSMA/CA(Carrier Sense Multiple Access with Collision Avoidance)。簡單的說就是一個無線網路上的裝置在送資料之前，必須先偵測媒介的能量，如果空氣中的能量達到某個門檻值，資料不會送出，一直等到這個媒體的能量降到門檻值之下，代表媒體有空，才會送出射頻訊號。當一個無線存取點收到無線網卡送出的資

料時，它會送出一個「確認」(acknowledgement) 給這個無線網卡，代表它已經收到了，而網卡也就不會再重傳資料。

在圖 6-3 中有一個隱藏點的問題 (Hidden Nodes Problem)，圖中 PC1 至 PC3 都在 S3 的通訊範圍內，PC2 和 PC3 可以偵測到對方，因為它們互相都在對方的通訊範圍內，PC1 和 PC3 也可以偵測到對方，因為它們互相也都在對方的通訊範圍內，但是 PC1 與 PC2 兩者之間因為距離較遠，不在通訊範圍內，所以無法偵測到對方。如果 PC2 送出資料且 PC1 也送出資料，因為 PC1 與 PC2 距離較遠，無法接收到對方的射頻能量，所以在中間區域的 S3 就會有碰撞發生。PC3 因為會被 PC1 及 PC2 偵測到，所以可以避免碰撞的發生。

在 CSMA/CA 中，解決隱藏點問題的方法是使用 RTS/CTS (Request To Send/Clear To Send) 機制，RTS/CTS 是允許客戶端主機與無線存取點間能夠溝通，當 RTS/CTS 在一個網路中開啟時，無線存取點會先收到客戶端的 RTS，無線存取點會回應 CTS，當客戶端收到 CTS 時，就可以開始傳輸資料，資料收到後，無線存取點會送出「確認」。RF 信號還有衰減的問題，因為 RF 離來源越遠，信號能量就越弱。

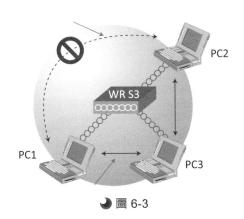

🌙 圖 6-3

無線網路的參數與規劃

在無線網路的存取點或路由器上，有一些參數需要設定，下面介紹幾個常見的參數：

- **網路模式**(Network Mode)：無線網路的網路模式就是無線網路的協定 802.11 a/b/g/n。這裡需要注意的是 802.11g 與 802.11b 相容，但是因為使用相同的頻帶，如果無線網路的用戶同時使用了 802.11b 與 802.11g，則每個連上此無線存取點的用戶都會被迫使用 802.11b 的 CSMA/CA，因此效能會變差。只有混合模式(Mixed Mode)同時允許 802.11b 及 802.11g 的客戶端，但是必須要注意一些事情，稍後會敘述。

- **服務集合識別**(SSID)：SSID(Service Set Identifier) 是用來識別不同無線網路的名稱。數個無線存取點可以共用一個 SSID。在下圖 6-4 中就是客戶端偵測到不同的 SSID，SSID 長度可以在 2 到 32 字元之間。

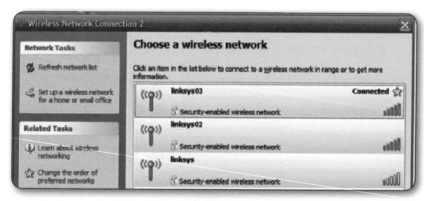

圖 6-4

- **頻道**(Channel)：IEEE 802.11 標準在 2.4 GHz 的頻率基礎上建立了「頻道」的機制。北美劃分了 11 個頻道，歐洲劃分了 13 個頻道，這些頻道的整個頻道寬度是 22 MHz，每個頻道的中央頻率間距只有 5 MHz。如下圖 6-5 所示，也就是說相鄰的頻道會有重疊的部分。因此如果多個無線存取點互相是很靠近的，最好能使用不重疊的頻道，以免互相干擾。例如：如果

有三個相鄰的存取點，可以使用頻道 1、6 及 11。如果有兩個相鄰存取點，只要選擇任兩個距離為 5 的頻道就可以，例如：頻道 2 及 7。許多新式的無線存取點會依據附近的存取點使用頻道的狀況，自動的選擇適合的頻道。某些產品則會持續監督頻道的使用，動態的調整頻道。

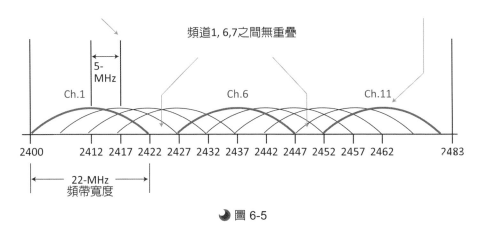

圖 6-5

802.11 拓樸

無線網路有多種拓樸架構，下面分別介紹：

(1) **Ad hoc 網路**：如下圖 6-6。無線網路可以不需要存取點，客戶端主機只要被設定在 Ad hoc 模式，就可以互相通訊，其服務涵蓋範圍稱為基本服務區域 (BSA)，IEEE802.11 稱此拓樸架構為 IBSS(Independent Basic Service Set)。

圖 6-6

(2) **BSS (Basic Service Sets)網路**：如下圖 6-7。基本服務集合的架構中有一個無線存取點，所有的客戶端設備連接這個無線存取點，其服務涵蓋範圍稱為基本服務區域(BSA)。

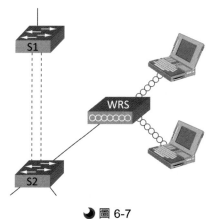

● 圖 6-7

(3) **ESS (Extended Service Sets)網路**：如下圖 6-8。延伸服務集合(ESS)是當一個單一的基本服務集合(BSS)無法提供足夠的涵蓋範圍，這時候多個 BSS 透過分送系統(DS)就可以構成一個 ESS，ESS 涵蓋的範圍稱為 ESA(extended service area)。因為 ESS 範圍內的無線存取點具有相同的 SSID，所以使用者在 ESS 中的無線存取點之間是可以漫遊(roam)的。

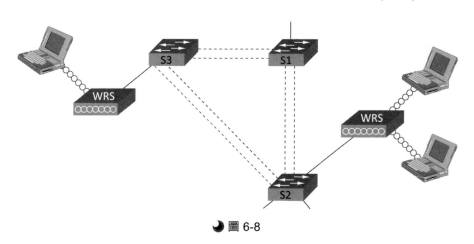

● 圖 6-8

802.11 溝通程序

在無線網路的 802.11 溝通程序中，有下面幾個重要的名詞：

(1) **信標(Beacons)**：這是無線網路使用的訊框，用來宣傳無線存取點是存在的。無線存取點會週期性的發出信標，信標中包含了 SSID 、支援的速率...等資料，客戶端會接收到信標，並可從信標中取出這些資料。

(2) **偵測(Probes)**：無線網路客戶端使用的訊框，用來發現有哪些無線網路。

(3) **認證(Authentication)**：用來確認連線的設備是合法的設備。

(4) **聯繫(Association)**：在無線存取點與客戶端之間建立資料連結的程序。

在 802.11 客戶端透過無線網路傳送資料之前，必須要依序完成下面三個階段的程序：

(1) **探測(Probing)**：如圖 6-9 所示。客戶端在加入無線區網之前，客戶端的無線網卡會送出探測請求 (ProbeRequest) 的訊框在多個頻道上，以確定附近有存取點存在，這個訊框包含了客戶端設定的 SSID 及傳輸速率。如果僅僅是探測，SSID 這個欄位可以是空的。無線存取點若收到這個請求，會回應一個訊框。

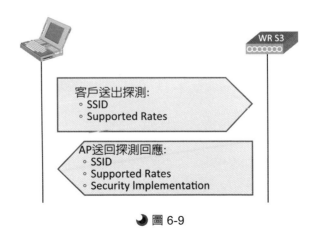

🌙 圖 6-9

(2) **認證(Authentication)**：如圖 6-10 所示，802.11 有兩個原始的認證機制，第一個是NULL 認證，又稱為開放認證(Open Authentication)。這機制是讓客戶端不用做什麼設定，當客戶端網卡對無線存取點提出認證要求時，無線存取點一定會回應。另一個認證機制是基於一個分享的鍵值(key)，類似像密碼，在客戶端與無線存取點都必須要分別設定鍵值，這種認證方式稱為WEP (Wired Equivalency Protection)。不論認證是否成功，無線存取點都會回應客戶端。

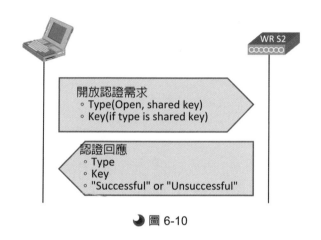

開放認證需求
  ◦ Type(Open, shared key)
  ◦ Key(if type is shared key)

認證回應
  ◦ Type
  ◦ Key
  ◦ "Successful" or "Unsuccessful"

圖 6-10

(3) **聯繫(Association)**：如果聯繫成功，會在無線網路客戶端的無線網卡與無線存取點之間建立一條無線的資料鏈路。這個階段客戶端主機會學習BSSID (無存取點的 MAC 位址)，此外存取點會讓客戶端對應到一個邏輯的Port 上，這稱之為AID(association identifier)，AID 就相當於在交換器上的一個實體 Port。接下來，流量就可以在無線存取點與客戶端之間傳輸。

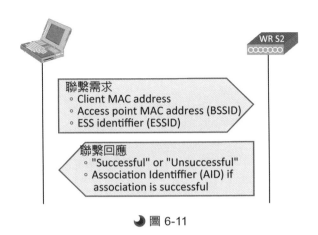

聯繫需求
- Client MAC address
- Access point MAC address (BSSID)
- ESS identiffier (ESSID)

聯繫回應
- "Successful" or "Unsucessful"
- Association Identiffier (AID) if
  association is successful

🌙 圖 6-11

無線存取點的位置在規劃前，必須在設計配置圖的時候注意一些事：

(1) 無線存取點必須在障礙物之上，減少訊號被阻隔的可能。例如：在鐵櫃的上方。

(2) 盡可能讓無線存取點垂直貼近天花板，使信號涵蓋範圍能夠最大。

(3) 盡可能在經常有使用者的地方安裝無線存取點，例如：會議室、辦公室、教室。

當以上的事項檢視完成，就可以開始評估無線存取點涵蓋的區域，因為不同廠商的無線存取點或無線路由器規格不盡相同，所以會有不同的涵蓋範圍，相關資料必須查看這些裝置的規格表。如果無線存取點需要涵蓋整個區域，那麼會有重疊區域是難免的。以上的這些評估動作稱為位址調查 (Site Survey)。

6-2 無線網路安全

無線網路的威脅

　　未經授權而存取無線網路者，主要分為下面三類：(1)War Drivers 。(2) Hacker(Crackers)。(3) 雇員。在前面介紹過開放式 (Open) 認證，無線網卡會發出詢問訊號，詢問週遭是否有無線網路存取點的存在，若無線存取點被設定成對此類詢問會有所反應，則此存取點就會回應這個無線網路卡，而在此回應中就包含了 SSID。利用這個原理，某些工具程式會不斷的對周遭進行廣播式詢問，不斷的送出這種請求，主機只要收集回應的訊息，就可以得到無線網路存取點的列表，這些存取點列表再配合全球衛星定位系統 (GPS) 所記錄的無線網路存取點的經緯度，即可繪製成「可用無線網路的分佈圖」，如下圖 6-12 所示。

🌙 圖 6-12

　　無線網路的用戶端與無線存取點之間如果要建立連線，第一個條件是 SSID 必須相同。如果同時有兩個無線存取點使用同樣的 SSID，那麼用戶端會跟哪一個無線存取點建立連線呢？用戶端通常會跟訊號較強的無線存取點建立連線。利用這種原理，一個惡意的攻擊者只要架設一個惡意無線存取點 (Rogue Access Points)，並且設定真正無線存取點的 SSID，騙取不知情的用戶端連線後，再從偽造的無線存取點上的用戶端通訊進行竊聽或攻擊。經常可以看到的惡意存取點就是企業中的雇員未經授權安裝存取點，造成企業安全上的大漏洞。

> 　　中間人攻擊法 (man-in-the-middle) 就是攻擊者可以利用偽裝的裝置來攔截用戶端傳輸的資訊，接著複製或更動封包，最後再將這些封包當成是合法的封包重新插入網路中。認證是避免中間人攻擊法的唯一機制。

　　無線區域網路與有線區域網路相同，都會遭受到阻斷服務攻擊 (DoS)。無線網路因為透過無線電波送出資訊到公共頻帶上，更容易受到干擾或攻擊，而且阻斷服務攻擊很難防止。有幾個方法可以達到阻斷服務攻擊：

(1) 附近有人使用微波爐或無線電話，或者附近的無線存取點使用相同的頻道，都會造成阻斷服務的狀況。

(2) 攻擊者將主機當做一台無線存取點，然後送出 CTS 的信號，將會造成用戶端持續的碰撞發生。

(3) 某個用戶惡意一直送出需求信號，讓無線存取點為了應付其需求，無法回應其他客戶端的需求。

無線網路安全性協定

　　在前面介紹過兩個 802.11 標準的認證：Open 及分享 WEP key 認證。Open 等於是沒有認證。而 WEP 認證很容易破解，因此後來又陸續有許多其他認證的方式出現，包括了 WPA 及 802.11i/WPA2。以下簡單介紹這幾個協定：

- WEP (Wired Equivalent Privacy)：WEP 是一種將資料加密的處理方式，WEP 40 bits (64 bits) 的加密是 IEEE 802.11 的標準規範，透過 WEP 的處理，可讓資料在傳輸過程中較安全。如果採用 128 bits 的 RC4 演算法加密方式能提供更好的資料安全保護。但是對於有心的駭客，只要時間足夠，仍然有可能破解 WEP。

- WPA (Wi-Fi Protected Access)：2002 年 Wi-Fi 聯盟公佈 WPA 無線通訊安全標準，WPA 的出現能有效解決 WEP 輕易遭破解的問題，WPA 是 802.11i 標準技術的其中一部分。以下是 Wi-Fi 用來解釋 WPA 意義的簡單公式，這個簡單的公式說明了 WPA 的組成架構以及每個基本元素。

WPA=TKIP+MIC+802.1x+EAP

在這個公式中，802.1x 和延伸認證協定（EAP）兩者都是 WPA 的認證機制。WPA 針對 WEP 的加密機制予以補強，公式中的 TKIP 和 MIC 便是在 WPA 中扮演著強化加密的角色。在 WPA 機制下，無線區域網路的用戶都必須提出身份證明，經過資料庫核對證實為合法用戶後，才能使用無線區域網路。在企業中，驗證的工作通常有專責的伺服器來完成。但一般用戶很難要求要有一台專責伺服器。為了讓一般的無線網路用戶都能方便使用 WPA 安全協定，WPA 提供了一個不需額外架設設備的簡易認證方式，稱為預先公用金鑰，只需在無線網路的無線基地台及無線網路卡上輸入單一密碼，當密碼相符合時，客戶端便會被視為合法用戶，並獲得無線網路的存取許可權。

- WPA2：延伸 WPA，但是更改加密的方式為 AES。認證的方式仍為 802.1x，動態的管理 key，WPA2 是 802.11i 的實作。

下面是將 WEP/WEP2 中提到的「認證 (Authentication)」機制與「加密 (Encryption)」機制分別進行介紹：

🌑 EAP 與 802.1x 認證：802.1x 和延伸認證協定（EAP）是 WPA 的認證機制，架構中有一個AAA(Accounting、Authentication 及Authorization) 伺服器，這個伺服器使用的是 RADIUS 協定。認證初始時，客戶端與無線存取點會先進行連結，每個客戶端都會建立一個虛擬 Port，除了 802.1x 的流量之外，無線存取點會先凍結所有的資料訊框，802.1x 訊框攜帶著 EAP 認證的封包，透過無線存取點到達 AAA 伺服器。如果 EAP 認證成功，AAA 伺服器會送出一個 EAP 成功的訊息到達無線存取點，然後無線存取點就會允許客戶端的資料流量通過無線存取點的虛擬 Port，如下圖 6-13 所示。

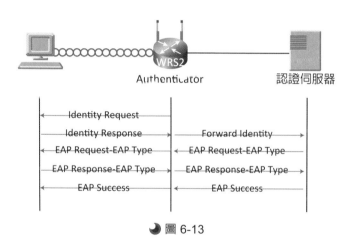

🌙 圖 6-13

　　在 WPA 及 802.11i(WPA2) 出現之前，許多公司利用過濾 MAC 位址來進行無線網路的安全防護，但是因為無線網路的訊號中包含了客戶端的 MAC 位址，但是有許多軟體可以修改系統中的 MAC 位址 (並不是實體的 MAC 位址)，所以要假造客戶端的 MAC 位址非常容易，因此只靠過濾 MAC 位址的方法是不夠的。無線存取點可以設定不廣播 SSID，有人以為不廣播就無法知道 SSID 。事實上，只要有合法的使用者與無線存取點溝通，透過無線的監聽軟體 (Sniffer，嗅探器) 監聽射頻頻道，仍然可以攔截到 SSID，因為 SSID 是以明文 (ClearText) 傳送的，所以只靠不廣播 SSID 是沒用的，最好的方法還是使用 WPA2 。

IP 與 AES 加密：TKIP (Temporal Key Integrity Key) 與 AES(Advanced Encryption Standard) 是兩個企業級的加密機制，TKIP 是 WPA 的加密方法，它使用了前述的 WEP RC4 的加密演算法，但是增加了每個封包編碼的複雜度。AES 是 WPA2 所使用的加密方式，與 TKIP 有相同的功能，但是在 MAC 表頭上加上了額外的資料，這也使得其安全層級獲得提昇。

以上介紹的是無線網路的安全機制，要控制無線網路的存取，最好是 (1) 關閉 SSID 廣播。(2) 進行 MAC 位址的過濾。(3) 使用 WPA 或 WPA2。此外，靠近外牆的無線存取點要使用較低的功率，其他的無線存取點盡量在大樓的中間，防止過多的射頻訊號散溢出去。無線網路的使用很方便，但是其安全防護永遠不嫌多。

6-3 設定無線網路

無線存取點的設定介面各家廠商都不同，下面以 Linksys WRT300N 的使用者介面為例，選單中有三個重要的選項，以下分別敘述這幾個選項的重要設定與功能：

Setup

此頁籤中的「Basic Setup」可以進行基本的網路設定。首先要決定的是無線存取點的 IP，這裡可以選擇 DHCP 或靜態 IP，DHCP 就是無線存取點會自動向 DHCP 伺服器索取 IP 及其他資料，如圖 6-14 左。靜態 IP 就是手動設定無線存取點 的 IP，如圖 6-14 右。

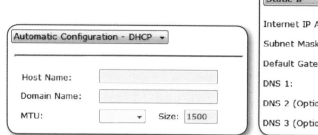

🌙 圖 6-14

Wireless

如圖 6-15，在此頁籤內的 Basic Wireless Settings 選項，有幾個項目可能需要更改：

🌙 **Network Mode**：在這個選項中，如果網路中的客戶端有使用 802.11b、802.11g 及 802.11n，則維持原來的「Mixed」設定。如果網路中的裝置有 802.11g 及 802.11b，則可以選擇「BG-Mixed」。如果網路中的裝置只有 802.11n，則選擇「Wireless-N Only」。如果網路中的裝置只有802.11g 則選擇「Wireless-G Only」。如果網路中的裝置只有802.11b則選擇「Wireless-B Only」。.如果想要關掉無線網路，選擇「Disable」。

🌙 **Network Name (SSID)**：這個欄位不能超過 32 個字，大小寫視為不同。基於安全的理由，最好不要用預設值。

🌙 **Radio Band**：如果網路中的裝置有 802.11b、802.11g 及 802.11n 則保持預設值「Auto」，如果網路中的裝置只有 802.11n，則選擇「Wide-40MHz」，如果網路中的裝置有 802.11g 及 802.11b，則選擇「Standard - 20MHz」。

🌙 **Wide Channel**：如果上面的 Radio Band 選擇「Wide - 40MHz」，那麼這個下拉選單中的頻道皆可以使用。

🌑 Standard Channel：如果網路中只有 802.11b 與 802.11g 的裝置，則此下拉選單中的頻道都可以使用，如果在上面的 Radio Band 選擇「Wide - 40MHz」，那麼這裡就是 802.11n 的第二頻道。

🌑 SSID Broadcast：選擇是否要廣播 SSID。

🌙 圖 6-15

在 Wireless 的頁籤下，還有一個「Wireless Security」頁籤，可以設定安全模式，可能的安全模式有下面幾種：

🌑 WEP

🌑 PSK-Personal(WPA-Personal)

🌑 PSK2-Personal(WPA2-Personal)

🌑 PSK-Enterprise(WPA-Enterprise)

🌑 PSK2-Enterprise(WPA2-Enterprise)

🌑 RADIUS

🌑 Disabled

上面的 Personal 代表沒有使用 AAA 伺服器，Enterprise 代表會使用 AAA 伺服器及 EAP 認證。RADIUS 代表是結合 WEP 與 RADIUS 伺服器。

Management

按下「Administration」的頁籤，可以看到這個選項。預設介面的密碼是「admin」，為了安全應該要更改這個設定。

當各項設定做完改變後，在介面的最下方，有一個「Save Settings」的按鈕，可以將改變的設定進行儲存。

設定無線網卡

如果無線存取點已經被建立，接下來就是要設定無線網卡。首先必須要掃瞄可用的無線網路，在 Windows XP 上內建了無線網路監督程式及客戶端工具程式。下面就是操作的步驟：

步驟 1：在 Windows XP 工具列上，可以找到無線網路的圖示，如下圖 6-16 左邊所示。雙擊(Double-Click)這個圖案將會出現「無線網路連線狀態」的對話視窗。

● 圖 6-16

步驟 2：「無線網路連線狀態」的對話視窗畫面如圖 6-16 右邊所示，點選畫面
中的「檢視無線網路」。

步驟 3：接著出現如圖 6-17 的清單，點選適當的 SSID 以連接無線存取點。

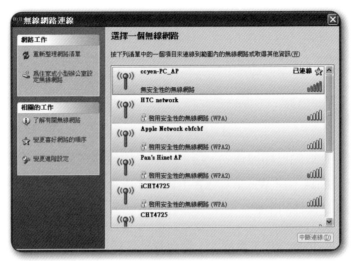

圖 6-17

如果 SSID 沒有顯示在圖 6-17 的清單上，有以下幾種可能：

(1) 無線存取點關閉了 SSID 的廣播，如果客戶端遇到這樣的狀況，必須要手動
輸入 SSID，稍後會介紹輸入的方法。

(2) 客戶端不在無線存取點的涵蓋範圍內。

(3) 無線存取點發生問題。

下面介紹有關無線網卡安全性的設定，首先點選「無線網路連線狀態」對
話視窗中的「內容」(Properties)，如下圖 6-18 左邊所示：

🌙 圖 0-18

接著點選「無線網路」頁籤,如圖 6-18 右邊所示。在接下來顯示的「無線網路」頁籤的左下方有一個「新增」的按鈕,如圖 6-19 左邊。點選後可以新增常用的網路,這裡可以儲存多個網路的設定,將來要連接網路時可以更快速。

若要修改 SSID ,可以選擇在圖 6-18 中的慣用網路後,再點選畫面上的「內容」按鈕。或者點選「新增」之後,可以看到如圖 6-19 右邊所示的 SSID 欄位。SSID 欄位可以輸入預備連線的無線網路名稱。網路驗證欄位可以使用下拉式選單選擇驗證方式。建議點選 WPA2 -PSK ,因為這個選項的安全強度最高。

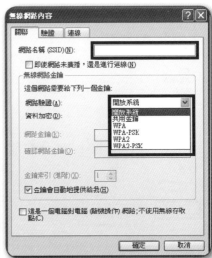

圖 6-19

接下來從選單中選擇資料加密的方式，如果無線網路存取點支援，選擇 AES 比 TKIP 更好，如圖 6-20 所示。選擇完畢後要輸入網路金鑰 (key)，必須與無線存取點相同，最後按下「確定」。

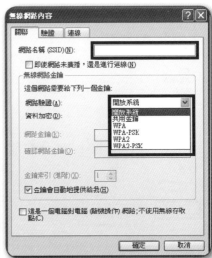

圖 6-20

6-4 無線網路優缺點

使用無線網路的優點很多，但是缺點也不少。無線網路優點包括：

(1) 高移動性。

(2) 初期成本低。

(3) 容易連接。

(4) 有不同的傳輸資料方式。

(5) 易於分享。

無線網路的缺點包括：

(1) 移動性太高，傳輸品質視實際環境決定。

(2) 後期成本高，後期的維修成本及管理成本都高，因為無線存取點可能散佈在各處。

(3) 沒有實體連接，隨時可以連上網路，追查來源位置不易。

(4) 入侵更容易。

(5) 分享資料的危險性高。

(6) 易受微波爐、無線電話、金屬櫃等干擾或阻擋了電波。

 評量測驗

( ) 1. 802.11n 取代 802.11g 的主要原因有哪些？

   (1) 802.11g 的傳輸距離較短。

   (2) 802.11n 的穿透力較強。

   (3) 802.11n 較不易受干擾。

   (4) 802.11n 使用的模組較便宜。

   (5) 802.11n 的傳輸速度較快。

( ) 2. 在802.11b及802.11g 混合模式的無線網路中，哪一個速度必須被關閉，才能只允許802.11g的客戶端連接？

   (1) 6, 9, 12, 18

   (2) 1, 2, 5.5, 6

   (3) 5.5, 6, 9, 11

   (4) 1, 2, 5.5, 11

( ) 3. 下面哪些方法可以讓無線網路連線？

   (1) 在無線存取點上設定 WEP。

   (2) 在無線存取點及每個無線裝置上設定 SSID 為空的。

   (3) 在無線存取點及每個無線裝置上設定 SSID 為相同的值。

   (4) 在無線存取點上設定 WPA。

( ) 4. 在辦公室中，某些電腦可以正常進行無線傳輸，某些電腦無線傳輸會掉封包，下列哪些是影響無線網路傳輸的原因？

   (1) 加密方式不匹配。

   (2) SSID 不匹配。

   (3) 無線電話。

(4) 金屬櫃。

(5) 微波爐。

(6) 辦公桌。

( ) 5. 在無線存取點的設定中,哪個設定是用來識別不同的無線網路?

(1) SSID。

(2) WEP。

(3) 頻帶(Bandwidth)。

(4) 通道(Channel)。

(5) 網路模式。

( ) 6. 設定一個無線存取點,哪三個是基本需要設定的參數?

(1) SSID。

(2) RTS/CTS。

(3) AES。

(4) TKIP。

(5) RF 通道。

(6) 認證方法。

( ) 7. 辦公室某個區域的使用者抱怨無線網路的效能很差,移動到其他區域後傳輸效能變會增加。最有可能造成這問題的原因是什麼?

(1) 這個區域需要安裝一個新的無線存取點以加強涵蓋範圍。

(2) 這個區域的電力不足。

(3) RF 頻道重疊,造成干擾。

(4) RF 的功率不足。

(5) 無線存取點沒有連接有線網路。

（　）8.　無線路由器結合哪三種裝置的功能？

(1) 路由器。

(2) 交換器。

(3) 網頁伺服器。

(4) FTP 伺服器。

(5) 無線存取點。

(6) VPN 伺服器。

（　）9.　無線存取點使用下列哪一項技術？

(1) CSMA/CD。

(2) 訊框中繼。

(3) PPP。

(4) CSMA/CA。

（　）10.　為什麼無線網路的安全很重要？

(1) 因為無線網路的速度很快。

(2) 因為無線網路很容易受到干擾。

(3) 因為無線網路會將資料廣播到媒介上。

(4) 因為無線網路使用很便宜。

（　）11.　下面哪一種無線網路的速度最快且相容性最好？

(1) 802.11a

(2) 802.11b

(3) 802.11g

(4) 802.11n

( ) 12. 無線網路客戶端會送出什麼，用來找出可用的無線網路？

    (1) 信標。

    (2) 信號。

    (3) 探測請求。

    (4) 聯繫請求。

( ) 13. CSMA/CA 是用來克服無線網路的什麼問題？

    (1) 頻寬不足。

    (2) 隱私安全。

    (3) 媒介競爭。

    (4) 裝置聯繫。

( ) 14. 無線存取點發送什麼讓客戶端知道有哪些網路可用？

    (1) 信標。

    (2) 信號。

    (3) 探測請求。

    (4) 聯繫請求。

( ) 15. 哪兩個加密的方法是基於 RC4 加密演算法？

    (1) WEP

    (2) CCKM

    (3) AES

    (4) TKIP

    (5) CCMP

（　）16. 網路管理者希望無線網路客戶端從一個無線存取點移動到另一個無線存取點時，網路連線不會中斷。要達到這個目的必須要做到什麼？

(1) 使用指向性天線。

(2) 使用相同公司的無線存取點與無線網卡。

(3) 無線存取點必須要使用相同的通道。

(4) 無線存取點的涵蓋範圍最少要達到 10%。

（　）17. 如果要讓一台無線存取點只允許某個無線網卡可連線，必須設定什麼項目？

(1) SSID。

(2) 認證。

(3) 通道。

(4) 頻道。

(5) MAC 過濾。

（　）18. 為什麼無線存取點要設定不同的通道(channel)？

(1) 讓不同的無線存取點使用不同的頻寬。

(2) 讓不同的無線存取點使用不同的子網路。

(3) 讓不同的無線存取點不會互相傳輸資料。

(4) 讓不同的無線存取點不會互相干擾。

（　）19. 無線網路認證的目的是什麼？

(1) 在傳輸前，將資料內容由明文轉變成加密。

(2) 使用不同的通道傳輸資料。

(3) 允許主機選擇不同的頻道。

(4) 確認是正確的主機使用無線網路。

（　）20. 什麼可以防止無線網路上的 man-in-the-middle 攻擊？

(1) 強制所有裝置必須要認證。

(2) 強迫所有裝置必須要使用不同頻道。

(3) 進行 MAC 過濾。

(4) 關閉 SSID 廣播。

（　）21. 無線網路存取點提供什麼功能？

(1) 動態配發 IP。

(2) 提供網路位址轉換。

(3) 將 802.11 轉換成 802.3 的訊框。

(4) 閘道的功能。

(5) 數位轉類比的功能。

NOTE

07

NAT 與 IPv6

CCNA

在前面的章節敘述了公共 IP 位址，公共 IP 位址都是由 RIR 這個組織所配發的，只有公共的 IP 位址才可以分配給 ISP (網路服務提供者)，各個組織再從 ISP 獲得公共 IP 位址，私有 IP 位址任何人都可以用，所以代表在不同的組織內部可能會出現相同的位址，為了要讓這些 IP 位址不會發生衝突，路由器絕對不會繞送私有 IP 位址到網際網路上面。私有 IP 位址能夠提供很大的 IP 位址空間，因此讓組織內部的主機擁有很大的靈活性。但是因為私有 IP 不能繞送到網際網路上，而公共 IP 位址數量又不足，所以必須要有一個機制將內部的私有 IP 位址轉換成公共 IP 位址，同時也要能夠將公共 IP 位址轉換成私有 IP 位址，也就是說這個機制必須是雙向的。NAT(網路位址轉換) 就能夠提供這樣的服務與機制。

啓用 NAT 的路由器會使用一個或是多個公共 IP 位址來存取外部的網路，當內部的用戶主機發送資料封包傳送至外部網路時，NAT 會將內部用戶主機的 IP 位址轉換為公共的 IP 位址，如果這時候從網路的外部來觀察這個網路的流量，會發現這個網路送出的所有封包可能具有相同的公共 IP 位址，或者是某個範圍內的公共 IP 位址。

在說明 NAT 拓撲的時候，經常會使用到下列的這些名詞：

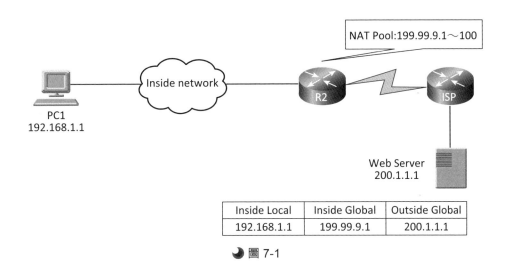

🌙 圖 7-1

1. **內部本地位址**：內部本地(Inside Local)位址通常是私有的IP位址，但是也可能是公共的IP位址。如上圖7-1中，IP位址192.168.1.1分配給內部網路上的主機PC 1。

2. **內部全域位址**：當內部主機的封包流經NAT路由器的時候，NAT路由器會分配給這個封包一個公共IP位址，這個位址就是內部全域(Inside Global)位址。當圖中來自PC 1的流量前往網頁伺服器200.1.1.1時，路由器必須進行位址轉換，在圖 7-1中，PC 1的私有 IP 位址被轉換成公共IP位址199.99.9.1。

3. **外部全域位址**：這是網際網路上主機的公共IP位址，如果目的地是一個伺服器，且這個伺服器的IP位址是一個公共IP位址，則外部全域(Outside Global)位址就是這個伺服器的IP位址，圖 7-1 中的網頁伺服器，其公共IP位址為200.1.1.1。

4. **外部本地位址**：如果目的地位址需要經過一台路由器，這台路由器也有NAT的機制，則我們稱在這個路由器內部的主機位址是外部本地(Outside Local)位址，這位址通常是一個私有 IP 位址，而其 NAT 所對應的公共 IP 位址就是外部全域位址。

在圖 7-1 中，內部主機希望能存取外部的網頁伺服器，內部主機會先發送一個資料封包給設定了 NAT 的邊界路由器，邊界路由器當中必須先設定一個 ACL 存取清單，這個清單用來決定內部網路中有哪些主機可以進行 NAT 轉換，封包在路由器中會先進行比對，如果比對清單成功，路由器就會將這個封包的內部本地 IP 位址轉換成內部全域 IP 位址，然後路由器會將這個「本地 IP 位址」與「全域 IP 位址」的對應關係儲存在 NAT 轉換表當中，接著將這個封包發送前往目的地。

當這個封包到達網頁伺服器，而網頁伺服器進行回應之後，回應回來的封包其來源 IP 位址變成目的地位址，目的地 IP 位址變成來源 IP 位址，就像信件的回信一樣。於是回應的資料封包會回到 NAT 路由器的介面上，這時候目的地 IP 位址是內部全域位址，接下來路由器會參考 NAT 的轉換表，經過對照之後，找到原來內部主機對應的內部本地位址，於是路由器會將這個封包的目的地位址轉換成內部本地位址，接著再將這個資料封包轉發到適當的介面上，最後到達內部原來的來源主機，如果在 NAT 的轉換表當中沒有找到對應的關係，這個資料封包將會被丟棄。

「不可繞送」的 IP 位址指的是在公共網路上不能被繞送，但是路由器仍可以在私有網路內進行繞送。如果試圖將任何私有 IP 位址的資料封包傳送給 ISP，ISP 將會丟棄該資料封包。

NAT 轉換主要有兩種類型：動態和靜態。通常內部的主機會使用私有 IP 位址，動態 NAT 會擁有一個公共 IP 位址池，並且以「先到先取」的方式分配這些 IP 位址。當具有私有 IP 位址的主機要存取 Internet 時，動態 NAT 會先從位址池中選擇一個未被其他主機佔用的公共 IP 位址。靜態 NAT 通常需要手動設定，將本地私有位址與公共 IP 位址進行一對一的對應，這些對應因為是手動設定，所以會保持不變。如果內部的伺服器是使用私有 IP，希望讓 Internet 用戶能夠存取內部網路的伺服器或主機時，使用靜態 NAT 是最適合的。

　　NAT 超載（有時稱為埠位址轉換或 PAT）可將多個私有 IP 位址對應到一個或非常少數的公共 IP 位址。大多數的家用路由器就是使用 NAT 超載來工作的。假設只有一個公共 IP 位址，內部的所有主機必定只能使用同一個公共 IP 位址，NAT 超載會為每個私有 IP 位址分配一個埠號，利用這個埠號來識別不同的私有 IP 位址及進行後續的跟蹤。因為每個主機使用不同的 TCP 埠號，當遠端伺服器回應時，來源埠號（回應的過程當中會變成目的地埠號）決定了這個資料封包要送回哪一個用戶主機。因為在傳輸的過程當中，必定是內部主機曾經發送出資料封包，回應的資料才會在對應表中找到，因此間接提高了連線的安全性。

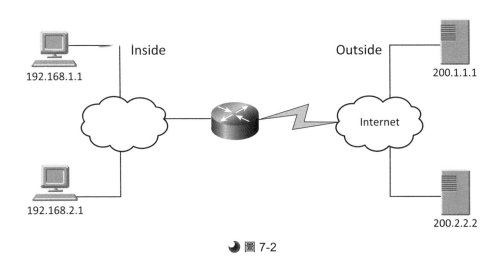

🌙 圖 7-2

　　如圖 7-2 所示，假設現在內部網路有兩台主機，分別送出兩個封包，主機 A 位址為 192.168.1.1，目的地位址為 200.1.1.1，主機 B 位址為 192.168.2.1，目的地位址為 200.2.2.2。當 NAT 路由器處理兩台主機的資料封包時，它會使用主機配發的隨機來源埠號（本例中假設為 1234 和 4321）來識別發起資料封包的用戶主機。來源位址 (SA) 為內部本地 IP 位址加上隨機分配的埠號。目的地位址 (DA) 為目的地 IP 位址加上目的地服務埠號，本例中為埠 80，也就是 HTTP 服務。

如表 7-1 所示，在邊界閘道路由器 R2 上的 NAT 超載會將「來源 IP 位址」轉換成「內部全域 IP 位址」，並且附加埠號，但是目的地位址 (外部全域位址) 不變。網頁伺服器所回應的封包會遵循同樣的路徑，只不過來源與目的地的順序相反。封包內的埠號欄位共有 16 位元，理論上最多可達 65536 個，但是實際上能指定給單一 IP 位址的數量約為 4000 個埠號。不必擔心埠號不夠用，NAT 自己會設法尋找可用的埠號。

NAT 超載表			
Inside Local	Inside Global	Outside Global	Outside Local
192.168.1.1:1234	199.99.9.1:1234	200.1.1.1:80	200.1.1.1:80
192.168.1.2:4321	199.99.9.1:4321	200.2.2.2:80	200.2.2.2:80

表 7-1

在表 7-1 中，兩個來源位址的埠號分別是 1234 和 4321，這兩個埠號在邊界路由器 R2 上並沒有被改變，但是這兩個埠號很可能已被其他的連線所佔用。NAT 超載會試著保留原來的來源埠號。但是，如果此來源埠號已被使用，NAT 超載會從適當的埠號範圍 0-511、512-1023 或 1024-65535 挑選埠號。當沒有埠號可用時，如果有第二個外部 IP 位址可用 (IP 池)，則 NAT 超載將會繼續使用下一個可用的公共 IP 位址，並再次嘗試使用原先的來源埠號。此過程會持續下去，直到耗盡所有可用埠號和公共 IP 位址。因此，若兩台主機不約而同均選擇了同一埠號當做來源埠號，在邊界閘道處，有一台主機的埠號就會改變。

總結 NAT 與 NAT 超載之間的區別。NAT 一般只按公共 IP 位址與私有 IP 位址之間的一對一對應關係轉換 IP 位址，也就是只轉換 IP 位址。NAT 超載則會同時修改發送者的私有 IP 位址和埠號。利用 NAT 超載，一般只需一個或極少的幾個公共 IP 位址即可。NAT 超載依據對應表格，將公共網路的資料封包繞送到私有網路上的目的地主機，這樣的動作稱為連線跟蹤 (connection tracking)。

使用 NAT 的利弊

NAT 提供了許多優點，但是也有一些缺點，使用 NAT 的優點包括：

- NAT 允許內部網路使用私有 IP，節省了許多公共 IP 位址。

- NAT 為內部網路的定址提供了一致性。如果沒有使用 NAT，當更換 ISP 時，很可能必須要將內部網路上的所有主機重新設定 IP 位址，這樣所花的人力成本是非常高的。如果使用 NAT，企業只需要在邊界路由器上做簡單的設定，不需要更改內部用戶主機的 IP。

- NAT 提供了網路安全性。由於私有網路在使用 NAT 時，不必使用真正的 IP 位址，因此在存取外部網路時，也能確保安全性。不過，NAT 不能取代防火牆。

NAT 確實也有不少的缺點：

- 影響效能。因為轉換 IP 位址時，路由器需要更改 IP 的表頭，這需要花費 CPU 的時間，因此 NAT 會使網路傳輸延遲增加。

- 許多 Internet 協定和應用程式使用點到點功能，資料封包從來源轉發到目的地時，封包內容不能被修改。因為 NAT 會更改 IP 位址，因此會妨礙一些應用程式的使用。例如：數位簽名會因為來源 IP 位址的改變而失敗。有時，使用靜態 NAT 對應可避免此問題。

- 可追溯性也會喪失。由於經過多個 NAT 位址轉換點，追溯資料封包將更加困難，排除故障也更麻煩。此外，如果要追溯駭客的攻擊也將更困難。

- 使用 NAT 也會使通道協定更加複雜，因為 NAT 會修改表頭中的值，干擾了 IPsec 和其他通道協定執行時所使用的完整性檢查。

設定靜態 NAT

　　靜態 NAT 是「本地位址」與「全域位址」的一對一對應。靜態 NAT 允許
外部主機對內部主機進行連接。例如，可將一個內部全域位址對應到內部的網
頁伺服器 (內部本地位址)。配置靜態 NAT 轉換很簡單，首先需要定義要轉換
的位址，然後在適當的介面上配置 NAT。下圖及設定說明了靜態 NAT 所使用的
命令，因為轉換的對應是直接輸入到設定當中，所以 192.168.1.1 與 199.99.9.1
的這個轉換將一直保持在 NAT 轉換表中。

```
ip nat inside source static 192.168.1.1 199.99.9.1
interface serial 0/0/0
ip nat inside
interface serial 0/0/1
ip nat outside
```

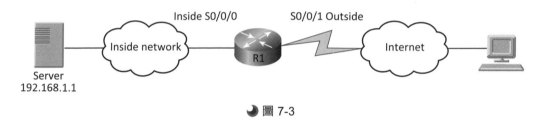

🌙 圖 7-3

　　Serial 0/0/0 介面必須要指定為 inside，Serial 0/0/1 必須要指定為 outside。

設定動態 NAT

　　靜態 NAT 可以建立內部位址與公共位址之間的永久性對應關係，而動態
NAT 則可以將私有 IP 位址對應到公共位址池。要設定動態 NAT，需要先建
立一個 ACL，ACL 是用來說明允許哪些私有 IP 位址可以進行轉換，設定 ACL
時，要注意 ACL 最後隱含了一行 "deny all" 的命令，如果最後加上一行 permit
any 命令，來設定 NAT 的存取控制清單，可能會導致 NAT 消耗太多的路由器
資源，因此不建議加上 permit any 命令。在下面的設定範圍中，IP 池的名字為
NAT-POOL，內部存取清單編號為 1。

```
ip nat pool NAT-POOL 199.99.9.1 199.99.9.6 netmask 255.255.255.248
access-list 1 permit 192.168.1.0 0.0.0.255
ip nat inside source list 1 pool NAT-POOL
interface serial 0/0/0
ip nat inside
interface serial 0/0/1
ip nat outside
```

上面的設定允許 192.168.1.0/24 網段上的所有主機進行 NAT 轉換，符合上述條件的流量將從 Serial 0/0/0 進入，並從 Serial 0/0/1 離開。這些主機的 IP 都會被轉換為 199.99.99.1-199.99.9.6 範圍內的公共 IP 位址。ip nat inside source list 1 pool NAT-POOL 命令就是建立「存取清單 1」與 IP 池 NAT-POOL 的 NAT 對應關係。

刪除 IP 池，可以使用 no ip nat pool IP 池名稱，刪除存取清單與 IP 池的對應關係可以使用 no ip nat inside source。

設定 NAT 超載

設定 NAT 超載的方法有兩種，至於要採用哪一種方法，則取決於可以使用的公共 IP 位址數量。第一種情形是只有一個公共 IP 位址，第二種情形是可以使用公共 IP 池。下面分別敘述之：

⇨ 單一公共 IP 位址

單一公共 IP 位址的 PAT 設定與動態的 NAT 很相似，不同之處在於沒有使用位址池，而是直接使用路由器 outside 介面的 IP 來當成內部全域位址，也因此沒有必要定義 NAT IP 池。PAT 會使用到 overload 關鍵字，所以只要在設定中看到這個關鍵字，必然是使用了 PAT。

下面顯示了使用單一公共 IP 位址設定 NAT 超載的命令。僅有一個公共 IP 位址時，超載的設定通常會把該公共位址分配給連接到 ISP 的外部介面，所有內部位址離開該外部介面時，均被轉換為該位址。

```
access-list 1 permit 192.168.0.0 0.0.255.255
ip nat inside source list 1 interface serial 0/0/1 overload
interface serial 0/0/0
ip nat inside
interface serial 0/0/1
ip nat outside
```

上面存取清單定義了在 ACL 1，允許內部網路 192.168.0.0 /16 能利用路由器進行 IP 轉換 (第一行命令)，這網段的所有主機的 IP 均會被轉換為介面 S0/0/1 的 IP 位址 (第二行命令)。由於使用了 overload 關鍵字，所以是使用了利用 Port 的 PAT 轉換方式。

➡ 公共 IP 池

當 ISP 提供了一個以上的公共 IP 位址時，NAT 超載可以使用 IP 位址池。下面是範例設定：

```
ip nat pool NAT-POOL 199.99.9.226 199.99.9.240 netmask 255.255.255.224
access-list 1 permit 192.168.0.0 0.0.255.255
ip nat inside source list 1 pool NAT-POOL overload
interface serial 0/0/0
ip nat inside
interface serial 0/1/0
ip nat outside
```

上面的設定中，設定了 IP 池 NAT-POOL，包含位址 199.99.9.226 - 199.99.9.240(第一行)，存取清單中指出 192.168.0.0 /16 網段上的主機都允許進行轉換 (第二行)，使用 PAT 進行轉換 (第三行)，最後確定了內部的 Port 和外部的 Port。

設定埠轉發

埠轉發 (Port Forwarding) 也稱為通道 (tunneling)，目的是將某個網路節點的埠轉發到另一個網路節點的埠。這種技術允許外部的用戶能從外部網路透過 NAT 轉換到內部某個私有 IP 位址的特定埠上。通常是為了讓某些特殊的點對點檔案傳輸、網頁服務和 FTP 程式能夠正常工作，而特地設定的埠轉發。

　　因為 NAT 會隱藏內部 IP 位址的特性，所以不允許從外部網路發起的服務請求，但是透過管理者手動設定埠轉發，可以解決這個問題。為了安全起見，一般路由器預設是不允許埠轉發。

NAT 核對與除錯

➡ 核對 NAT

　　追蹤及核對 NAT 運作的情況是非常重要的，但是在使用命令核對 NAT 轉換之前，必須先清除所有可能存在的轉換項目，因為在預設情況下，動態轉換位址要經過一段時間未使用，才會自 NAT 轉換表中清除。因此核對之前先進行清除，可以避免被不必要的項目誤導判斷。

　　如下圖 7-4 拓樸所示，路由器 R1 會提供 192.168.1.0 /24 的用戶主機進行 NAT 超載。當內部主機的資料封包離開路由器 R1 並進入 Internet 時，會被轉換為帶有來源埠號的串列介面 IP 位址。

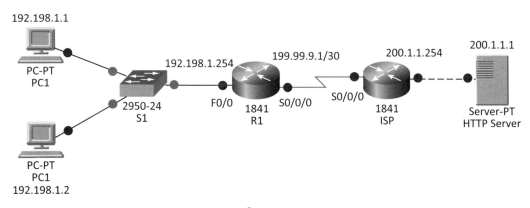

🌙 圖 7-4

R1 路由器上的設定：

```
Router#conf t
Router(config)#hostname R1
R1(config)#interface fastEthernet 0/0
R1(config-if)#ip address 192.168.1.254 255.255.255.0
R1(config-if)#no shutdown
R1(config-if)#ip nat inside
R1(config-if)#interface serial 0/0/0
R1(config-if)#ip address 199.99.9.1 255.255.255.252
R1(config-if)#no shutdown
R1(config-if)#ip nat outside
R1(config-if)#exit
R1(config)#access-list 1 permit 192.168.1.0 0.0.0.255
R1(config)#ip nat inside source list 1 interface serial 0/0/0 overload
R1(config)#ip route 0.0.0.0 0.0.0.0 serial 0/0/0
R1(config)#^Z
```

ISP 路由器的設定：

```
Router(config)#hostname ISP
ISP(config)#interface serial 0/0/0
ISP(config-if)#no shutdown
ISP(config-if)#ip address 199.99.9.2 255.255.255.252
ISP(config-if)#clock rate 64000
ISP(config)#interface fastEthernet 0/0
ISP(config-if)#no shutdown
ISP(config-if)#ip address 200.1.1.254 255.255.255.0
ISP(config-if)#exit
ISP(config)#ip route 199.99.9.1 255.255.255.255 S0/0/0
ISP(config)#^Z
```

　　注意在拓樸中的 HTTP Server 上必須要開啟 HTTP 的服務，以利後續之測試。

　　NAT 最常用的檢查命令是 show ip nat translations 命令。假設內部網路的兩台主機一直在 Internet 上使用網頁服務，就可以使用 show ip nat translations 命令來顯示這兩個主機 NAT 的詳細運作情況。在該命令中增加 verbose 參數則可以顯示每個轉換的附加資訊，包括建立和使用該項目的時間長短。首先利用 PC1 產生一些 Ping (ICMP) 的流量，目的地 IP 是 200.1.1.1，接著在路由器 R1 上輸入 show ip nat translations 命令，顯示結果如下：

```
R1#show ip nat translations
Pro  Inside global   Inside local   Outside local   Outside global
icmp 199.99.9.1:29   192.168.1.1:29 200.1.1.1:29    200.1.1.1:29
icmp 199.99.9.1:30   192.168.1.1:30 200.1.1.1:30    200.1.1.1:30
icmp 199.99.9.1:31   192.168.1.1:31 200.1.1.1:31    200.1.1.1:31
icmp 199.99.9.1:32   192.168.1.1:32 200.1.1.1:32    200.1.1.1:32
```

🌙 圖 7-5

　　因為 ICMP 不具有目的地 Port 號，因此其目的地 Port 與來源 Port 號相同，也就是說 Outside local 與 Outside global 的 Port 號均與 Inside 端的 Port 號碼相同。從上圖的 inside global 位址是 199.99.9.1，可以證明 PAT 轉換已經在進行。接下來在 PC1 上開啓瀏覽器，並且輸入網址 200.1.1.1，接著同樣在路由器 R1 上輸入 show ip nat translations 命令，顯示結果如下：

```
R1#show ip nat translations
Pro Inside global    Inside local     Outside local Outside global
tcp 199.99.9.1:1026 192.168.1.1:1026 199.99.9.2:80 199.99.9.2:80
tcp 199.99.9.1:1027 192.168.1.1:1027 199.99.9.2:80 199.99.9.2:80
tcp 199.99.9.1:1030 192.168.1.1:1030 200.1.1.1:80  200.1.1.1:80
tcp 199.99.9.1:1031 192.168.1.1:1031 200.1.1.1:80  200.1.1.1:80
```

🌙 圖 7-6

　　show ip nat translations 命令顯示了每個 IP 轉換時使用的協定、內部全域位址、內部本地位址、外部本地位址與外部全域位址。在圖 7-6 中，來源 Port 號為主機隨機產生的 Port 號。目的地服務為 HTTP，因此 Port 號是 80。

　　若使用 show ip nat statistics 命令可以顯示以下資訊：轉換總數、NAT 設定參數、池中的位址數量以及已分配的位址數量。

　　NAT 轉換表中的項目預設逾時時間為 24 小時，在全域配置模式下使用 ip nat translation timeout 命令可重新設定逾時時間。要在超時之前手動清除動態項目，可使用 clear ip nat translation * 命令來清除表中的轉換，但是這命令只會清除表中的動態轉換，不會清除靜態轉換。

NAT 除錯

除錯時也可以使用 show run 命令查看 NAT、存取命令列表、介面或 IP 池。使用 debug ip nat 命令可以即時顯示路由器轉換的每個資料封包的資訊，以核對 NAT 功能的運作。下面圖 7-7 就是使用 debug ip nat 命令所顯示的範例：

```
R1#debug ip nat
IP NAT debugging is on
NAT: s=192.168.1.1->199.99.9.1, d=200.1.1.1 [66]
NAT*: s=200.1.1.1, d=199.99.9.1->192.168.1.1 [14]
NAT: s=192.168.1.1->199.99.9.1, d=200.1.1.1 [67]
NAT*: s=200.1.1.1, d=199.99.9.1->192.168.1.1 [15]
NAT: s=192.168.1.1->199.99.9.1, d=200.1.1.1 [68]
NAT*: s=200.1.1.1, d=199.99.9.1->192.168.1.1 [16]
NAT: s=192.168.1.1->199.99.9.1, d=200.1.1.1 [69]
NAT*: s=200.1.1.1, d=199.99.9.1->192.168.1.1 [17]
NAT: s=192.168.1.1->199.99.9.1, d=200.1.1.1 [70]
NAT*: s=200.1.1.1, d=199.99.9.1->192.168.1.1 [18]
NAT*: s=192.168.1.1->199.99.9.1, d=200.1.1.1 [71]
NAT*: s=192.168.1.1->199.99.9.1, d=200.1.1.1 [72]
NAT*: s=200.1.1.1, d=199.99.9.1->192.168.1.1 [19]
NAT*: s=192.168.1.1->199.99.9.1, d=200.1.1.1 [73]
NAT*: s=200.1.1.1, d=199.99.9.1->192.168.1.1 [20]
NAT*: s=192.168.1.1->199.99.9.1, d=200.1.1.1 [74]
```

圖 7-7

從輸出中可以看出，內部主機 192.168.1.1 的 IP 位址已被轉換為 199.99.9.1，外部的目的地主機位址是 200.1.1.1 。輸出中的資料與符號其含義如下：

- *，NAT 旁邊的星號表示之前曾經發生過轉換，現在使用的是快速交換路徑。連線中的第一個資料封包會花費較多轉換時間，並且會進行暫存，以供下次轉換時直接查表對應，不必再花費轉換的時間。

- s=，就是封包的來源 IP 位址。

- a.b.c.d->w.x.y.z，表示來源位址 a.b.c.d 被轉換為 w.x.y.z。

- d=，就是目的地 IP 位址。

🔸 [xxxx]，中括弧中的值表示這個 IP 封包的序號。

debug ip nat detailed 命令會產生關於要進行轉換的每個資料封包的說明。此命令還會輸出關於某些錯誤或異常狀況的資訊，例如：分配全域位址失敗等。

NAT 中若發生了無法連通的問題時，通常很難判斷發生問題的原因。可以依據下面的一些步驟來進行核對，較容易找到問題所在：

(1) 根據需求檢查 NAT 設定。

(2) 使用 show ip nat translations 命令核對轉換表中轉換項目是否正確。

(3) 使用 clear 命令將動態項目清除後，確認轉換項目是否可以被重新建立。

(4) 確認路由器具有正確的繞送資訊。

7-2　IPv6

IPv4

Internet 業界在十多年前就開始分析 IPv4 位址耗盡的問題，並且發表了許多的研究報告。某些報告預計，IPv4 位址會在 2010 年前耗盡，而某些報告則說要到 2013 年才會耗盡。但實際上，IPv4 位址空間已經在 2011 年宣佈全部配發完畢。

IPv4 位址大約可提供 37 億的 IP 位址，因為 IPv4 的定址系統將位址分為數個類 (Class)，還保留了多播、測試和其它特殊目的的 IP 位址。根據 2007 年的調查顯示，當時可用的 IPv4 位址中只剩下 13 億位址可供分配。這個數字看起來好像 IP 還有很多，但是隨著 Internet 快速的發展，加快了 IP 的應用範圍與消耗，在四年之後 13 億位址就消耗殆盡。IP 位址數量快速的萎縮主要有下面幾個原因：

- **使用人口快速增加**：使用 Internet 的人口持續成長。用戶使用網路的時間越長，佔用 IP 位址的時間也越長。

- **移動用戶**：具有 IP 能力的移動設備數量已超過數十億部。包括智慧型手機、個人數位助理 (PDA)、平板電腦、筆記型電腦、條碼閱讀器等，每天還有越來越多新的 IP 移動設備等著連上網路。

- **無法在 NAT 下運作的服務越來越多**：NAT 終究是一個替代的機制，使用 NAT 會造成許多新服務無法使用。例如 IP 電話、IP 傳真、連線網路遊戲等。

從 IPv4 轉移到 IPv6 的過渡期已經開始，日本於 2000 年正式開始實施 IPv6，政府要求所有企業和公共部門均必須將現有系統升級到 IPv6。韓國、中國和馬來西亞也開展了類似的計畫。2002 年，歐洲 IPv6 工作小組建立了一個聯盟，目的在推動 IPv6 在全世界的普及。北美 IPv6 工作小組已開始努力促進北美市場採用 IPv6。北美第一個具有重大意義的動作，來自於美國國防部 (DoD)，早在 2003 年便強制要求所有新購入的設備不僅必須具備 IP 定址能力，而且必須相容 IPv6。事實上所有美國政府機構必須在 2008 年前在其核心網路上使用 IPv6。

全球數量眾多的 IPv4 網路怎麼辦？從 IPv4 轉移到 IPv6 並不簡單，雖然有多種技術（包括自動配置的方法）可以讓過渡變得更容易一些，但是 IPv6 的架構原本就比 IPv4 複雜，因此，瞭解 IPv6 已經是網管人員必須馬上進行的事。下面就開始介紹 IPv6 的基本架構：

```
          11000000.10101000.00000001.00000001
                    192.168.1.1

11010001.11011100.11001001.01110001.11011100.
11001100.01110001.11010001.11011100.11001001.11010001.11011100.11
001001.01110001
A524:72D3:2C80:DD02:0029:EC7A:002B:EA73
```

🌙 圖 7-8

　　首先來看看 IPv4 位址與 IPv6 位址的數字表示方法。IPv6 的位址是一個 128 bit 的二進位數字值，可表示為 32 個十六進位的數字。IPv6 提供的 IP 位址數量非常龐大，即使為地球上的每一個人分配相當於整個 IPv4 的位址空間都還綽綽有餘，所以 IPv6 提供的位址應足以滿足未來許多年的 Internet 發展需要。

　　因為意識到 IPv4 位址將耗竭，所以 IPv6 才會出現。IPv6 的制訂是從 IPv4 發展過程中吸取經驗，從而建立一個功能更強的 IP 標準。IPv6 使用了簡化的表頭結構來運作，這意味著「運作成本」的降低。此外 IPv6 也加強了安全功能，這使得安全管理更加容易。但是，IPv6 最重要的是位址自動配置的功能。

　　網際網路上的設備，已從傳統的靜止設備，演變成越來越多的移動設備，當移動設備在不同的網路間移動時，IPv6 允許這些設備快速的獲取 IP 位址，以切換到不同的網路區域。自動配置可以讓電腦、印表機、數位相機、數位收音機、IP 電話很容易就具有上網的能力，因此許多製造商都已將 IPv6 內建在產品中。

　　IPv4 有 12 個基本表頭欄位，後面接著是選項欄位和資料部份。IPv6 表頭則只保留了三個 IPv4 的表頭欄位和五個附加表頭欄位。因此在表頭的欄位格式上，IPv6 明顯的比 IPv4 簡化了許多。IPv6 簡化表頭的優點有：

- 不需要使用廣播。
- 繞送或轉發的效率高。
- 不需要處理 checksum。
- 每個串流處理均帶有串流標籤，無需打開資料封包的內層來識別不同的通信串流。

IPv6 定址

IPv6 位址有 128 位元，因為長度太長，故需要特殊的表示方法來縮短長度。IPv6 位址使用冒號來隔開數字。格式如下：

xxxx:xxxx:xxxx:xxxx:xxxx:xxxx:xxxx:xxxx

x 代表 16 進制的數字，例如：

2031:0000:130F:0000:0000:0900:676A:130B

簡化規則如下：

(1) 欄位中的數字若為 0 者可以簡化。例如：欄位 01AB 可簡化為 1AB，欄位 0000 可簡化為 0。因此 1234:0000:5678:0000:0000:09AB:CDEF:1234 可簡化為 1234:0:5678:0000:0000:9AB:CDEF:1234。

(2) 連續的零欄位可用兩個冒號 "::" 表示。不過，這種縮寫方法在一個位址中只能使用一次。例如 ：

1234:0000:5678:0000:0000:09AB:CDEF:1234 可簡化為

1234:0:5678:0:0:9AB:CDEF:1234

或

1234:0:5678::9AB:CDEF:1234

但不可以表示為

1234::5678::9AB:CDEF:1234。

下面是 IPv6 位址簡化的其他範例：

- FF01:0:0:0:0:0:0:1 可表示爲 FF01::1。

- 0:0:0:0:0:0:0:1 可表示爲 ::1。

- 0:0:0:0:0:0:0:0 可表示爲 :: 。

- 3FFE:0501:0007:0000:0260:97FF:FE40:EFAB

  可表示爲 3FFE:501:7:0:260:97FF:FE40:EFAB。

使用 "::" 表示法可以縮小 IPv6 位址的長度。實際使用時，位址解析程式會自動補足缺少的零，直到獲得完整的 128 bit 位址。

2000:: 或 2001:3452:4952:2837:: 都是錯誤的 IPv6 格式。通常在表示 IPv6 的網段範圍時，後段的 0 可以縮減，並會加上 prefix，例如 2000::/3。一般位址表示時，只要 "::" 符號出現在 IPv6 位址的最後面就是有問題的。

IPv6 的位址型態主要有 (1) 單點傳播 (Unicast)。(2) 多點傳播 (Multicast)。(3)AnyCast。IPv6 沒有廣播，因爲 IPv4 中的廣播製造了很大的問題。在 IPv6 中使用了多播及 Anycast 取代廣播。此外啓動 IPv6 的介面必須至少包含一個回繞位址 (::1/128) 及一個 Link-local 位址。每個介面可以被指定多個前述型態的位址。

單點傳播位址

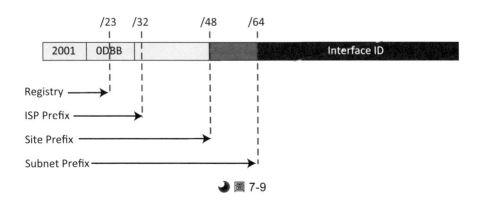

圖 7-9

單點傳播位址 (以下簡稱單播位址) 是指定給單一的介面，又稱為一對一位址，IPv6 的單播位址有幾種不同的型態，例如：「全域單播位址」與「IPv4 Mapped 位址」。全域單播位址 (Global unicast addresses) 通常由 48 位元的前導碼和 16 位元的子網路 ID 組成 (Subnet Prefix)，剩下的 64 位元稱為介面 ID，介面 ID 的格式是 EUI-64。如圖 7-9 所示。各組織可以使用 16 位元的子網路 ID 欄位 (subnet Prefix) 建立自己的本地定址架構，此欄位允許組織使用最多 65,535 (即 2^{16}) 個子網路。

目前的全域單播位址由 IANA 分配，可以使用的位址是從 2000::/3 開始到 E000::/3。單播位址擁有全部 IPv6 位址的 1/8。IANA 將 2001::/16 範圍內的 IPv6 位址空間分配給五家 RIR 註冊機構（ARIN、RIPE、APNIC、LACNIC 和 AfriNIC）。

保留位址

IPv6 保留了一部份的位址空間，供各種特殊用途使用。保留位址擁有全部 IPv6 位址空間的 1/256。保留位址的區塊為 3FFF:FFFF::/32 及 2001:0DB8::/32。

私有位址

與 IPv4 相同，IPv6 的私有位址只具有本地意義，絕不會繞送到外部網路。私有位址的十六進位值的前三個數字為 FE8 到 FEF 之間。這些位址進而被分為兩類：

🔹 **本地鏈路位址(Link-local addresses)**：路由器不會使用本地鏈路位址來轉發資料封包。本地鏈路位址僅供特定實體網段上的本地通信使用。這些位址用於自動位址配置、相鄰設備發現和路由器發現等。許多 IPv6 路由協定都使用本地鏈路位址，本地鏈路位址是以「FE8」、「FE9」、「FEA」或「FEB」開始的 IP 位址，或表示為FE80::/10。

● **本地網站位址(Site-local addresses)**：2004 年已宣告廢止使用此類位址。

迴繞位址

　　IPv6 也提供了特殊迴繞 (loopback) 位址以供測試使用，送到此位址的資料封包會送回到發送設備。IPv6 的迴繞位址為 0:0:0:0:0:0:0:1，一般會以簡化形式表示為 ::1。

不特定位址

　　IPv4 中全部為 0 的 IP 位址代表主機本身，IPv6 將全零位址 0:0:0:0:0:0:0:0 命名為「不特定位址」，可簡單地記為 ::。

多點傳播位址

　　又稱為一對多 (one-to-many) 位址，要辨識多點傳播很容易，因為多點傳播位址的前面一定是 FF，壓縮形式表示為 FF00::/8 。

AnyCast

　　這是一個新的位址型態，又稱為一到最近 (one-to-nearest) 位址，配置的位址其實就在全域單播位址的範圍，多個介面 (通常是不同裝置) 可以分享同一個位址，所有單播的點都可以提供同一型式的服務，當來源裝置送出封包到 Anycast 的位址時，路由器會決定哪一個裝置的介面是最靠近的 (繞送協定會決定)，這類地址最適合負載平衡及內容遞送服務。AnyCast 的位址不能用來當做 IPv6 封包的來源位址。

　　IPv6 位址可動態或靜態指定，靜態的包括「手動介面 ID 指定」及「EUI-64 介面 ID 指定」，動態的包括「無狀態自動配置」及「DHCPv6」。以下分別介紹：

(1) 手動介面 ID 指定

在設備上靜態指定 IPv6 位址的一種方法就是手動指定位址的前導碼 (網路部份) 及介面 ID(主機部份)。要在思科路由器的介面上設定 IPv6 位址,只要在介面設定模式下,使用 ipv6 address ipv6-address/prefix-length 命令即可。下面的範例顯示了如何設定思科路由器介面的 IPv6 位址:

```
Router(config-if)#ipv6 address 2001:DB8:2222:7272::72/64
```

範例中,網路部份為 2001:DB8:2222:7272。

(2) EUI-64 介面 ID 指定

指定 IPv6 位址的另一種方法是手動配置位址的網路部份,主機部份則是從設備的 MAC 位址提取,後面的這一部份稱為 EUI-64 介面 ID。

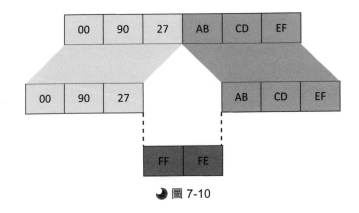

● 圖 7-10

因為 MAC 位址只有 48 位元,但是介面 ID 需要 64 位元,所以必須要想辦法湊足 64 位元。上圖說明了擴展為 64 位元的方法,就是在 MAC 位址的第 24 位元處插入 FFFE(共 16 個位元),就完成 64 位元的介面 ID。要在思科路由器介面上設定 IPv6 位址並啟用 EUI-64 ,可在介面下使用 ipv6 address ipv6-prefix/prefix-length eui-64 命令。下面顯示如何設定 EUI-64 位址,範例中只設定了前 64 位元:

```
Router(config-if)#ipv6 address 2001:DB8:2222:7272::/64 eui-64
```

(3) 無狀態自動設定

　　裝置本身若支援自動配置功能，就可以自動決定 IPv6 的位址，這稱為無狀態自動設定。網路設備及終端裝置均會連接到網路，自動設定是為了讓這些設備能在網路中隨插即用。前導碼的部份是由路由器決定，介面 ID 是由實體 MAC 得到，因此不需要管理者進行 IPv6 位址的設定。

(4) 使用DHCPv6 的無狀態

　　DHCPv6 能使 DHCP 伺服器提供設備所需要的 IPv6 位址資訊，它提供了自動再利用位址的能力及設定的靈活性。

多種過渡(transition)方式

　　IPv4 不會在一夜之間消失，它會與 IPv6 共存一段時間，然後逐漸被 IPv6 取代。若要從 IPv4 過渡到 IPv6 時，不必要求同時升級所有節點，目前有許多過渡機制都能順利的整合 IPv4 與 IPv6。IPv6 開發的過渡技術，可以用來應付可能的 IPv4 升級情況。目前 IPv4 過渡到 IPv6 的兩種最常用技術分別是：「雙重堆疊(dual stack)」及「6 到 4 通道(tunneling)」。思科的建議是盡可能使用雙重堆疊，只有在不得以的情況下才使用通道。下面分別敘述這兩種方法：

◕ 雙重堆疊

　　雙重堆疊是一種整合及推薦使用的方法，這方法能讓節點同時實施 IPv4 網路及 IPv6 網路。因為需要同時運作 IPv4 和 IPv6，路由器與交換器必須設定成同時支援這兩種協定。

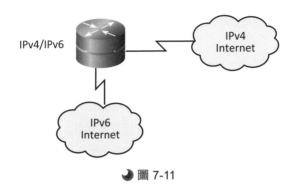

圖 7-11

使用雙重堆疊的節點會根據資料封包的目的地位址來選擇使用哪一種協定堆疊，IPv4 應用程式仍能像以前一樣工作，當 IPv6 可被使用時，雙重堆疊節點將優先使用 IPv6。

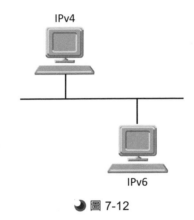

圖 7-12

在路由器上要啓用雙重堆疊，必需要執行兩個基本步驟：

(1) 在路由器上啓用 IPv6 流量轉發。

(2) 必須設定需要使用 IPv6 的各個介面。

預設情況下，思科路由器會禁用 IPv6 流量轉發。要啓用介面之間的 IPv6 流量轉發，必須設定全域命令 ipv6 unicast-routing。介面要使用 IPv6 位址轉發 IPv6 流量，必須使用 ipv6 address IPv6-address [/prefix length] 介面命令。思科的

設備在介面上完成 IPv4 與 IPv6 基本設定後，該介面便成爲雙重堆疊介面，可轉發 IPv4 和 IPv6 流量。下面的範例中，設定了一個 IPv4 位址和一個 IPv6 位址：

```
Router#conf t
Router(config)#ipv6 unicast-routing
Router(config)#interface FastEthernet 0/0
Router(config-if)#ip address 192.168.1.1 255.255.255.0
Router(config-if)#ipv6 address 4ffe:aaaa:1111:2222::1/127
```

如果要使用 EUI-64，則可在介面上設定如下：

```
Router#conf t
Router(config)#ipv6 unicast-routing
Router(config)#interface FastEthernet 0/0
Router(config-if)#ipv6 address 4ffe:aaaa:1111:2222::/64 eui-64
Router(config-if)#no shutdown
```

1841
R1

2950-24
S1

🌙 圖 7-13

使用 show ipv6 interface fastethernet 0/0 命令檢視介面上的資料，可以看到類似如下圖 7-14 的 EUI 資料，由顯示畫面可以得知網卡 MAC 是去掉中間 FFFE 的 02D0.D3A4.8A01。

```
Router# show ipv6 interface fastEthernet 0/0
FastEthernet0/0 is up, line protocol is up
  IPv6 is enabled, link-local address is FE80::2D0:D3FF:FEA4:8A01
  No Virtual link-local address(es):
  Global unicast address(es):
    4FFE:AAAA:1111:2222:2D0:D3FF:FEA4:8A01, subnet is
4FFE:AAAA:1111:2222::/64 [EUI]
```

🌙 圖 7-14

6 到 4 通道

如圖 7-15 ，通道是一種將 IPv6 資料封包封裝於 IPv4 中，以連接各 IPv6 區域的方法，此方法不需要將中間的網路轉換為 IPv6 網路。此技術必需要使用雙重堆疊路由器。通道是會了方便整合的過渡技術，不是最後解決方案。

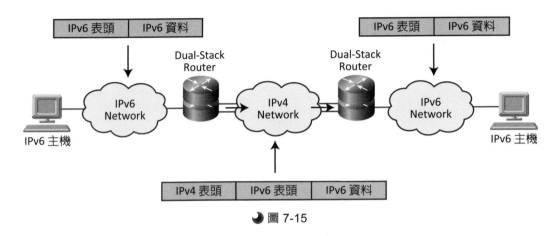

圖 7-15

如圖 7-16 ，手動設定的通道必須在雙重堆疊路由器上設定 IPv4 與 IPv6 的位址，其設定不會隨著網路需求的改變而改變。管理者必須先在通道介面上設定靜態的 IPv6 位址，再手動設定靜態的 IPv4 通道來源位址與 IPv4 通道目的地位址。

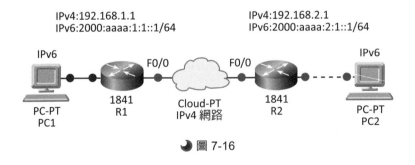

圖 7-16

```
Router#conf t
Enter configuration commands, one per line.  End with CNTL/Z.
R1(config)# ipv6 unicast-routing
R1(config)#interface tunnel 0
R1(config-if)#ipv6 address 2000:AAAA:1:1::1/64
R1(config-if)# tunnel source FastEthernet0/0
R1(config-if)# tunnel destination 192.168.2.1
R1(config-if)#^Z
```

```
Router#conf t
Enter configuration commands, one per line.  End with CNTL/Z.
R2(config)# ipv6 unicast-routing
R2(config)#interface tunnel 0
R2(config-if)#ipv6 address 2000:AAAA:2:1::1/64
R2(config-if)# tunnel source FastEthernet0/0
R2(config-if)# tunnel destination 192.168.1.1
R2(config-if)#^Z
```

其他過渡方法

其他較不常用的過渡方法包括：

- NAT-PT。

- ISATAP(站內自動通道定址協定)。

- Teredo 通道（最後手段）。

RIPng

雖然 IPv6 的位址長度更長，但是 IPv6 所使用的協定仍只是 IPv4 繞送協定的擴充。RIPng 是以 RIP 的繞送通訊協定為基礎，所以 RIPng 與 RIP 的功能相似。RIPng 仍然是距離向量繞送協定，跳數限制為 15，使用「水平分割」和「逆向毒害」來防止路由迴圈出現。由於使用 RIPng 不需要瞭解網路的全貌，因此設定方式很簡單。RIPng 交換繞送訊息時，會包括 IPv6 prefix 和下一跳的 IPv6 地址。IPv4 中的 RIP 會使用廣播，IPv6 的 RIPng 則使用多播位址 FF02::9 當作 RIP 更新的目的地位址，並使用 UDP 埠 521 發送更新。在雙重堆疊環境中，會同時使用到 RIP 和 RIPng。

路由器使用 IPv6 RIP 之前，要先使用 ipv6 unicast-routing 命令來啓用 IPv6。再使用 ipv6 router rip name 來啓用 RIPng 繞送，name 參數是 RIP 的程序名稱，管理者可以自行定義，在後面進行介面設定時，還會用到此程序名稱。RIPng 不使用 network 命令來設定參與運作的網段，而是在介面的設定模式下使用 ipv6 rip name enable 命令以啓用 RIPng。在介面上啓用 RIPng 後，路由器就會建立必要的 RIPng 程序。

下面的範例顯示了一個包括兩台路由器的網路，在路由器 R1 和路由器 R2 上，名稱 R1 代表 RIPng 的程序名稱，使用 ipv6 rip R1 enable 命令，在路由器 R1 的 F0/0 及 F0/1 介面上啓用了 RIPng。路由器 R2 上也使用 ipv6 rip R1 enable 命令，兩個乙太網路介面也啓用了 RIPng。

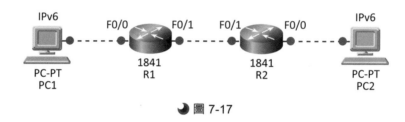

圖 7-17

```
Router#conf t
Enter configuration commands, one per line.  End with CNTL/Z.
Router(config)#hostname R1
R1(config)#ipv6 unicast-routing
R1(config)#ipv6 router rip R1
R1(config-rtr)#exit
R1(config)#interface fastEthernet 0/1
R1(config-if)#no shutdown
R1(config-if)#ipv6 address 2000:abcd:1:1::/64 eui-64
R1(config-if)#ipv6 rip R1 enable
R1(config-if)#exit
R1(config)#interface fastEthernet 0/0
R1(config-if)#ipv6 address 2000:abcd:1:2::/64 eui-64
R1(config-if)#ipv6 rip R1 enable
R1(config-if)#no shutdown
```

```
Router#conf t
Enter configuration commands, one per line.  End with CNTL/Z.
Router(config)#hostname R2
R2(config)#ipv6 unicast-routing
```

```
R2(config)#ipv6 router rip R1
R2(config-rtr)#exit
R2(config)#interface fastEthernet 0/1
R2(config-if)#no shutdown
R2(config-if)#ipv6 address 2000:abcd:1:1::/64 eui-64
R2(config-if)#ipv6 rip R1 enable
R2(config-if)#exit
R2(config)#interface fastEthernet 0/0
R2(config-if)#ipv6 address 2000:abcd:1:3::/64 eui-64
R2(config-if)#ipv6 rip R1 enable
R2(config-if)#no shutdown
```

檢驗與故障排除

　　IPv6 與 RIP 的除錯命令與檢驗命令與 IPv4 的命令相似，主要是命令中的 ip 改為 ipv6。接下來在 7-17 的拓樸上，使用一些常用的檢驗命令：

```
R1#show ipv6 route
IPv6 Routing Table - 5 entries
Codes: C - Connected, L - Local, S - Static, R - RIP, B - BGP
       U - Per-user Static route, M - MIPv6
       I1 - ISIS L1, I2 - ISIS L2, IA - ISIS interarea, IS - ISIS summary
       O - OSPF intra, OI - OSPF inter, OE1 - OSPF ext 1, OE2 - OSPF ext 2
       ON1 - OSPF NSSA ext 1, ON2 OSPF NSSA ext 2
       D - EIGRP, EX - EIGRP external
R   2000:ABCD:1:1::/64 [120/2]
     via FE80::202:4AFF:FECE:8402, FastEthernet0/1
C   2000:ABCD:1:2::/64 [0/0]
     via ::, FastEthernet0/1
L   2000:ABCD:1:2:20D:BDFF:FEA3:1A02/128 [0/0]
     via ::, FastEthernet0/1
R   2000:ABCD:1:3::/64 [120/2]
     via FE80::202:4AFF:FECE:8402, FastEthernet0/1
L   FF00::/8 [0/0]
     via ::, Null0
```

圖 7-18

　　圖 7-18 中顯示了 R1 的 IPv6 路由表，除了位址表示方式不同外，其他繞送的表示方式都大致相同。接下來圖 7-19 則是檢驗及顯示 R1 介面的各項參數：

```
R1# show ipv6 interface fastEthernet 0/1
FastEthernet0/1 is up, line protocol is up
  IPv6 is enabled, link-local address is FE80::20D:BDFF:FEA3:1A02
  No Virtual link-local address(es):
  Global unicast address(es):
    2000:ABCD:1:2:20D:BDFF:FEA3:1A02, subnet is
2000:ABCD:1:2::/64 [EUI]
  Joined group address(es):
    FF02::1
    FF02::2
    FF02::9
    FF02::1:FEA3:1A02
  MTU is 1500 bytes
  ICMP error messages limited to one every 100 milliseconds
  ICMP redirects are enabled
  ICMP unreachables are sent
  ND DAD is enabled, number of DAD attempts: 1
  ND reachable time is 30000 milliseconds
  ND advertised reachable time is 0 milliseconds
  ND advertised retransmit interval is 0 milliseconds
  ND router advertisements are sent every 200 seconds
  ND router advertisements live for 1800 seconds
  ND advertised default router preference is Medium
  Hosts use stateless autoconfig for address.
```

圖 7-19

(　) 1. 使用 NAT 的優點有哪些？

(1) NAT 可節省公共 IP 地址。

(2) NAT 可增強網路的私密性和安全性。

(3) NAT 可增加連上網際網路的彈性。

(4) NAT 可以增強路由效能。

(5) NAT 可降低路由問題故障排除的難度。

(6) NAT 可降低使用迪道的複雜度。

(　) 2. 網路管理者要使用何種 NAT 才能讓外部網路存取內部網路的網頁伺服器？

(1) NAT 超載。

(2) PAT。

(3) 動態 NAT。

(4) 靜態 NAT。

(　) 3. 內部網路的 IP 使用下面的 IP 池命令，將可以轉換為多少個公共 IP？

```
ip nat pool NAT-POOL 200.1.1.20 200.1.1.30 netmask 255.255.255.240
```

(1) 11。

(2) 13。

(3) 15。

(4) 14。

(5) 16。

(　) 4. 使用下面的設定後，哪些 IP 會被轉換？

```
ip nat inside source list 1 interface serial 0/0/0 overload
access-list 1 permit 10.1.1.1 0.0.0.255
access-list 1 permit 10.2.2.2 0.0.0.255
```

(1) 10.1.1.0 網段的 IP。

(2) 10.1.2.0 網段的 IP。

(3) 10.1.1.1 這個 IP。

(4) 10.2.2.2 這個 IP。

(　) 5. NAT 與 PAT 有何不同？

(1) PAT 只可以使用一個公共位址進行轉換，NAT 沒有限制。

(2) NAT 只可以使用一個公共位址進行轉換，PAT 沒有限制。

(3) NAT 只可讓多個非註冊位址對應到一個註冊位址。

(4) NAT 使用不同的來源連接埠號區分不同的轉換。

(5) PAT 使用不同的來源連接埠號區分不同的轉換。

(　) 6. 為什麼在進行 NAT 連線故障排除之前，要清除所有的轉換項目？

(1) 防止 NAT 轉換表內的轉換項目已經滿了，必須要清除才能檢視。

(2) 因為 NAT 轉換表裡面有很多機密資訊。

(3) 因為 NAT 轉換項目會被暫存很長時間，要避免檢視到已過時的資訊。

(4) 因為這是故障排除的標準動作。

( ) 7. 請參閱圖示。下面的 NAT 位址轉換失敗，最可能錯誤的是在哪裡？

```
Router1(config)#interface serial 0/0/0
Router1(config-if)#ip address 10.1.2.1 255.255.255.0
Router1(config-if)#nat inside
Router1(config)#interface serial 0/0/1
Router1(config-if)#ip address 10.1.1.1 255.255.255.0
Router1(config-if)#nat inside
Router1(config)#interface serial 0/0/2
Router1(config-if)#ip address 209.165.200.1 255.255.255.0
Router1(config)#ip nat inside source list 1 interface
serial 0/0/2 overload
Router1(config)#access-list 1 permit 10.1.2.1 0.0.0.255
Router1(config)#access-list 1 permit 10.1.1.1 0.0.0.255
```

(1) interface serial 0/0/0 少了命令。

(2) interface serial 0/0/1 少了命令。

(3) interface serial 0/0/2 少了命令。

(4) access-list 1 設定錯誤。

(5) ip nat inside 設定錯誤。

( ) 8. 哪個命令可以看到路由器上所有運作中的位址轉換？

(1) show ip nat translations

(2) show ip nat translations *

(3) clear ip nat translations *

(4) debug ip nat

( ) 9. 哪個命令可以看到路由器上 NAT 位址的即時轉換？

(1) show ip nat translations

(2) show ip nat translations *

(3) clear ip nat translations *

(4) debug ip nat

( ) 10. 內部的私有 IP 將會被轉換為哪個 IP 位址?

```
Router1(config)#interface serial 0/0/0
Router1(config-if)#ip address 10.1.2.1 255.255.255.0
Router1(config-if)#nat inside
Router1(config)#interface serial 0/0/1
Router1(config-if)#ip address 10.1.1.1 255.255.255.0
Router1(config-if)#nat inside
Router1(config)#interface serial 0/0/2
Router1(config-if)#ip address 209.165.200.1 255.255.255.0
Router1(config-if)#ip nat outside
Router1(config)#ip nat inside source list 1 interface
serial 0/0/2 overload
Router1(config)#access-list 1 permit 10.1.2.1 0.0.0.255
Router1(config)#access-list 1 permit 10.1.1.1 0.0.0.255
```

(1) 10.1.2.1

(2) 10.1.1.1

(3) 209.165.200.1

(4) 10.1.1.1 至 10.1.2.1

(5) 以上皆非

( ) 11. 兩個使用 IPv6 的網路要使用 IPv4 網路來連接。哪種方案可簡單解決此問題?

(1) 將路由器設定為使用雙堆疊協定。

(2) 在邊界路由器上使用 RIPng。

(3) 將IPv4網路上的設備換為支援 IPv6 的設備。

(4) 使用通道技術。

( ) 12. 在思科路由器上要哪些步驟才能啟動 RIPng?

(1) 進入每個介面的介面設定模式,並啟用 IPv6 RIPng。

(2) 全域模式下,輸入 ipv6 unicast-routing。

(3) 全域模式下,輸入 ipv6 router rip 程序名稱。

(4) 全域模式下,輸入 router rip 及 network 命令。

(5) 進入每個介面的介面設定模式，然後啟用多播位址 FF02::9。

(6) 進入每個介面的介面設定模式，然後輸入 network 命令。

(7) 進入每個介面的介面設定模式，然後輸入 ipv6 rip程序名稱 enable。

( ) 13. 在路由器FastEthernet0/0介面上設定IPv6 address 2006:1::1/64 eui-64命令，下面哪個敘述是正確的？

(1) 會隨機產生64位元的介面ID。

(2) 會從IPv6私有位址池中指派一個介面ID。

(3) 會從介面的MAC位址衍生出一個介面ID。

(4) 會由路由器指派一個介面ID。

( ) 14. IPv6位址使用多少位元來識別介面ID？

(1) 16

(2) 32

(3) 48

(4) 64

(5) 128

( ) 15. ISP 配發了 IPv6 網段2000:AAAA:1234::/48，此網段中有多少位元可用來建立子網路？

(1) 8

(2) 16

(3) 48

(4) 64

(5) 80

(6) 128

（　）16. 圖中的網路使用 IPv6，共有幾個廣播領域？

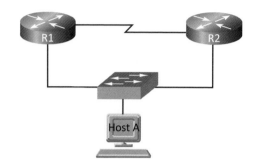

(1) 0 個。

(2) 1 個。

(3) 2 個。

(4) 3 個。

（　）17. RIPng 使用哪個多播位址？

(1) FF02::5

(2) FF02::6

(3) FF02::7

(4) FF02::9

(5) FF02::10

(6) FF02::A

（　）18. EIGRPv6 使用哪個多播位址？

(1) FF02::5

(2) FF02::6

(3) FF02::7

(4) FF02::9

(5) FF02::10

(6) FF02::A

（　）19. 在 ipv4 環境下，使用 ping 127.0.0.1 來進行loopback 測試，在 ipv6環境下
則要輸入下列何者？

(1) ping 127.0.0.1

(2) ping ::1

(3) ping 0:0:0:0:127:0:0:1

(4) ping ::127:0:0:1

(5) ping ::

（　）20. 下列有關 IPv4 與 IPv6 的敘述何者正確？

(1) IPv4 位址共 32 bit，以十進位表示。

(2) IPv4 位址共 32 bit，以十六進位表示。

(3) IPv6 位址共 64 bit，以十進位表示。

(4) IPv6 位址共 64 bit，以十六進位表示。

(5) IPv6 位址共 128 bit，以十進位表示。

(6) IPv6 位址共 128 bit，以十六進位表示。

NOTE

08

WAN 與 PPP

CCNA

8-1 廣域網路

　　當一個企業成長時，單一的本地區域網路 (LAN) 將無法滿足需要。於是廣域網路 (Wide Area Network，WAN) 就產生了。廣域網路有許多不同的技術以應付不同的需求，本章節就是介紹廣域網路的概念。

　　廣域網路是由許多的本地區域網路 (LANs) 所組成，如圖 8-1 所示。廣域網路是運作於一個大的地理範圍之下的通訊網路。例如：一家大型的公司在各地都有分公司，每個分公司都有其內部的本地區域網路，各個分公司的區域網路必須要連結起來。通常企業不會自己建立線路來連結這些分公司，因為建立的成本太高，通常會租用廣域網路服務供應商 (WAN Service Provider) 所提供的網路服務。這些提供廣域網路服務的公司，可能是電話公司、第四台 (Cable) 業者、衛星系統或網際網路服務供應商 (ISP)。網際網路 (Internet) 本身就是一個非常廣大的廣域網路。

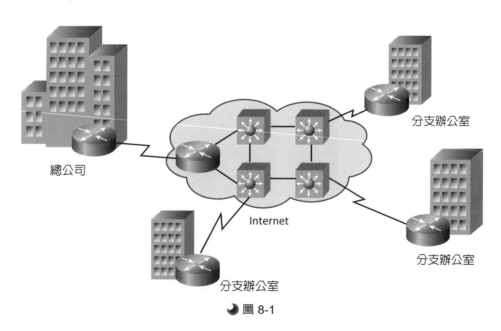

總公司

分支辦公室

Internet

分支辦公室

分支辦公室

🌙 圖 8-1

WAN 的技術

　　廣域網路的運作主要在 OSI 模型的第一層 (實體層) 及第二層 (資料連結層)，如圖 8-2 所示：

Data Link	Frame Relay, ATM, HDLC
Physical	電氣、機械、連接線

🌙 圖 8-2

廣域網路的實體層主要描述實體連線或設備，包括以下項目：

🌙 **用戶端設備(Customer Premises Equipment ，CPE)**：此部份的裝置及線路位於用戶(subscriber)端所在的場所之內，用戶端設備是由用戶購置與擁有(這是國外的狀況，台灣不全然如此)，用戶通常是組織或企業。CPE 又分為 DTE 與 DCE 。

🌙 **資料終端設備(Data Terminal Equipment，DTE)**：從客戶端的內部網路傳輸資料到廣域網路所使用的設備稱為 DTE，DTE 需要透過 DCE 連接到區域迴路(Local Loop)。

🌙 **資料通訊設備(Data Communications Equipment ，DCE)**：也稱為資料電路終端裝置(Data Circuit-terminating Equipment)，DCE 是將資料放在區域迴路上並連接到廣域網路的裝置。

🌙 **責任分界點(Demarcation Point，DP)**：實體上責任分界點通常是位於客戶端的附近或是場所內，是一個電信公司擁有與安裝的接線箱，它連接了 CPE 與區域迴路，用戶要負責從此處接線到 CPE，當問題發生時，以此為分界點，看看是用戶要負責，還是網路服務提供者要負責。

🌙 **區域迴路(Local Loop)**：是連接責任分界點與網路服務提供者中央機房的線路，區域迴路通常稱為最後一哩(the last-mile)。

● **中央機房**(Central Office，CO)：連接用戶網路與服務供應商的交換網路。

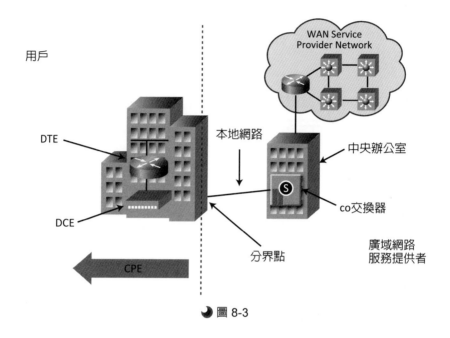

● 圖 8-3

在不同的廣域網路環境下使用的網路設備，包括下列這些設備：

● **數據機**(Modem)：通常使用的線路是電話線路或電視纜線，這個設備可以「調變」類比信號(音頻信號)成為數位信號。同時也可以「解調變」數位信號成為類比信號。傳統數據機的類比信號可以送到公共電話網路(PSTN)上，在電話連線的另一端，另一台數據機會轉換類比信號成為數位信號，並且傳輸到電腦中。纜線(Cable)數據機及 DSL 數據機這類快速的數據機所使用的頻帶比音頻的頻帶更高。

● **CSU/DSU**：通道服務單元(Channel Service Unit，CSU) 及資料服務單元(Data Service Unit，DSU) 通常使用類似 T1、T3 這類的數位線路，CSU 提供數位信號的終端，並且經由錯誤校正及線路監督來確認連線的完整性。DSU 則負責管理與轉換不同架構間的訊號。這兩單元通常會整合在一個稱為 CSU/DSU 的設備內。

🦢 **存取伺服器**(Access Server)：用來將使用者撥入或撥出的流量集中的裝置，存取伺服器可能會混合了數位及類比介面，且可以同時支援數以百計的使用者，目前的存取伺服器大都是一個專屬的硬體裝置。

🦢 **廣域網路交換器**(WAN Switch)：這裝置通常可以交換訊框中繼、 ATM 或 X.25 的流量，運作於 OSI 的資料連結層。

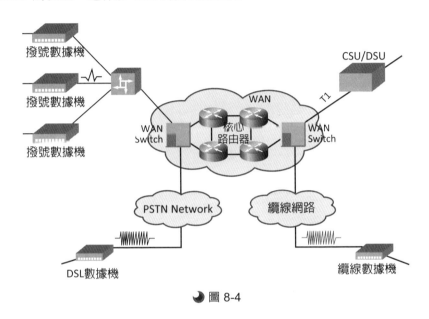

🌙 圖 8-4

廣域網路實體層協定也包括了 DTE 與 DCE 間的介面，DTE/DCE 的介面通常是以序列方式傳輸，常見的實體層協定包括：

🦢 EIA/TIA-232：也就是知名的 RS-232，此規格通常使用 25-pin 的 D 型接頭，短距離傳送信號速度可達到 64 kb/s，通常是使用在主機端的介面。

🦢 EIA/TIA-449/530：是一個快速版的EIA/TIA-232，速度能夠達到 2 Mb/s，使用 36-pin 的 D 型接頭，傳輸距離較長，此標準也就是 RS422 及 RS-423。

🦢 EIA/TIA-612/613：高速序列介面(High-Speed Serial Interface，HSSI) 協定，速度能夠到達 52 Mb/s，使用 60-pin 的 D 型接頭。

● V.35：這是一個用於非同步通訊的 ITU-T 標準。資料傳輸率可達 2.048 Mb/s，使用 34-pin 長方形接頭，用來連接 CSU/DSU 設備，圖 8-5 右是 V.35 母頭。

● Smart Serial：連接思科路由器專用的 60-pin 接頭，如圖 8-5 左。

● 圖 8-5

資料連結層

　　除了實體層裝置，廣域網路需要資料連結層協定在兩端建立連結。因此在第二層必須定義資料封裝的方式，這裡使用的技術有很多種，包括：高速資料連結控制 (HDLC)、點到點協定 (PPP)、ISDN、串列線路網際網路協定 (SLIP)、X.25/LAPB、訊框中繼 (Frame Relay，FR)、非同步傳輸模式 (ATM)。

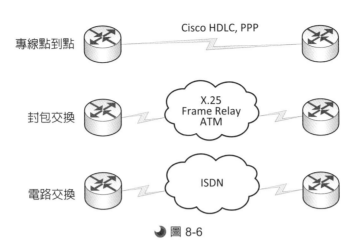

Cisco HDLC, PPP

專線點到點

X.25
Frame Relay
ATM

封包交換

ISDN

電路交換

🌙 圖 8-6

ISDN 及 X.25 是較老的協定，現今較少使用。ISDN 現在較常出現在使用 PRI 鏈路的 VoIP 網路。X.25 現在通常是用來幫助解釋訊框中繼。下表 8-1 是各項技術及其使用的協定對照表。

技術	協定
X.25	LAPB
ISDN D channel	LAPD
訊框中繼	LAPF
思科預設	HDLC
序列	PPP

🌙 表 8-1

要瞭解廣域網路訊框的格式，可以從 HDLC 的訊框開始進行學習，在圖 8-7 中就是典型的 HDLC 訊框格式。它的訊框開始與結束都有一個 8-bit 長度的旗標 (Flag) 欄位，欄位內容是 01111110。表頭 (Header) 欄位中的「MAC 位址欄位 (Address)」對於廣域網路的鏈路是沒有用處的，因為廣域網路連線幾乎都是點到點，但是這個位址欄位仍然是存在的，此欄位大約長 1 或 2 bytes。要封裝的資料欄位在表頭欄位的後面，接著後面是訊框檢查序列 (Frame Check Sequence，FCS)，這裡使用了循環冗餘檢查 (Cyclic Redundancy Check，

CRC)。並非所有的協定都按照這個格式,例如:PPP 及思科版本的 HDLC 在表頭都有額外的欄位。

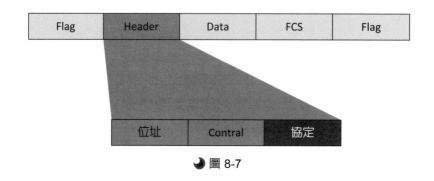

● 圖 8-7

廣域網路連線可以區分為「私有廣域網路連線」及「公共廣域網路連線」,網際網路就是「公共廣域網路連線」的廣域網路。

私有廣域網路連線

私有廣域網路連線包含了專用 (Dedicated) 及交換式通訊鏈路。交換式通訊鏈路則又可以分為電路交換 (Circuit Switched) 及封包交換 (Packet Switched)。如果要使用專用鏈路,必須預先建立一條點到點的實體線路,這線路是從來源用戶端連到目的地用戶端,通常又稱為專線 (Leased Lines)。電路交換鏈路會動態的建立起一條專有的虛擬連線。在通訊開始前,先透過服務提供者的網路建立連線。當用戶用電話撥號時,所撥的號碼就是用來建立電路路徑,因此電話系統就是電路交換網路,如果把電話換成數據機,那麼這個網路就可以傳輸資料了。類比撥號的 PSTN 及 ISDN 都是屬於電路交換。專用鏈路使用的頻寬是固定的,但是大部分的廣域網路使用者並不會很有效率的使用這條專有頻寬,因為資料的流量常常是不連續的,這時候可以考慮使用封包交換,它可以分享頻寬與節省經費。在封包交換網路中,被標記的訊框 / 細胞 (Cells) 會被傳輸,使用此技術的協定包括訊框中繼、ATM、X.25 及都會型乙太網路 (Metro Ethernet)。

公共廣域網路連線

早期許多企業的廣域網路不願意經過網際網路，因爲透過網際網路傳輸有明顯的不安全，且無法保障效能。但是因爲 VPN 技術的發展，許多企業已經將網際網路視爲廣域網路，並且認爲是既便宜又安全的考量。

下面圖 8-8 呈現了前面提到的名詞間相互之間的關係：

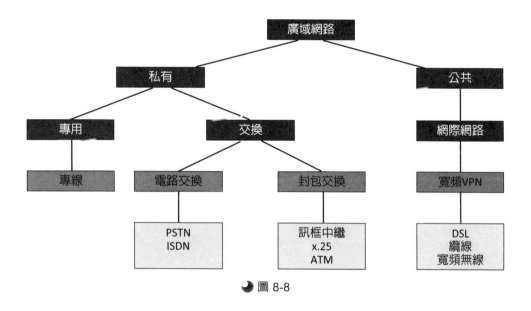

🌙 圖 8-8

下面就依據圖 8-8 中的各種廣域網路連線，分別介紹之：

專線(Leased Lines)

專線擁有獨立的線路與頻寬，但是成本通常比較昂貴，尤其是如果要連接多個站點時，成本將會大幅增加，因爲除了一對一線路的成本外，每條專線的連線都必須要使用路由器的一個序列 Port，另外每個端點都需要一台 CSU/DSU 設備，如下圖 8-9 所示。在廣域網路上的流量通常是變動的，專線的頻寬因爲是固定的，如果企業使用頻寬的量很低，是相當浪費資源的。

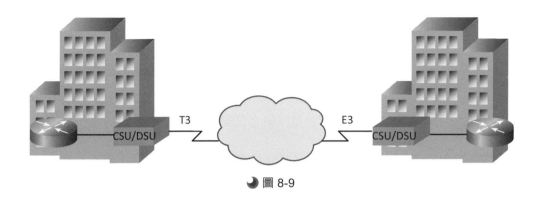

圖 8-9

在不同的國家，提供的專線規格略有不同，下表 8-2 中所顯示的，就是不同專線的頻寬：

線路種類	傳輸速度	線路種類	傳輸速度
T1	1.544 Mb/s	OC-18	933.12 Mb/s
E1	2.048 Mb/s	OC-24	1244.16 Mb/s
E3	34.064 Mb/s	OC-36	1866.24 Mb/s
T3	44.736 Mb/s	OC-48	2488.32 Mb/s
OC-1	61.84 Mb/s	OC-96	4976.64 Mb/s
OC-3	155.54 Mb/s	OC-192	9963.28 Mb/s
OC-9	466.56 Mb/s	OC-768	39812.12 Mb/s
OC-12	622.08 Mb/s		

表 8-2

電路交換

⇨ PSTN

公共交換電話網（Public Switched Telephone Network，PSTN）是一種使用音頻通信的電路交換網路。如果需要傳輸的資料是斷斷續續的低流量資料，可

以使用數據機及類比撥號電話線路。傳統的方式是使用數據機透過語音的電話網路傳輸電腦的資料，因為實體線路的特性，使傳輸的速度受限於 56kb/s 的速率。

對於小型企業來說，這種低速線路在平時可以用來收發電子郵件及進行簡單的資料傳送，當晚上或假日時，可以使用自動撥號來進行備份，達到離峰傳輸的效果。

數據機及類比線路的優點就是高可用性 (availability) 及低成本，缺點就是低傳輸速率及較長的撥接連線時間。因為使用專用的電路，流量的延遲 (Delay) 或抖動 (Jitter) 不明顯，但是傳輸影音流量就不是很適合。

⇨ ISDN

整合服務數位網路（Integrated Services Digital Network，ISDN）是一種電路交換的網路系統，它能透過一般的銅線以更高的速率來傳輸語音和資料。因為 ISDN 是全數位化的電路，不會像類比線路容易受到干擾，所以能夠提供更穩定的傳輸速度。與傳統的類比電路傳輸相較，ISDN 除了電話功能外，還能提供影音服務。

ISDN 線路中有兩種通道，分別是 B 通道和 D 通道，B 代表承載 (Bearer)，B 通道用於傳輸資料和語音。D 就是 Delta，D 通道主要用於信號和控制，也可以當作低速率資料傳輸的通道，例如：在 X.25 中會以 9.6kb/s 的速度傳輸資料。語音呼叫會透過數據通道 (B) 傳送，控制信號通道 (D) 用來設置和管理連接。當呼叫建立的時候，一個 64K 的同步通道也同時被建立，並被使用直到呼叫結束為止。每一個 B 通道都可以建立一個獨立的語音連接。多個 B 通道可以合併成一個高頻寬的單一通道。

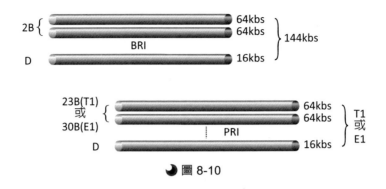

圖 8-10

如圖 8-10 所示，ISDN 有兩種介面型態，分別是 BRI 與 PRI。基本速率介面 (BRI) 有兩個 B 通道，每個 B 通道頻寬 64kbps，另外還有一個頻寬爲 16kbps 的 D 通道。三個通道總稱爲 2B+D。BRI 適合用於小傳輸量的廣域網路，雖然不適合傳輸影音，但是已經允許多個語音在上面傳輸，此外它的撥號設定時間 (call setup time) 小於一秒，總頻寬爲 128kb/s，比類比數據機更好。主速率介面 (PRI) 由更多的 B 通道和一個頻寬爲 64Kbps 的 D 通道組成。 PRI 在不同的國家使用不同數量的 B 通道，北美和日本規格採用 23B+D，總速率爲 1.544 Mbit/s (相當於 T1 的速率)。歐洲及澳洲規格採用 30B+D，總速率爲 2.048 Mbit/s (相當於 E1 的速率) 。PRI 可以在沒有延遲與抖動的情況下，進行視訊會議 (Video Conference) 及高頻寬資料的傳輸。

封包交換

封包交換會先將資料分割成一個個的封包，然後送到一個分享網路上進行繞送。封包交換不需要先建立一條連線的專有電路，在封包交換網路上的交換器會決定封包要送到哪一條適當的鏈路。因爲交換器之間的鏈路是共享的，所以成本比電路交換低，但是延遲的狀況可能會比電路交換來的明顯。爲了點到點的連線，封包可以透過交換器事先建立路徑。以訊框中繼爲例，每個封包都會攜帶一個識別號，這被稱爲「資料鏈路連線識別號」(Data Link Connection Identifiers，DLCI)。每個封包所經過的邏輯性線路被稱爲虛擬線路 (Virtual

Circuit)，虛擬線路有兩種型態，一種是永久性虛擬線路（Permanent Virtual Circuit），另一種是交換式虛擬線路（Switched Virtual Circuit），分別敘述如下：

永久性虛擬線路（PVC）：有些網路連線需要非常頻繁的流通，甚至是永久性的流通，此時永久性虛擬線路即可依據此需求，對連接的 DTE 建立永久性的連線。藉由永久性虛擬線路產生的連線，不必像交換式虛擬線路，需要經常性的建立 VC 連線（Setup）和關閉 VC 連線（Teardown），減少了頻寬的使用，但是這樣的線路會增加成本，因為 PVC 線路必須一直是持續可用。

交換式虛擬線路（SVC）：交換式虛擬線路主要是針對資料偶爾需要傳遞的連線。在使用交換式虛擬線路之前，必須先依據需求 (OnDemand) 動態建立連線，當連線結束時，必須關閉連線。 SVC 的通訊過程包含了三個階段，分別是電路建立 (circuit establishment)、資料傳輸及電路終止 (circuit termination)。當傳輸完成，SVC 會釋放線路，因此相對 PVC 來說，節省了線路持續使用所造成的成本。

要連接一個封包交換的網路，用戶端必須要有 ISP 所提供的本地迴路 (在此又稱為 POP，Point-Of-Presence)。封包交換的連線型態包括了 X.25 、訊框中繼及 ATM。

➡ X.25

X.25 是一個古老的協定，虛擬線路是依據需求封包中的目標位址而建立，這使得 SVC 可以藉由通道號碼被識別。資料的封包將會以通道號碼來標記，藉以正確的送到對應的位址，如圖 8-11 所示。

典型的 X.25 應用，像是交易系統中的銷售點讀卡機 (Reader)。這些讀卡器以撥接模式使用 X.25 與中央電腦核對交易。因為對這個應用來說，低頻寬與高延遲不是重點，低成本才是最重要的。

X.25 鏈路速度從 2400 b/s 到 2 Mb/s，事實上公眾網路的速度幾乎都在
64Kb/s 以上。X.25 的使用率因為第二層新技術 (訊框中繼、ATM) 的推出而迅
速下降。

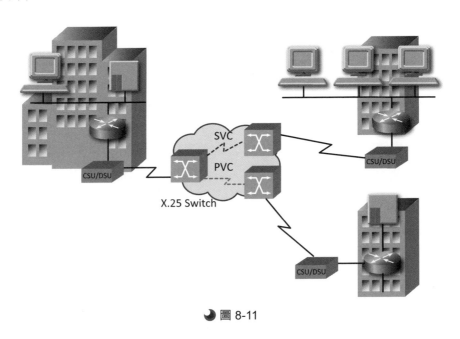

🌙 圖 8-11

➡ 訊框中繼

　　訊框中繼以訊框為單位進行傳送，訊框中繼可用於區域網路也可用於廣域
網路。每個訊框中繼網路的用戶，都會得到一條連接到訊框中繼交換器的專
線。而訊框中繼網路對於用戶端來說，是一條經常改變的通道。訊框中繼網路
接近於 X.25，但是訊框中繼的第二層不包括錯誤檢測或流量控制，這使得延遲
減低。一般訊框中繼可以提供大約 4 Mb/s 的速率，甚至可以提供更高的速率。

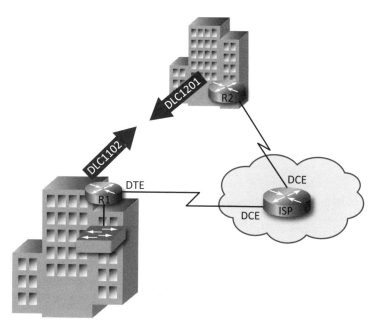

🌙 圖 8-12

　　訊框中繼的虛擬線路以 DLCI 做為唯一的識別號，絕大多數的訊框中繼連線是 PVC，少數是 SVC。即使在區域網路的路由器上要建立多個虛擬線路到遠端，也只需要提供一個實體介面。訊框中繼在稍後章節會詳細敘述。

➩ ATM

　　非同步傳輸模式 (Asynchronous Transfer Mode，ATM) 可以傳輸語音、視訊及資料，ATM 不是以訊框為單位，而是以細胞 (Cell) 為基本單位。與訊框中繼及 X.25 相比，ATM 在傳輸時效率比較差，如果在訊框中繼與 ATM 上傳送相同數量的資料且要同時傳完，典型的 ATM 線路頻寬必須比訊框中繼的線路頻寬要多 20%。

　　ATM 可以支援的鏈路速度可從 T1/E1 到 OC-12 (622 Mb/s)，甚至於可以有更高的頻寬。ATM 提供了 PVC 及 SVC 兩種虛擬線路，但通常在廣域網路中是使用 PVC。

寬頻服務

寬頻 (Broadband) 服務可以讓雇員在家中經由網際網路連線到公司，寬頻服務包含了纜線 (Cable)、DSL 及寬頻無線網路 (Wireless)，下面就是敘述這些寬頻服務。

➪ DSL

數位用戶線路（Digital Subscriber Line，DSL），是利用現存的絞線電話銅線或者是本地電話網路，提供高速連接的一種技術。DSL 數據機會將用戶端設備上的乙太網路信號轉換成 DSL 的信號，再傳送到中央機房。多個 DSL 用戶線路，可以在局端 (POP) 的 DSL 存取多工器 (DSL Access Multiplexer，DSLAM) 上匯聚成一條高容量的線路，如圖 8-13。這一條高容量線路通常是 T3 (DS3) 線路，而用戶端的每一條 DSL 線路頻寬都可以達到 8.192 Mb/s。DSL 的技術與線路有許多種類，較常使用的 DSL 的技術 (有時也叫 xDSL) 包括下列幾項：

1.　ADSL（非對稱數位用戶線路）

2.　HDSL（高速數位用戶線路）

3.　RADSL（速率自適應數位用戶線路）

4.　SDSL（對稱數位用戶線路，標準版HDSL）

5.　VDSL（超高速數位用戶線路）

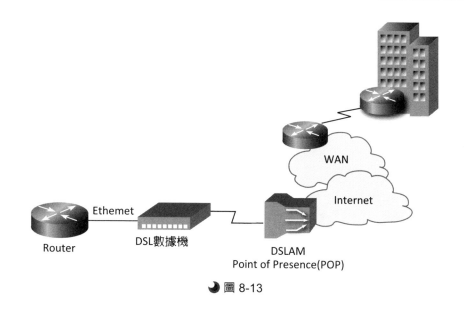

Router　　Ethernet　　DSL數據機　　DSLAM
Point of Presence(POP)

WAN

Internet

● 圖 8-13

➡ 纜線數據機(Cable Modem)

有線電視使用同軸電纜來攜帶信號，纜線數據機 (Cable Modem) 則是利用有線電視的同軸纜線來提供網際網路的相關服務。纜線數據機通常是一直保持開機狀態，所以可以提供一個持續的連線。用戶端的數位信號被纜線數據機轉換後，會傳送到有線電視的機房，通常稱為頭端機房 (Cable Headend)，如圖 8-14 所示。機房內包含了提供網際網路存取的電腦系統及資料庫。頭端機房最重要的設備就是纜線數據機終端系統 (Cable Modem Termination System，CMTS)，這個設備負責送出及接收纜線網路上的信號，並且提供服務給用戶。

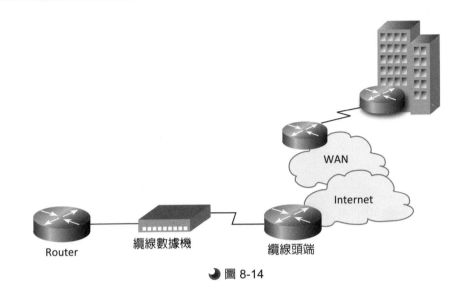

WAN

Internet

Router　　　纜線數據機　　　纜線頭端

🌙 圖 8-14

　　使用纜線數據機時,所有的本地用戶會分享纜線頻寬,所以越多的使用者加入纜線,能使用的頻寬就越少,因此有線電視業者通常不會保證用戶的可用頻寬。

➡ 寬頻無線網路

　　寬頻無線網路通常包含頻寬較寬及長距離傳輸兩個特色,常見的寬頻無線網路包括了 WiMAX 與衛星網際網路,下面就是這兩個技術的介紹:

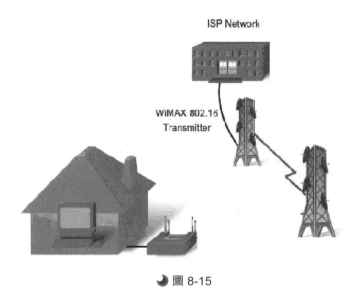

ISP Network

WiMAX 802.16
Transmitter

◗ 圖 8-15

◗ WiMAX：全球互通微波存取(Worldwide Interoperability for Microwave Access，WiMAX) 是近期才開始使用的技術。WiMAX 使用的協定是 802.16，有高速的頻寬及較遠的傳輸距離，對電信業者或 ISP 業者而言，建置 WiMAX 無疑是無線網路的最後一哩，這與短距離傳輸的 IEEE802.11 通訊協定明顯不同。WiMAX 的基地台類似手機的基地台，許多人對 WiMAX 有誤解，以為 WiMAX 能在 70 英里（約 112.6 公里）的範圍內，以 70 Mbps 的速率傳輸，但這是在理想環境下的數據。WiMAX 在視線所及的十幾公里範圍內實際上可以大約 10 Mbps 的速率傳輸，但是在都市的環境下，視線所及的範圍通常會更短，因此用戶大約僅能在 2 公里範圍內以 10 Mbps 的速率傳輸。

WiMAX 在某些方面與 DSL 倒是有些相似，因為 WiMAX 只能在「高頻寬」或「長距離傳輸」兩者間取其中之一，無法兼得。另外頻寬是由基地台內的用戶所共享，因此每位用戶所能享有的頻寬與基地台區域內的用戶數成反比。

● **衛星網際網路(Satellite Internet)** ：某些極為偏僻的地方無法使用一般有線的寬頻網路，這時可以使用衛星網路。要接收衛星信號使用的衛星天線(dish)俗稱小耳朵，它可以提供雙向的資料傳輸，下載速度約可達到 400～500 kb/s。要使用衛星網際網路的用戶必須要準備(1)小耳朵。(2)上傳與下載的數據機。(3)連接數據機與小耳朵的同軸纜線。

都會型乙太網路

都會型乙太網路是非常成熟的網路技術，由電信公司將企業內部的快速乙太網路擴大至公共網路上。高速的乙太網路交換器能讓企業內的「語音」、「資料」及「視訊」藉著延伸乙太網路到整個都會區，企業可以讓各地的分支辦公室更快速及可靠的互相交換資訊，如圖 8-16 所示：

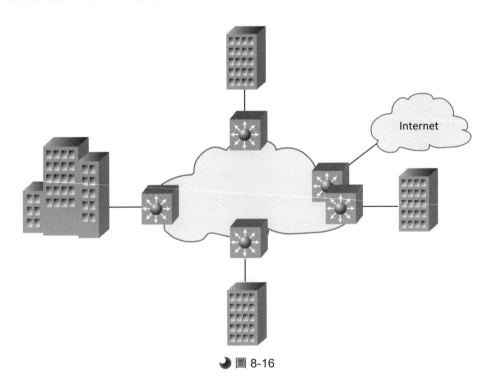

● 圖 8-16

都會型乙太網路的優點包括：

(1) **成本降低**：除了建置廣域網路的成本降低，也降低了管理成本。因為本地網路與都會型網路都使用相同或類似的技術。除了頻寬增加，也減少了原先在廣域網路端因為使用不同技術所要做的轉換。

(2) **易於整合**：都會型乙太網路與現有的本地區域網路(乙太網路或快速乙太網路)很容易整合，減少了安裝時間及人力成本。

(3) **增加產能**：因為 VoIP、影音串流及廣播視訊等許多 IP 服務，要在訊框中繼等網路上都不易實做，但是在都會型乙太網路上都很容易實現。

8-2　PPP

本章節主要介紹 WAN 的技術中經常被使用的點到點協定 (Point-to-Point Protocol，PPP)，並且介紹序列傳輸的基本概念，最後並在路由器上進行 PPP 的實驗。

序列通訊

在短距離傳輸時，同時傳輸資料的速度應該是很快的，也應該是使用並列傳輸才對，感覺上序列傳輸的速度應該不會比並列傳輸來的快，那麼為什麼要使用序列通訊？並列纜線在速度慢的情況下的確運作的很好，但是當傳輸的速度越來越高時 (頻率越來越高)，會因為纜線間的互相干擾 (CrossTalk，串音)，造成資料損失 (Loss)，而且頻率越高這種情形越嚴重。序列線路因為線的對數少，在高頻率傳輸時，反而串音的問題比較小，因此可以使用極高的頻率傳輸。另外，如果網路的線路在長距離傳輸時採用並列傳輸連線，那麼纜線的成本將會很高，且同步的問題將會很嚴重。序列傳輸的纜線成本與並列傳輸的纜線成本相較之下就非常低。

HDLC 封裝

HDLC 是資料連結層的協定，由 ISO 發展出來，它使用了同步序列傳輸。HDLC 定義了第二層的訊框結構，使用 Flag 來標記訊框的開始與結束。ISO 的 HDLC 只是協定的基本原則，各家廠商開發了各自的 HDLC，思科也發展了一個延伸的 HDLC 協定 (又稱為 cHDLC)，思科允許其他廠商使用這個 HDLC 協定，下圖 8-17 就是一般 HDLC 與思科 HDLC 的訊框比較圖。

Standard HDLC					
Flag	Address	Control	Data	FCS	Flag

· Supports only single-protocol environments.

Cisco HDLC						
Flag	Address	Control	Protocol	Data	FCS	Flag

🌙 圖 8-17

思科路由器的序列線路上，HDLC 是預設的封裝方式，如果要以序列線路連接思科的路由器到另一台非思科的路由器，就不能使用 HDLC 協定，因為兩端的 HDLC 協定並不相同，這時候必須要使用 PPP 協定。思科的路由器序列介面上，預設的封裝方式就是 HDLC，如果封裝方式被改變過，可以在介面上使用 encapsulation hdlc 命令就可以重新使用 HDLC 協定。使用 show interfaces serial 命令可以看到該介面上封裝 HDLC 的狀態，如下圖 8-18 所示：

```
R1#show interface serial 0/0/0
Serial0/0/0 is up, line protocol is up
  Hardware is GT96k Serial
  Internet address is 192.168.1.1/30
  MTU 1500 bytes, BW 128 Kbit, DLY 20000 usec,
    reliability 255/255, txload 1/255, rxload 1/255
  Encapsulation HDLC, loopback not set
```

🌙 圖 8-18

除了上面的狀態，使用 show interface serial 命令所顯示的介面可能會是表格左邊的狀態之一，其可能的原因如表右邊所示：

狀態	原因
Serial x is down, line protocol is down(DTE)	1.線路故障 2.沒有連接 CSU/DSU 3.纜線故障或不正確 4.CSU/DSU 硬體錯誤
Serial x is up, line protocol is down(DTE)	1.本地或遠端設定錯誤 2.遠端沒有送出 KeepAlive 3.雜訊的線路 4.CSU/DSU 設定的問題 5.CSU/DSU 故障 6.路由器故障
Serial x is up, line protocol is down(DEC)	1.沒有設定 clockrate 2.遠端 CSU/DSU 故障
Serial x is up, line protocol is up (looped)	線路上有迴圈存在
Serial x is up, line protocol is down(disabled)	1.WAN 服務提供者的問題 2.CSU/DSU 故障 3.路由器界面故障
Serial x is administratively down, line protocol is down	1.使用shutdown關閉界面 2.重複的IP

表 8-3

show controllers 命令也是一個診斷序列介面的重要工具，由下圖 8-19 的輸出中，可以看到這個介面是 V.35 的 DCE 介面。

```
R1#show controllers serial 0/0/0
Interface Serial 0/0/0
Bandware is GT96k
DCE v.35, clock rate 64000
```

圖 8-19

假如介面實際連接的是 V.35，但是輸出顯示的不是 V.35，而是 UNKNOWN、EIA/TIA-449 或其他介面型態，最有可能的原因是連接的纜線沒接好。

PPP

PPP 是第二層的協定，使用序列纜線建立連線，包含了許多 HDLC 無法做到的特性。PPP 會監督鏈路的品質，如果偵測到太多的錯誤，PPP 會讓這個連線停掉。PPP 支援 PAP 及 CHAP 認證。

PPP 採分層架構，包含了三個主要的元件：HDLC、LCP (Extensible Link Control Protocol) 及 NCP(Network Control Protocols)。HDLC 會封裝資料，LCP 可以建立資料鏈路的連接。NCP 可以建立及設定不同的網路層協定。PPP 允許同時與多個網路層的協定溝通，常見的 NCP 有 IPCP、IPXCP、AppleTalk CP、CSCP 及 SNACP 等。

下面的 PPP 架構圖是對應到 OSI 模型，PPP 與 OSI 使用相同的實體層，但是 PPP 的 LCP 與 NCP 則並沒有與 OSI 模型完全對應。

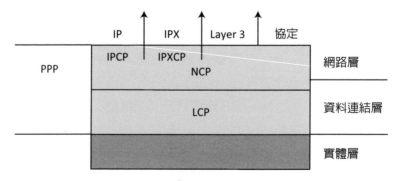

🌙 圖 8-20

在實體層的部份，PPP 可以在同步與非同步的序列介面、HSSI 及 ISDN 上實作。PPP 協定可運作在任何的 DTE/DCE 介面 (例如：RS-232-C、RS-422、RS-423 或 V.35)，但是線路必須為雙工線路。PPP 的工作幾乎都是由 LCP 及 NCP 完成，LCP 是 PPP 的一部份，位於實體層之上，功能包括可以用來建立點到點鏈路、控制封包大小、偵測錯誤的設定、結束鏈路及判斷鏈路功能是否正常。PPP 允許在同一鏈路上運作多個網路層協定。PPP 會依據不同的網路層使用不同的 NCP。例如：IP 協定會使用 IPCP，而 Novell 的 IPX 則會使用 IPXCP。PPP 訊框包括下圖 8-21 的這幾個欄位：

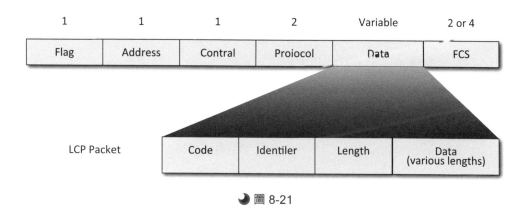

🌙 圖 8-21

PPP 在建立一個會談 (session) 時，LCP 會執行下面三個階段：

(1) **鏈路建立與設定的溝通**。在網路層開始運作之前，LCP 必須先開啟連線，並且溝通(negotiates)設定的選項(例如：認證、壓縮...)。這個階段必須完全成功，才會有後續的階段。當接收端的路由器送出一個「設定確認」的訊框回到來源路由器時，這個階段就完成。

(2) **鏈路品質(quality)的確定 (選擇性)** 。LCP 會測試鏈路，以決定這條鏈路是否足夠撐起(bring up)網路層的協定。

(3) **網路層協定的溝通**。第二階段確定後，適當的 NCP 家族成員就可以分別設定各個網路層的協定，且可以在任何時間開始與結束。

當鏈路被初始化後，LCP 會把控制權交給適當的 NCP 。因為 NCP 是模組化模型設計，所以可以同時攜帶兩個以上的第三層協定，且 NCP 與 LCP 使用的封包格式都相同。當 NCP 成功的設定網路層協定之後，對應的網路層協定就會處於開啓 (Open) 的狀態。下面以 IPCP 為例，IP 是最常用的網路層協定，當 LCP 建立鏈路之後，在鏈路兩端的路由器會先交換設定、啓用對應 IP 的 IPCP 模組。IPCP 的主要溝通項目有壓縮及 IP 位址。當 NCP 的處理程序完成，鏈路就進入了開啓狀態。

在前面介紹過 LCP 選項，PPP 包括了下面的這些 LCP 選項：

- **認證(Authentication)**：路由器間交換認證的訊息，認證的方式有兩種，分別是 Password Authentication Protocol (PAP) 及 Challenge Handshake Authentication Protocol (CHAP)。稍後會介紹認證的過程與設定方法。

- **壓縮(Compression)**：藉由壓縮資料的方式來減少傳輸資料量，這等於提升了流通量。在來源端壓縮的資料，會在目的地端將資料進行解壓縮。在思科路由器上可以使用的兩個壓縮協定分別是 Stacker 及 Predictor。

- **錯誤檢查(Error detection)**：能夠識別錯誤的狀況，可以確認是否為一條可靠、無迴圈的鏈路。

- **多鏈路(Multilink)**：多鏈路 PPP 又稱為 MP、 MPPP、MLP，是結合兩條以上的通道，把流量分散到多個實體鏈路上，以增加廣域網路的頻寬，並且使 PPP 的路由器介面能夠提供負載平衡。

- **回撥(Callback)**：PPP 的 LCP 提供了回撥的機制，思科的路由器可以扮演客戶端或伺服器端的角色。客戶端先建立一個呼叫，伺服器端會結束這個呼叫，並且執行回撥客戶端的動作。這個功能是為了安全性的需要。

PPP 設定

PPP 可以依據廣域網路的需求進行設定，要設定 PPP 首先要進入介面設定模式，下面的例子是在一個序列介面 0/0/0 啟動 PPP 的命令：

```
Router#configure terminal
Router (config)#interface serial 0/0/0
Router (config-if)#encapsulation ppp
```

有關認證的設定較複雜，稍後敘述。傳輸的資料如果已經是壓縮檔 (例如：.zip 、.tar 或 .mpeg) ，就不需要再設定資料壓縮的功能，下面是設定壓縮功能的命令：

```
Router (config)#interface serial 0/0/0
Router (config-if)#encapsulation ppp
Router (config-if)#compress [predictor | stac]
```

多鏈路的設定則如下所示：

```
Router(config)#interface serial 0/0/0
Router(config-if)#encapsulation ppp
Router(config-if)#ppp multilink
```

有關鏈路品質監督 (LQM) 的命令如下所示：

```
Router (config)#interface serial 0/0/0
Router (config-if)#encapsulation ppp
Router (config-if)#ppp quality 90
```

命令最後的 90 代表 90%。當目的地端點收到的封包數量與發送端送出的封包數量之比值掉到 90% 以下時，代表這條鏈路不符合期望的品質，於是這條序列線路將會關閉。實際上要關閉前會有一段延遲時間，在時間內若比值又回到 90% 以上就不關閉，這樣線路才不會因為比值正好在臨界值而開開關關。使用 no ppp quality 命令就可停止鏈路品質監督。

如果要核對 PPP 封裝的設定，可以使用 show interfaces serial 命令，命令的部分輸出如下所示：

```
R1#show interface serial 0/0/0
Seruak0/0/0 is up, line protocol is up
  Bandware is GT96K Serial
  MTU 1500 bytes, BM 128 Kbit, DLY 20000 used,
    reliability 255/255, txload 1/255, rxload 1/255
  Encapsulation PPP, LCP Open
```

🌙 圖 8-22

　　如果介面沒有設定封裝型態，show interfaces serial 命令顯示的是 "encapsulation HDLC"。如果設定了 PPP，顯示的是 "encapsulation PPP"。這時可以順便檢查 LCP 與 NCP 的狀態，上圖中可以看到 LCP 已經開啓。

PPP 認證

　　PPP 包含了兩種認證方式 PAP 及 CHAP。PAP 使用非常簡單的兩路 (two-way) 認證程序，在傳送使用者名稱與密碼時是以未加密的明文 (plain text) 傳送，如果密碼被接受，接下來的 PPP 連線才會被允許。CHAP 比 PAP 更安全，它是三路 (three-way) 認證交換程序。PPP 的認證發生在 LCP 建立鏈路之後及網路層設定之前，下面即分別說明 PAP 與 CHAP 的原理與設定：

➭ PAP 認證

　　PAP 是一種不會互動的認證程序，如下圖 8-23 所示，當 ppp authentication pap 命令被使用，且 PPP 完成了鏈路的建立後，使用者名稱及密碼會被包裝成 LCP 封包送出，而送出的路由器會進入等待回應的狀態。

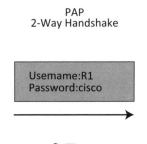

🌙 圖 8-23

在接收端的路由器收到使用者名稱及密碼後，會與路由器本身建立的資料進行比對，並且依據比對的結果，傳回接受或拒絕的訊息給發送需求的路由器，如圖 8-24 所示：

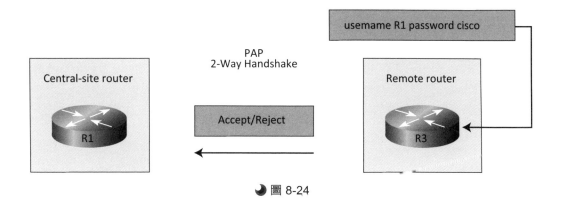

usemame R1 password cisco

PAP
2-Way Handshake

Central-site router

Remote router

R1

Accept/Reject

R3

🌙 圖 8-24

PAP 不是一個很好的認證協定，因為它沒有辦法阻止 playback (回播) 攻擊或重複的 trial-and-error 攻擊。但是如果遇到不支援 CHAP 的設備或是 CHAP 認證不相容時，仍可以使用 PAP 認證。

⇨ CHAP 認證

PAP 在認證成功後，就不會再繼續做認證的動作，這成了它的弱點。CHAP 會週期性的確認遠端路由器，看看遠端路由器是否仍擁有合法的密碼。因為當鏈路仍然存在的情況下，密碼是無法預期什麼時候會變動或更改的。

當 ppp authentication chap 命令被使用，且 PPP 完成了鏈路的建立後，來源路由器會送出一個需求 (challenge) 的訊息給遠端的路由器，如圖 8-25 所示：

圖 8-25

遠端的路由器會將包含了使用者名稱及密碼的訊息以 MD5 加密，並送回給來源路由器。如下圖 8-26 所示：

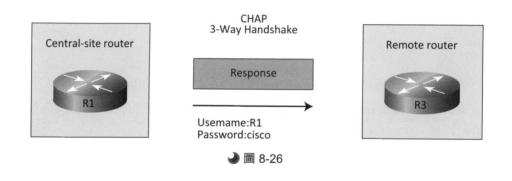

圖 8-26

發送需求的路由器會將收到的回應資料與本地資料庫中的資料進行比對，如果搜尋到符合的名稱與密碼，這路由器就會回應一個接受，否則就回應一個拒絕以結束這個連線。如下圖 8-27 所示。

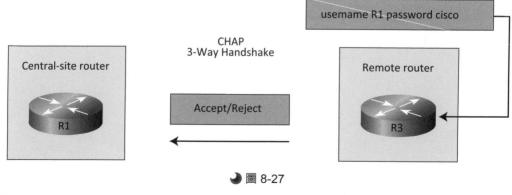

圖 8-27

因為 CHAP 在每次發出需求時，都包含了一個變動的需求數值 (challenge value)，這是唯一且無法預期的數字，可以保護 CHAP 免於被 playback 攻擊。

➪ PPP 認證命令

PAP 認證會由遠端的路由器送出帳號與密碼，然後和資料庫裡的帳號與密碼進行比對，這裡的帳號及密碼除了可以在路由器中建立外，也可以與 TACACS 的資料庫進行比對。CHAP 也是可以透過 TACACS 的資料庫中進行比對。

> AAA/TACACS 是用來認證使用者的獨立伺服器，AAA 就是 " 認證 (authentication)、授權 (authorization) 及記帳 (accounting)"。TACACS 的客戶端會送出一個查詢給 TACACS 認證伺服器，這個伺服器可以認證使用者、授權使用者可以做甚麼及追蹤使用者做了甚麼。

在設定認證方式時，可以同時啟動 PAP 或 CHAP 兩種認證方法，如果兩種方法都啟動了，一定會有一個放在前面一個放在後面，放在前面的第一種方法就會先被使用。如果認證的另一端建議使用第二種方法或是拒絕第一種方法，那麼第二種方法就會被使用。PAP 的使用者名稱與密碼以明文送出，容易被攔截及再利用，CHAP 已經消除了絕大多數已知的安全漏洞，因此最好使用 CHAP。PPP 認證的命令語法如下所示：

```
ppp authentication {chap | chap pap | pap chap | pap }
```

圖 8-28 就是設定 PAP 的範例：

```
hostname R1
username R2 password cisco
interface  serial 0/0/0
ip address 192.168.1.1 255.255.255.252
encapsulation  PPP
ppp authentication  PAP
ppp pap sent-username R1 password cisco

hostname R2
username R1 password cisco
interface  serial 0/0/0
ip address 192.168.1.2 255.255.255.252
encapsulation  PPP
ppp authentication  PAP
ppp pap sent-username R3 password cisco
```

🌙 圖 8-28

　　PAP 的兩台路由器都會主動送出認證與被認證，所以 PAP 的認證設定感覺像是鏡射。R1 的 ppp pap 命令會送出使用者名稱與密碼給 R3，R3 會比對資料庫，依據 R3 第二行的資料，比對會符合。R3 的 ppp pap 命令會送出使用者名稱與密碼給 R1，R1 也會比對資料庫，依據 R1 第二行的資料，比對會符合。

　　圖 8-29 就是設定 CHAP 的範例：

```
hostname R1
username R2 password cisco
int serial 0/0/0
ip address 192.168.1.1 255.255.255.252
encapsulation PPP
ppp authentication CHAP

hostname R2
username R1 password cisco
int serial 0/0/0
ip address 192.168.1.2 255.255.255.252
encapsulation PPP
ppp authentication CHAP
```

🌙 圖 8-29

　　在上面的 CHAP 設定中，R1 的主機名稱 (hostname) 必須與另一台路由器上的使用者名稱 (username) 相符，而兩台路由器的密碼也必須要相同。

PPP 除錯

　　debug 命令可以將 PPP 所有運作及溝通訊息都顯示出來，當然也包括了錯誤訊息，但是因為 debug 非常消耗路由器的資源，所以只能短暫的使用，不可以當作長期的診斷工具。下面是幾個 debug ppp 參數的說明：

⇨ debug ppp authentication

　　如果要檢驗認證的過程，可以使用 debug ppp authentication 命令，下面圖 8-30 即顯示此命令的輸出：

```
R1# debug ppp authentication

Serial0; Unable to authenticate. NO name received from peer
Serial0; Unable to validate CHAP response. USERNAME pioneer not found.
Serial0; Unable to validate CHAP response. No password defined for USERNAME pioneer
Serial0; Failed CHAP authentication with remote.
Remote message is Unknown name
Serial0; remote passed CHAP authentication.
Serial0; Passed CHAP authentication with remote.
Serial0; CHAP input code = 4 id = 3 len = 48
```

🌙 圖 8-30

　　在輸出的第一行顯示了這個路由器無法在介面 Serial0 上進行認證，因為對方沒有送出名稱。在輸出的第二行顯示了路由器無法驗證 CHAP 的回應，因為找不到使用者名稱 'pioneer'。輸出的第三行顯示了沒有發現使用者 'pioneer' 的密碼，在這行也可能會出現：沒有接收到認證的名稱、未知的名稱或 MD5 比對失敗。

　　在最後一行，code = 4 這個代碼表示這次的認證失敗，各個代碼及代表的意義分別如下：

Code=1 需求(Challenge)

Code=2 回應(Response)

Code=3 成功(Success)

Code=4 失敗(Failure)

⇨ **debug ppp negotiation**

下圖是 debug ppp negotiation 的輸出畫面：

```
R1# debug ppp negotiation

ppp; sending CONFREQ, type = 4 (CI_QUALITYTYPE), value = c025/3E8
ppp; sending CONFREQ, type = 5 (CI_MAGICNUMBER), value = 3D56CAC
ppp; received config for type = 4 (QUALITYTYPE) acked
ppp; received config for type = 5 (MAGICNUMBER) value = 3D567F8 acded(ok)
ppp Serial2; state = ACKSENT fsm_rconfack(c021); tcvd id 5
ppp; config ACK received, type = 4 (CI_QUALITYTYPE), value = C025
ppp; config ACK received, type = 5 (CI_MAGICNUMBER), value = 2D56CAC
PPP; ipcp_reqci; returning CONFACK,
(ok)
```

🌙 圖 8-31

輸出中最前面的兩行是：

```
ppp: sending CONFREQ, type = 4 (CI_QUALITYTYPE), value = C025/3E8
ppp: sending CONFREQ, type = 5 (CI_MAGICNUMBER), value = 3D56CAC
```

這輸出顯示了路由器正試著讓 PPP 的 LCP 運作起來，所以送出了需求選項的訊息。輸出第二行的 3D56CAC 是路由器的魔術數字。接下來的兩行是：

```
ppp: received config for type = 4 (QUALITYTYPE) acked
ppp: received config for type = 5 (MAGICNUMBER) value = 3D567F8 acked
(ok)
```

　　這顯示另一端收到了需求選項的訊息，正在進行確認溝通。如果對方不支援此需求選項，則會送回 CONFREJ，如果對方不接受此選項，則會送回 CONFNAK。接下來的三行是：

```
PPP Serial2: state = ACKSENT fsm_rconfack(C021): rcvd id 5
ppp: config ACK received, type = 4 (CI_QUALITYTYPE), value = C025
ppp: config ACK received, type = 5 (CI_MAGICNUMBER), value = 3D56CAC
```

　　這三行顯示路由器從對方收到 CONFACK，代表對方接受此需求選項。接下來這行是：

```
ppp: ipcp_reqci: returning CONFACK
 (ok)
```

　　輸出中顯示 LCP 的溝通協調已經完成，並且同意了使用中的 IPCP 已經溝通成功。

評量測驗

（　）1.　序列介面上可以設定哪些封裝方式？

    (1) 乙太網路。

    (2) Token Ring。

    (3) HDLC。

    (4) PPP。

    (5) 訊框中繼。

（　）2.　廣域網路屬於 OSI 模型的哪兩層？

    (1) 實體層。

    (2) 資料鏈結層。

    (3) 網路層。

    (4) 傳輸層。

    (5) 展現層。

    (6) 應用層。

（　）3.　為何在長距離傳輸時，不適合使用並列傳輸？

    (1) 因為並列傳輸的線路施工不易。

    (2) 因為並列傳輸不支援負載平衡。

    (3) 因為並列傳輸不支援錯誤檢查。

    (4) 因為並列傳輸容易有時脈偏差及串音的問題。

（　）4.　下列關於 HDLC 封裝的說法中哪些正確？

    (1) HDLC 支援 CDP。

    (2) HDLC 支援 PAP 和 CHAP 認證。

(3) HDLC 是思科專屬的技術。

(4) HDLC 是思科路由器上序列介面預設的封裝方法。

(5) HDLC 使用訊框分隔符號來標示訊框的起始及結束

(6) HDLC 與 PPP 相容。

(　) 5.　廣域網路中的時脈速率應該由哪個設備提供？

(1) 另一端的路由器。

(2) 訊框中繼交換器。

(3) ISDN 交換器。

(4) CSU/DSU。

(　) 6.　下面有關 LCP 的敘述，哪些是對的？

(1) LCP 負責協商建立鏈路。

(2) LCP 會在閒置計時器到期時切斷鏈路。

(3) LCP 能依據鏈路品質決定是否繼續開啟該鏈路。

(4) LCP 會協商預備使用哪一個第三層協定。

(5) LCP 能依據鏈路品質，動態調整視窗大小。

(　) 7.　LCP 可協商哪些選項？

(1) 鏈路品質。

(2) 認證。

(3) 動態流量控制。

(4) 多鏈路。

(5) 壓縮。

(6) IP 的網路層位址。

(7) 回撥。

( )8. PPP的哪個選項可以建立路由器介面間的負載平衡？

(1) 鏈路品質。

(2) 認證。

(3) 多鏈路。

(4) 壓縮。

(5) 回撥。

( )9. 網路控制協定(Network Control Protocols)有什麼功能？

(1) 能提供錯誤偵測。

(2) 能提供認證功能。

(3) 能測試鏈路品質。

(4) 允許多種第三層協定在同一鏈路上運作。

(5) 能建立和終止資料鏈結。

( )10. 依據圖中的資訊，這個介面共建立了多少個 NCP？

```
Serial0/0 is up, line protocol is up
  Hardware is HD64570
  Internet address is 10.140.1.2/24
MTU 1500 bytes, BW 1544 Kbit, DLY 20000 usec, rely 255/255, load 1/255
Encapsulation PPP, lookback not set, keepalive set(10 sec)
LCP Open
Open: IPCP, CDPCP
38097 packets output, 2135697 bytes, 0 underruns
```

(1) 1個。

(2) 2個。

(3) 3個。

(4) 4個。

( ) 11. 依據圖中所示，有關 PPP 的敘述哪些是正確的？

```
Serial0/0 is up, line protocol is up
  Hardware is HD64570
  Internet address is 10.140.1.2/24
 MTU 1500 bytes, BW 1544 Kbit, DLY 20000 usec, rely 255/255, load 1/255
 Encapsulation PPP, lookback not set, keepalive set(10 sec)
 LCP Open
 Open: IPCP, CDPCP
 38097 packets output, 2135697 bytes, 0 underruns
```

(1) 第一層目前沒有運作。

(2) 第二層目前沒有運作。

(3) NCP 的運作尚未完成。

(4) 正在進行 IPCP 及 CDPCP 的協商作業。

(5) 鏈路建立階段已經完成。

(6) 網路層協商階段已經完成。

( ) 12. 下面是 debug ppp negotiiation 的部份輸出，選項中哪些敘述是正確的？

ppp: ipcp_reqci: returning CONFACK

(1) 路由器正在協商 IP 參數。

(2) 路由器已同意 IP 參數。

(3) 路由器 LCP 的協商已經成功。

(4) 路由器已同意 IP 位址。

(5) 路由器正在進行 LCP 協商。

( ) 13. 何種認證協定可能被重現攻擊(PlayBack)所欺騙？

(1) LCP

(2) NCP

(3) CHAP

(4) PAP

(5) MD5

(6) RC4

( ) 14. 下列哪些選項正確的描述了 PAP 或 CHAP？

(1) PAP 是以明文傳送密碼。

(2) CHAP 使用 MD5 加密。

(3) CHAP 會重複詢問並進行檢驗。

(4) PAP 使用三路握手建立鏈路。

(5) PAP 可防護反覆的 trial and error 攻擊。

(6) CHAP 通過兩路握手建立鏈路。

( ) 15. 與 HDLC 相比較，PPP 的優點是什麼？

(1) 設定簡單。

(2) 效能較佳。

(3) 支援認證。

(4) 與思科設備相容性更好。

( ) 16. R1 路由器進行了以下的設定。另一台與之相連的 R2 路由器必須進行哪個設定才能與 R1 通訊？

```
R1(config)# username R2 password cisco
R1(config)#interface Serial 0/0/0
R1(config-if)# clockrate 64000
R1(config-if)#encapsulation ppp
R1(config-if)# ip address 192.168.1.1 255.255.255.0
R1(config-if)# ppp authentication chap
```

(1) Router(config)# username R1 password cisco

Router(config)#interface Serial 0/0/0

Router(config-if)# clockrate 64000

Router(config-if)#encapsulation ppp

Router(config-if)# ip address 192.168.1.1 255.255.255.0

Router(config-if)# ppp authentication chap

(2) Router(config)# username R1 password cisco

Router(config)# interface Serial 0/0/0

Router(config-if)# encapsulation ppp

Router(config-if)# ip address 192.168.2.1 255.255.255.0

Router(config-if)# ppp authentication chap

(3) Router(config)#hostname R2

R2(config)# username R1 password cisco

R2(config)#interface Serial 0/0/0

R2(config-if)#encapsulation ppp

R2(config-if)#ip address 192.168.1.2 255.255.255.0

R2(config-if)#ppp authentication chap

(4) Router(config)#hostname R2

R2(config)# username R1 password cisco

R2(config)#interface Serial 0/0/0

R2(config-if)#encapsulation ppp

R2(config-if)#ip address 192.168.2.1 255.255.255.0

R2(config-if)#ppp authentication chap

( ) 17. 類比 PSTN 廣域網路連線有哪些優點？

(1) 速度快。

(2) 成本低。

(3) 可用性高。

(4) 支援語音和視頻。

( ) 18. 哪種裝置可用來建立用戶端設備及本地迴路間的鏈路？

    (1) 訊框中繼交換器。

    (2) ISDN 交換器。

    (3) CSU/DSU。

    (4) 數據機。

( ) 19. 下列哪個設備會向用戶迴路發送資料與時脈？

    (1) DLCI。

    (2) DTE。

    (3) DCE。

    (4) BRI。

    (5) PRI。

( ) 20. 下列哪些屬於資料通訊裝備(DCE)？

    (1) 乙太網路交換器。

    (2) 數據機。

    (3) 路由器。

    (4) 訊框中繼交換器。

    (5) CSU/DSU。

    (6) ISDN 交換器。

( ) 21. 封包交換的優點為何？

    (1) 封包交換網路通常有較低的延遲(Latency)。

    (2) 封包交換網路較不易受抖動(jitter)影響。

    (3) 封包交換網路能有效地利用網路內的多台路由器。

    (4) 封包交換網路不需要固定的永久連線。

09

訊框中繼

CCNA

訊框中繼 (Frame Relay) 是從 X.25 演進而來的，是一個廉價且具有彈性的廣域網路技術，雖然訊框中繼價格便宜，但是卻可以比專線提供較高的頻寬及更佳的可靠度，尤其是當企業有多個分支辦公室時，更適合使用訊框中繼。如果使用專線，總公司必須依據每個分公司的頻寬需求，在每一個分公司建立不同頻寬的專線。專線在頻寬上缺乏彈性，而總公司為了與分公司連接，設備必須提供多個介面，再加上每條專線的租金，總成本就會變的非常驚人。

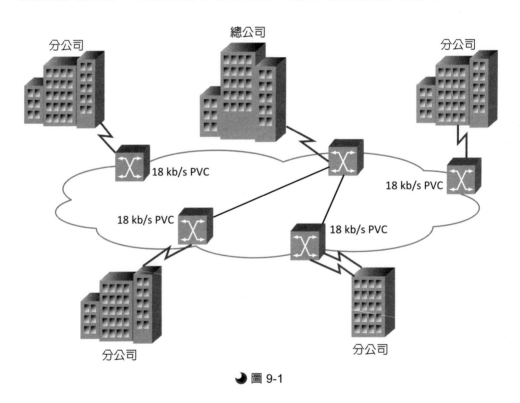

🌙 圖 9-1

　　如上圖 9-1 所示，訊框中繼的網路使用 PVC (Permanent Virtual Circuits)，PVC 線路是一條在訊框中繼上從來源到目的地的邏輯路徑。使用專線時，用戶必須要付實體線路的費用，網路線路的成本非常高，而且距離越長成本越高。但是在訊框中繼中，用戶只需要負擔「本地迴路」與「頻寬」的費用即可，與目的地距離的遠近無關。此外，網路服務提供者可以將一條線路同時提供給許多的用戶，相對的設備及維護費用都較少。

　　訊框中繼電路的初期建置成本比 ISDN 略高，但是每月的線路費用比較低，且訊框中繼更易於設定與管理。ISDN 依據使用時數收費，當使用量高或 24 小時都連線，將造成費用爆增，訊框中繼則不會有這種預期之外的費用。

　　訊框中繼比 X.25 消耗的資源 (overhead) 更少，因為它提供較少的能力，例如：訊框中繼不會進行錯誤校正 (error correction)，當偵測到錯誤發生時，直接將封包丟棄，此外，也不會進行通知來源的動作。

　　訊框中繼的用戶透過本地迴路連上訊框中繼的雲端，雲端的互連線路也許很複雜，但是那不重要，因此以雲端的符號來代表訊框中繼網路。訊框中繼的每一個端點連線都有一個數字可以用來識別，稱為 DLCI (Data Link Connection Identifier)，就像乙太網路的 MAC 一樣，依據線路的 DLCI 號碼就可以明確的找出站點的位址。

　　當使用訊框中繼時，客戶端的 DTE 裝置通常是路由器，它必須被設定成支援訊框中繼，客戶端路由器上的一條序列連線 (例如：T1/E1) 連接到附近 POP 的訊框中繼交換器上，訊框中繼交換器是一個 DCE 裝置。服務提供者會將所有的訊框中繼交換器互連，如下圖 9-2 所示：

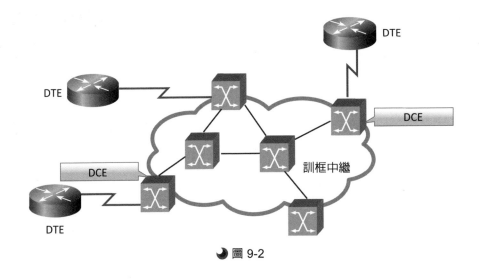

DTE

DTE

DCE

DCE

DTE

訊框中繼

◗ 圖 9-2

訊框中繼拓樸

在連接兩個以上的站點時，必須要考慮連接的拓樸是哪一種。訊框中繼可以是以下三種拓樸之一：星狀、全網狀或部分網狀。

➪ 星狀拓樸（集中星狀）

如圖 9-3 所示，拓樸中五個路由器的連接就是一個星狀拓樸，這五個路由器都透過一條實體線路連接到框架中繼的雲端，每條實體線路可能會有多個虛擬連線，因此每個實體連線上可能會分配一個或多個 DLCI 編號。由於訊框中繼的轉送成本與距離無關，因此邏輯上的網路樞紐不一定是實體上的網路中心。

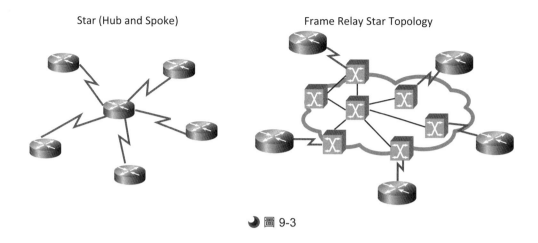

Star (Hub and Spoke)　　　　Frame Relay Star Topology

🌙 圖 9-3

➡ 全網狀拓樸

　　在全網狀拓樸中，每個路由器都連接到其它的路由器。如果全網狀拓樸使用專線連接，會需要非常多的序列介面和線路，這將導致成本增加。但是在訊框中繼中使用全網狀拓樸時，只需在現有的鏈路上進行虛擬電路的設定即可，如圖 9-4 右邊。在訊框中繼上從星狀拓樸轉變為全網狀拓樸不需要增加硬體或專用線路，所以節省了成本。

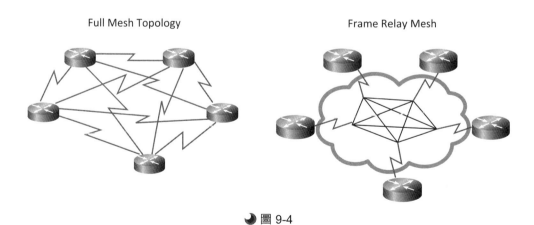

Full Mesh Topology　　　　　　Frame Relay Mesh

🌙 圖 9-4

➡ 部分網狀拓樸

　　每條實體鏈路所支援的虛擬電路數量上限值約為 1000，而實際的數量會更少。因此，在大型網路中使用全網狀拓樸將是一個問題。通常在大型網路中會使用部分網狀拓樸。使用部分網狀拓樸時，所需的連接比星狀拓樸多，但比全網狀拓樸少。

虛擬線路

　　經過訊框中繼網路且在兩個 DTE 之間的連線稱為虛擬線路 (Virtual Circuit，VC)，在端點之間事實上沒有實質的專屬電路連接，這連接是邏輯性的。所以使用者可以分享頻寬，也就是每個站點可以同時與多個其他站點進行通訊。前面章節敘述過，建立虛擬線路的方式有兩種，一種是 SVC，另一種是 PVC。

　　在下圖 9-5 中，有一條虛擬線路在 DLCI 102 路由器與 DLCI 201 路由器之間。每個訊框中繼交換器會將輸入 Port 與輸出 Port 的對應都記錄於記憶體中，將各個交換器的對應記錄組合起來就是虛擬線路，依據圖 9-5 的對應記錄，此訊框中繼雲端的虛擬線路路徑為 A (102 到 432) - B (432 到 119) - C(119 到 579) - D(579 到 201)。一條虛擬線路可以通過訊框中繼網路中任意數量的中間裝置 (交換器)。

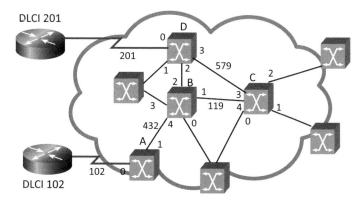

Leg	VC	Port	VC	Port
A	102	0	432	1
B	432	4	119	1
C	119	4	579	3
D	579	3	201	0

🌙 圖 9-5

　　DLCI 值通常由框架轉送服務提供者（例如：電話公司）分配，而 DLCI 只有在本地有意義，也就是說這些 DLCI 數字在訊框中繼的廣域網路中並不是唯一的，在其他的端點上也可以使用相同的 DLCI 號碼。DLCI 標識的是通往端點處設備的虛擬電路。虛擬電路兩個端點所連接的設備，也可以使用不同的 DLCI 數值。因為同一 DLCI 號碼可用於不同的位置，所以 DLCI 號碼不會因為網路的發展而導致用盡。

　　DLCI 的 0-15 及 1008-1023 這兩個範圍的號碼留作特殊用途，服務提供者實際分配的 DLCI 號碼範圍通常為 16 到 1007。

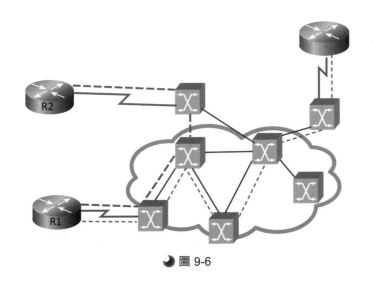

🌙 圖 9-6

　　框架中繼的線路每次只傳輸一個資料訊框，但在同一實體線路上允許同時
存在多個邏輯連接。負責轉送框架的路由器可能會通過多條虛擬電路連接到各
個端點。同一實體線路上可以有多條的虛擬電路，而每條虛擬電路都可以有各
自的 DLCI。圖 9-6 中顯示的是一條實體線路上有兩條虛擬電路，每條虛擬電路
都有自己的 DLCI，但是使用的是路由器 R1 的同一個實體介面。兩條虛擬線路
的另一端分別是 R2 及 R6。這種做法減少了設備介面的需求數量，使用訊框中
繼，每個端點只需一個介面和一條連接的線路。

訊框中繼封裝

　　訊框中繼收到網路層協定（例如：IP）發送來的資料封包後，會將其封裝
到訊框的「資料」這個欄位，接著在資料封包中封裝上位址欄位，位址欄位包
含了 DLCI。訊框中繼的訊框欄位中，旗標 (Flag) 欄位是用來表示訊框的開頭
和結尾，所有的旗標欄位都是相同的，是二進位數字 01111110。發送端節點在
傳輸之前會先計算 FCS，並將計算結果插入到訊框的 FCS 欄位中。目的地端將
會再次計算 FCS 值，並與收到的訊框之 FCS 進行比對，如果結果相同，該訊框

就會繼續處理。如果不同，則丟棄該訊框。丟棄訊框時，訊框中繼不會通知來源節點，錯誤控制是留給 OSI 模型的上一層處理。

在封裝好封包之後，訊框中繼就會將訊框傳遞到實體層以進行傳輸，實體層通常是 EIA/TIA-232、449、V.35。

FECN、BECN 和 DE 是位址欄位的最後三個欄位，用於壅塞控制，將在稍後介紹。

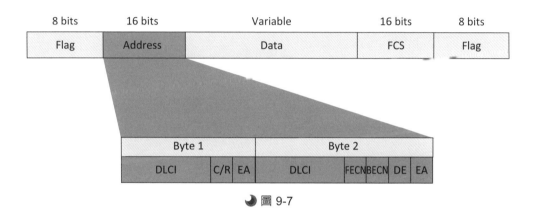

🌙 圖 9-7

水平分割的問題

網路上複製的廣播封包會佔用頻寬，用戶的流量可能因為廣播的流量造成延遲。例行性流量（例如：路徑更新）也會影響到重要資料的傳送，尤其當傳輸路徑是低頻寬 (例如：56 kb/s) 鏈路時，這種影響尤其明顯。預設情況下，訊框中繼提供了無廣播多方存取 (NBMA) 的網路，NBMA 通常是使用集中星狀拓樸。

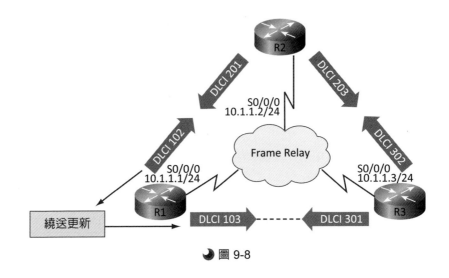

🌙 圖 9-8

　　上圖 9-8 中，路由器 R1 在一個實體介面上提供多條永久虛擬電路。假設現在所有路由器上都設定了繞送協定，則每台路由器都會進行路徑更新。

　　在繞送協定 RIP 中曾經討論過水平分割的問題，水平分割原則是防止網路中出現路徑迴圈的技術，此原則禁止介面上接收的繞送更新又從該介面轉發出去。在上圖 9-8 中，R1 因為在同一個實體介面上有多條虛擬電路，假設現在 R2 送來了一個更新，R1 必須要將這個更新送給 R3 ，但是水平分割原則會禁止 R1 將這個更新透過相同的實體介面送出，於是繞送更新發生問題。

　　解決水平分割問題有幾種可能方案，首先停止水平分割似乎是個最簡單的解決方案，但是只有 IP 允許停止水準分割原則，IPX 和 AppleTalk 都不支援停止水準分割的功能。而且停止水平分割原則將會增加發生迴圈的機率，因此，停止使用水平分割只對有一條虛擬電路的實體介面有用。另一個方案是使用全網狀拓樸，然而這種方案的成本很高，因為需要非常多的永久虛擬電路。最後一個比較好的解決方案就是使用子介面。

　　訊框中繼可以將一個實體介面分割為多個被稱為子介面的虛擬介面。子介面是個邏輯介面，但是一個子介面的運作就類似一個獨立的實體介面一樣。因此，可以為每條永久虛擬電路都配置一個子介面。

　　訊框中繼的子介面還可以設定成「點到點」或「多點」模式，下面分別敘述之：

- **點到點(point-to-point)**：一個點到點子介面可建立一條永久虛擬電路，電路的另一端可以連到遠端路由器上的其它實體介面或子介面。在這種模式下，路由器兩端的介面與點到點線路都位於自己獨立的子網路 (subnet) 上，且每個點到點子介面都允許有一個獨立的 DLCI 號碼。在點到點的環境中，每個子介面的運作與真正的實體點到點介面非常類似。因為每條點到點的虛擬電路都是一個獨立的子網路，所以對於設定成點到點的子介面不會遵循水平分割原則。

- **多點(multipoint)**：一個多點子介面可以建立多個永久虛擬電路，以連接到遠端多個路由器上的實體介面或多個子介面上。所有參與連接的介面都位於同一子網路中(同網段可節省 IP)。其子介面的工作性質與 NBMA 訊框中繼的實體介面類似，因此在這個子介面上的遶送更新流量必須要遵循水平分割原則。

　　在水平分割遶送環境中，可將某個子介面上接收的路徑更新從另一個子介面發送出去。在子介面的設定當中，可將每條虛擬電路的兩端設定成點到點子介面，這樣就可以讓每個子介面充當一條專線。

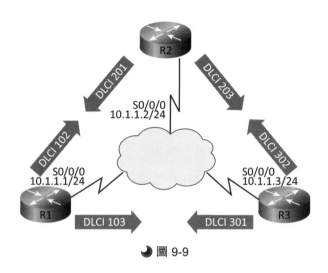

🌙 圖 9-9

上圖 9-9 顯示了訊框中繼的拓樸，下面是主要的設定步驟：

步驟 1. 設定介面的 IP 位址

在思科路由器的介面上，使用 ip address 命令設定介面的 IP 位址，圖中 R1 的 S0/0/0 已被指定為 10.1.1.1/24，R2 的的 S0/0/0 已被指定為 10.1.1.2/24，R3 的 S0/0/0 已被指定為 10.1.1.3/24。由設定的 IP 可知，這三個介面屬於同網段，不需要設定繞送協定。

步驟 2. 設定封裝

encapsulation frame-relay 命令可以讓介面去處理訊框中繼的轉送。如果要設定子介面，encapsulation frame-relay 命令仍然是設定在實體介面上，但是其它的設定項目（例如：IP 位址和 DLCI）則必須設定於子介面之上。這裡有兩種封裝選項可供選擇，後面會介紹這兩種選項。

步驟 3. 設定頻寬

使用 bandwidth 命令來設定序列介面的頻寬，以 kb/s 為單位。在 EIGRP 和 OSPF 遶送協定中較常使用，因為其權值需要使用頻寬來計算。

步驟 4. 設定 LMI 類型（選擇性）

思科路由器支援三種 LMI 類型，稍後敘述。

圖 9-9 三台路由器的基本設定參考如下：

```
R1#conf t
R1(config)#interface serial 0/0/0
R1(config-if)#ip address 10.1.1.1 255.255.255.0
R1(config-if)#encapsulation frame-relay
R1(config-if)#bandwidth 64
R1(config-if)#^Z

R2#conf t
R2(config)#interface serial 0/0/0
R2(config-if)#ip address 10.1.1.2 255.255.255.0
R2(config-if)#encapsulation frame-relay
R2(config-if)#bandwidth 64
R2(config-if)#^Z

R3#conf t
R3(config)#interface serial 0/0/0
R3(config-if)#ip address 10.1.1.3 255.255.255.0
R3(config-if)#encapsulation frame-relay
R3(config-if)#bandwidth 64
R3(config-if)#^Z
```

思科路由器上序列介面的預設封裝類型是思科專用的 HDLC。要將封裝從 HDLC 更改為訊框中繼，要使用 encapsulation frame-relay [cisco | ietf] 命令。no encapsulation frame-relay 命令可以刪除介面上的訊框中繼封裝，並將介面恢復為預設的 HDLC 封裝。如果連接的不是思科路由器，則必須使用 IETF 參數。

訊框中繼位址對應

　　思科路由器如果要在訊框中繼上傳輸資料，必須要先知道本地的 DLCI 及對應到遠端目的地的第三層 (IP、IPX 或 AppleTalk) 位址。這種 DLCI 與第三層位址的對應可通過靜態對應或動態對應來完成。

　　位址解析通訊協定 (ARP) 是在已知 IP 位址時，去獲取 MAC 位址以進行對應。訊框中繼使用了逆向位址解析通訊協定 (Inverse ARP)，能在已知第二層位址（DLCI）後，獲取其它站點的第三層位址。逆向位址解析通訊協定主要用於訊框中繼及 ATM 網路。動態位址對應就是依靠逆向 ARP 將下一跳的位址解析出來，思科路由器在永久虛擬電路上，預設都會啓用與發送逆向 ARP 請求。

　　靜態對應就是以手動設定的方式進行對應。使用者可以使用手動設定，將下一跳的位址對應到本地 DLCI，也就是使用靜態對應來替代動態對應 (逆向 ARP)，但是不能對同一個 DLCI 同時使用逆向 ARP (動態對應) 及 map 命令 (靜態對應)。

　　如果訊框中繼網路另一端的路由器不支援逆向 ARP，此時就應該使用靜態對應。靜態對應的另一個應用是在星狀網路上，在星狀網路的路由器上使用靜態對應，可以提供星節點到星節點的連通性。由於各個星節點上的路由器之間並沒有直接相連，因此動態逆向 ARP 在這裡不起作用。動態逆向 ARP 要求兩個端點之間必須存在直接的點到點連接。靜態對應的建立應根據網路需求而定。使用的命令如下：

```
frame-relay map 協定 協定位址 dlci [broadcast] [ietf] [cisco]
```

　　訊框中繼、ATM 和 X.25 都是無廣播多方存取 (NBMA) 網路。NBMA 網路只允許在虛擬電路上使用交換設備將資料從一台電腦傳輸到另一台電腦。NBMA 網路不支援多播及廣播流量，因此一個資料封包不能同時到達所有的目的地。如果在訊框中繼上使用 RIP、EIGRP 及 OSPF 這些具有廣播封包的繞送

協定，就必須要進行更多的設定才可獲得類似廣播的效果，方法就是在命令中加入 broadcast 參數。這參數將允許在永久虛擬電路上進行廣播和多播，但是實際上它是將廣播轉換爲多個單播，以便其他節點能夠獲得路徑更新的訊息。靜態位址對應的設定範例如下：

```
frame-relay map ip 10.1.1.2 102 broadcast
```

要檢驗訊框中繼的對應，可使用 show frame-relay map 命令。下圖 9-10 中顯示了 show frame-relay map 命令的輸出。圖中可以看到 Serial 0/0/0 介面處於打開的狀態，目的地 IP 位址爲 10.1.1.2。DLCI 的數值以三種方式顯示：十進位值 (102)、十六進位值 (0x66) 及其在纜線上的值 (0x1860)。顯示中可得知這是一個靜態對應，而不是動態對應，此鏈路使用思科的格式封裝，而不是 IETF 格式封裝。

```
Router#show frame-relay map
Serial0/0/0 (up) : ip 10.1.1.2 dlci 102
(0x66,0x1860),static,broadcast,
              CISCO,status defined, active
```

圖 9-10

圖 9-11 是在思科路由器上執行靜態對應的拓樸，靜態位址對應到序列介面 0/0/0 上，DLCI 102 上使用的訊框封裝格式爲 cisco。假設使用了 OSPF 協定，位址對應的命令必須加上 broadcast 參數。

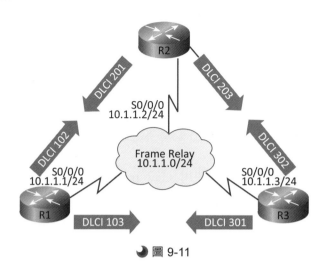

圖 9-11

圖 9-11 拓樸中 R1 的設定如下：

```
R1#conf t
R1(config)#interface serial 0/0/0
R1(config-if)#ip address 10.1.1.1 255.255.255.0
R1(config-if)#encapsulation frame-relay
R1(config-if)#no frame-relay inverse-arp
R1(config-if)#frame-relay map ip 10.1.1.2 102 broadcast
R1(config-if)#no shutdown
R1(config-if)#^Z
```

　　本地管理介面 (LMI) 是一種 keepalive（保持連接）的機制，能提供 DTE 和 DCE 之間的狀態資訊。DTE 大約每 10 秒會查詢一次網路，要求回應網路狀態的資訊。如果網路沒有回應，DTE 會認為連接已關閉。若網路回應完整的狀態，此回應中就會包含該線路的 DLCI 狀態資訊，於是 DTE 就可以使用這個資訊來判斷這條邏輯連接是否可以用來傳遞資料。

　　LMI 和封裝這兩個術語很容易混淆。LMI 定義的是 DTE (路由器) 和 DCE（服務提供者擁有的框架轉送交換器） 之間使用的訊息。而封裝定義的是 DTE 用來將資訊傳送到虛擬電路另一端的 DTE 所用的「表頭」。訊框中繼交換器及其連接的路由器都需要使用相同的 LMI 類型。而「封裝」對訊框中繼交換器來說並不重要，但對終端的路由器 (DTE) 來說卻非常重要。

LMI 有幾種類型，每一種都與其它類型不相容。路由器上配置的 LMI 類型必須與服務提供者使用的類型一致。思科路由器支援以下三種 LMI：

🌑 cisco：思科設備預設的 LMI。

🌑 ansi：對應於 ANSI 標準 T1.617 Annex D。

🌑 q933a：對應於 ITU 標準 Q933 Annex A。

思科路由器的 LMI 自動感應功能可以檢測框架中繼交換器所支援的 LMI 類型，根據收到的 LMI 狀態訊息，路由器自動使用該 LMI 類型設定其介面。如需設定 LMI 類型，可以使用 frame-relay lmi-type [cisco | ansi | q933a] 設定命令。手動設定 LMI 類型時，必須在介面上配置 keepalive 的間隔時間，以防止路由器和交換器之間的狀態交換逾時，路由器和交換器之間的 keepalive 間隔時間差距若太大，會導致交換器認為路由器已經斷開連線。

下圖 9-12 中顯示了 show frame-relay lmi 命令的輸出。輸出中顯示了介面使用的 LMI 類型和用於統計 LMI 狀態的計數器（包括 LMI 逾時之類的錯誤）。

```
Router#sh frame-relay lmi
LMI Statistics for interface Serial0/0/0 (Frame Relay DTE) LMI TYPE = CISCO
  InvalidUnnumbered info 0        Invalid Prot Disc 0
  Invalid dummy Call Ref 0        Invalid Msg Type 0
  Invalid Status Message 0        Invalid Lock Shift 0
  Invalid Information ID 0        Invalid Report IE Len 0
  Invalid Report Request 0        Invalid Keep IE Len 0
  Num Status Enq. Sent 0          Num Status msgs Rcvd 0
  Num Update Status Rcvd 0        Num Status Timeouts 16
```

🌑 圖 9-12

設定子介面

使用訊框中繼子介面可消除水平分割原則的問題。某一個子介面上接收的資料封包可轉發到另一個子介面上。要建立子介面，可使用 interface serial 命

令建立並指定埠號，後面加上點號和子介面號碼。為了方便排除故障與識別，可以使用 DLCI 號碼當作子介面號碼。此外，子介面命令上還必須指定參數 multipoint 或 point-to-point，以指出該介面是點到點介面還是多點介面，以下範例是建立一個點到點子介面，這個介面是要將 R1 上的 PVC 102 連接到 R2：

```
R1(config-if)#interface serial 0/0/0.102 point-to-point。
```

如果子介面設定為點到點介面，則該子介面還必須要設定本地的 DLCI 號碼，以界定該子介面所屬的虛擬電路。對於設定為靜態位址對應的多點子介面，則不需要設定。訊框中繼的服務提供者負責分配 DLCI 編號，編號的範圍為 16 到 992，編號範圍會隨著所用的 LMI 不同而不同。使用 frame-relay interface-dlci 命令可以在子介面上設定 DLCI 號碼，例如：

```
R1(config-subif)#frame-relay interface-dlci 102。
```

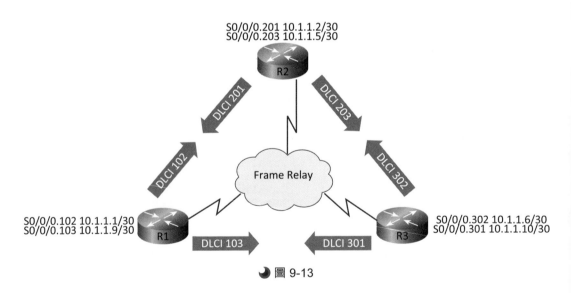

🌙 圖 9-13

上圖 9-13 拓樸中，R1 有兩個點到點子介面。其中 S0/0/0.102 子介面連接到 R2，S0/0/0.103 子介面連接到 R3，每個子介面分屬於不同的子網路。要在實體介面上設定子介面，需要執行及注意以下的步驟：

(1) 刪除該實體介面上的網路層位址。如果該實體介面設定了位址，子介面上
　　　將無法接收資料。

(2) 在實體介面上必須要設定 encapsulation frame-relay 命令。

(3) 為每一條虛擬鏈路建立一個邏輯子介面。

(4) 為該虛擬介面設定 IP 位址，每個子介面也可以設定頻寬。

(5) 在子介面上使用 frame-relay interface-dlci 命令設定 DLCI。

　　　圖 9-13 中 R1 路由器的設定如下：

```
R1#conf t
R1(config)#interface serial 0/0/0.102 point-to-point
R1(config-subif)#ip address 10.1.1.1 255.255.255.252
R1(config-subif)#frame-relay interface-dlci 102
R1(config-subif)#exit
R1(config)#interface serial 0/0/0.103 point-to-point
R1(config-subif)#ip address 10.1.1.9 255.255.255.252
R1(config-subif)#frame-relay interface-dlci 103
R1(config-subif)#exit
```

9-3　其他術語

　　　從使用者的角度來看，訊框中繼是一個實體介面與若干條的永久虛擬電
路，至於訊框中繼的內部如何轉送，設備及線路如何複雜，這都不是要考慮的
項目，使用者通常只考慮與費用相關的問題，以及如何向網路服務提供者租用
訊框中繼服務。然而，在考慮如何租用訊框中繼服務之前，需要瞭解一些關鍵
的術語和概念：

◗ **埠速度**：是 DTE 電路連接到訊框中繼網路的速率，又稱為接入速率。埠速
　　度是訊框中繼交換器能夠達到的最高速度。資料的發送速度不可能超過埠
　　速度。

承諾資訊速率 (CIR)：CIR 是指從接入電路接收到的資料量。用戶與服務提供者針對每條永久虛擬電路協商 CIR，網路服務提供者保證使用者能夠以 CIR 速率傳送資料。網路會接受所有接收速度等於或小於 CIR 的資料訊框。

突發量(Bursting)：訊框中繼網路上未使用的網路頻寬，可提供給其它使用者使用或共用，不必另外付費。這讓用戶可以免費享受超出 CIR 的「突發量」。突發量允許臨時需要更多頻寬時，免費從其它暫時不使用的設備處借用頻寬。例如：如果 PVC 102 正在傳輸一個大檔案，它可以借用 PVC 103 未使用的 16 kb/s 頻寬。設備的突發量最高可達到接入速率，突發傳輸的持續時間不宜超過三、四秒。有關突發速率的術語包括了「承諾突發資訊速率 (CBIR)」和「超額突發量大小 (BE)」。

CBIR：是經過協商的突發速率，通常會高於 CIR，使用者可以利用它來進行短時間的突發傳輸。在可用頻寬允許的情況下，CBIR 允許突發流量到更高的速度，但不得超出埠速度。如果經常需要長時間的突發量，則應租用更高的 CIR。

BE：BE 不是經過協商的，資料訊框也許能夠達到此傳輸速率，但更有可能會被丟棄。

租用訊框中繼時，需要付費的項目包括以下三項：

1. **埠速度或接入速度**：DTE 到 DCE 的費用，取決於事先協商並安裝的埠速度。

2. PVC：建立永久虛擬電路之後，若要增加 CIR ，額外帶來的費用通常不多，且 CIR 可以小幅遞增 (4 kb/s)。

3. CIR：使用者一般會選擇低於埠速度的 CIR，這樣就可以享受突發量。

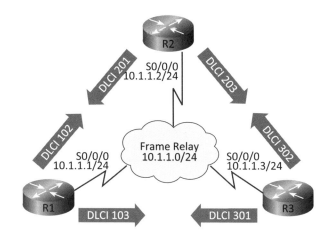

本地迴路	64 kb/s
DLCI 號碼	DLCI 102 DLCI 103
DLCI 102	32 kb/s
DLCI 103	16 kb/s
Total CIR	48 kb/s

🌙 圖 9-14

以上圖 9-14 的拓樸爲例，R1 用戶需要支付的費用如下：

1. 速率爲 64 kb/s 的接入線路(DTE 至 DCE)的費用。

2. 兩條虛擬電路，一個速率爲 32 kb/s，另一個爲 16 kb/s。

3. 整個訊框中繼網路 CIR 的速率爲 48 kb/s。這部分通常是固定收費，與距離無關。

網路服務提供者有時會超額銷售網路容量，這種超額銷售與航空公司超額銷售機票一樣，都是預期客戶使用率不高而超額銷售。由於超額銷售網路容量，因此有時多條永久虛擬電路的 CIR 總和會高於埠速率或接入速率，這會帶來流量的問題，例如：網路壅塞或丟棄流量。

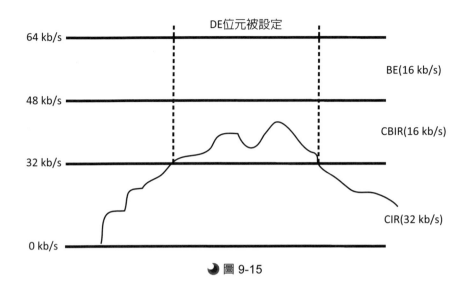

圖 9-15

依據圖 9-14 的拓樸，R1 連接訊框中繼的埠速度為 64Kb/s，DLCI 102 的 CIR 是 32Kb/s，協商後的 CBIR 假設為 48Kb/s，於是 DLCI 102 允許有 16Kb/s 的突發量，在突發量期間，訊框仍然會被轉送，但是訊框上的 DE (Discard Eligibility) 欄位會被設定為 1。此外，因為受限於埠速度，BE 最高也只能 16Kb/s，如圖 9-15 所示。

➡ FECN 與 BECN

訊框中繼使用壅塞通知機制來取代虛擬電路的流量控制。壅塞通知機制包括前向壅塞通知 (FECN) 和後向壅塞通知 (BECN)。FECN 和 BECN 分別在訊框表頭中各使用一個欄位來表示，欄位只有一個位元的大小，依據欄位的內容可以讓路由器判定網路是否出現壅塞，若出現壅塞應停止傳輸，直至壅塞消除為止。BECN 屬於直接通知，FECN 屬於間接通知。

訊框表頭還包含了丟棄選擇 (DE) 位元，此位元是用於標記屬於不重要 (可以丟棄) 的流量。DTE 設備可以將 DE 位元的值設為 1，表示該訊框比較不重要。在網路出現壅塞時，DCE 設備會先丟棄 DE 位元設置為 1 的訊框，再丟棄

DE 位元不是 1 的訊框。這樣就降低了在壅塞期間重要資料被丟棄的可能性。在網路壅塞時，訊框中繼交換器會根據 CIR 對應到以下的邏輯規則：

(1)　如果傳入資料訊框未超出 CBIR，則允許該資料訊框通過。

(2)　如果傳入資料訊框超過 CBIR，則將其標記為 DE。

(3)　如果傳入資料訊框超出 (CBIR + BE)，則丟棄該資料訊框。

　　資料訊框到達交換器之後，會先進入佇列及緩衝區後再繼續轉發。交換器有可能會堆積過量的訊框而導致傳輸延遲，當高層的協定未在指定的時間內收到確認訊息時，延遲會引起不必要的重新傳輸，導致網路輸送效能的大幅下降。訊框中繼交換器為減少流入佇列的訊框，會利用壅塞通知來告訴 DTE 佇列已滿，DTE 在收到帶有 ECN 位元的資料訊框時會嘗試減少資料訊框的流量，直到壅塞消除為止。假設裝置 A 到裝置 B 的路徑會跨越訊框中繼網路，當訊框中繼網路中某台交換器出現壅塞時，交換器會將前往目的地的每個訊框上設定 FECN 位元，這是要通知目的地的 DTE 裝置該訊框經過的路線發生壅塞，高層協定將會有延遲的狀況發生。當訊框中繼網路出現壅塞時，交換器會在送回來源發送裝置的每個訊框上設定 BECN 位元，這是要通知來源的 DTE 裝置該訊框經過的路線發生壅塞，可以減慢速度傳送。

9-4　檢驗及故障排除

　　訊框中繼的使用者可能會報告電路上的傳輸速度緩慢，並且斷斷續續，或電路已癱瘓。可以使用下面的命令進行檢驗及故障排除：

(1)　使用 show interfaces 命令檢驗在該介面上的訊框中繼是否正常運作。show interfaces 命令可用來顯示第一層和第二層狀態資訊以及封裝的方式。此外，包括 LMI 類型、DLCI 都可以使用此命令檢驗。

(2) 使用 show frame-relay lmi 命令查看 LMI 統計資訊。在該命令的輸出中尋找任何數值不是零的不合法(Invalid)項目。

(3) 使用 show frame-relay pvc [interfaceinterface] [dlci] 命令檢查永久虛擬電路和流量統計資訊。PVC 的狀態可以是 active（活動）、inactive（無活動）或 deleted（已刪除）。此命令也可用來檢驗路由器收到的 BECN 封包和 FECN 封包的數量。

(4) 使用 show frame-relay pvc 命令，可以顯示路由器上所有永久虛擬電路的狀態資訊。

(5) 使用 show frame-relay map 命令可以顯示目前所有靜態或動態對應的項目，以及有關該對應項目的資訊。可以用此命令來確定 inverse-arp 是否將遠端的 IP 位址與本地 DLCI 解析對應。

(6) 可以使用 debug frame-relay lmi 命令來確定路由器和訊框中繼交換器是否正確發送和接收 LMI 封包。

在收集所有統計資訊之後，可以使用 clear counters 命令清除統計計數器。在歸零了計數器之後，必須要等待一段時間，然後再次執行 show 命令。若要清除動態建立的訊框中繼對應（使用逆向 ARP 建立的），可以使用 clear frame-relay-inarp 命令將對應清除。

發送 inverse ARP 請求時，路由器會有三種可能的 LMI 連接狀態，這些狀態會出現在對應表中。這些狀態是 active 狀態、inactive 狀態和 deleted 狀態。若是 active 狀態，表示已經是成功的建立 DTE 到 DTE 的電路。若是 inactive 狀態，表示已經成功連接到交換器（DTE 到 DCE），但是在永久虛擬電路的另一端，未檢測到 DTE，這可能是因為訊框中繼交換器上的設定不完整或不正確。若是出現 deleted 狀態，表示該 DTE 設定的 DLCI 被訊框中繼交換器視為無效。

 評量測驗

( ) 1. 下列哪一項描述了訊框中繼的優點？

(1) 電路安裝成本低。

(2) 客戶端頻寬皆大於 64 kb/s。

(3) 客戶端支付整個網路鏈路費用。

(4) 客戶支付本地迴路及租用頻寬的費用。

( ) 2. 訊框中繼網路如何避免水平分割的問題？

(1) 建立點到點的獨立電路。

(2) 使用多點子介面。

(3) 為每個 DLCI 的 PVC 建立子介面，並使用獨立網段。

(4) 關閉水平分割功能。

( ) 3. 訊框中繼使用哪些方法處理錯誤訊框？

(1) 設定 FECN、BECN 和 DE 以盡量減少錯誤。

(2) 依靠上層協定來處理錯誤。

(3) 接收端設備會要求發送端重送發生錯誤的訊框。

(4) 接收設備會丟棄錯誤的訊框，不會通知發送端。

( ) 4. 在訊框中繼網路上，兩個 DTE 設備之間會建立什麼？

(1) PPP 連線。

(2) 虛擬線路。

(3) 序列線路。

(4) 並列線路。

( ) 5. 在訊框中繼網路的路由器上，哪些可將資料連結層位址對應到網路層位址？

    (1) ARP

    (2) RARP

    (3) Inverse-ARP

    (4) LMI

    (5) DLCI

( ) 6. 子介面上設定點到點，對路由器有何影響？

    (1) 可以建立多個 SVC。

    (2) 可以建立多個 PVC。

    (3) 節省 IP。

    (4) 可以消除水平分割的問題。

    (5) 沒有任何差別。

( ) 7. 訊框中繼交換器檢測到過度壅塞時，可能會進行哪些運作？

    (1) 對來自壅塞鏈路的所有訊框設定 FECN 欄位。

    (2) 對發往壅塞鏈路的所有訊框設定 BECN 欄位。

    (3) 丟棄已經被設定 DE 欄位的訊框。

    (4) 調整視窗的大小。

    (5) 進行流量的協商。

( ) 8. 使用訊框中繼的子介面時，以下敘述何者是錯誤的？

    (1) 在實體介面上設定 encapsulation 命令。

    (2) 在實體介面上設定 IP 位址。

    (3) 在設定子介面時，可以設定成點到點或多點模式。

    (4) 子介面上可以使用靜態位址對應。

( ) 9. 訊框中繼網路屬於下列何者？

(1) 點到點網路。

(2) 有廣播的多方存取網路。

(3) 無廣播的多方存取網路。

(4) 雲端網路。

( ) 10. 依據圖，下列選項何者是對的？

```
interface serial 0/0/0
ip address 192.168.1.1 255.255.255.0
encapsulation frame-relay
frame-relay map ip 192.168.1.2 102
```

(1) 所有的資料會被轉送到 192.168.1.2。

(2) 遠端的 DLCI 號碼是 102。

(3) 這是一個動態對應。

(4) 所有的資料包含廣播將被送到 192.168.1.1。

( ) 11. 在訊框中繼網路上，一部思科路由器要連接一部非思科路由器，在使用封裝命令時，必須包含下列哪個參數？

(1) Q933A。

(2) CISCO。

(3) IETF。

(4) ANSI。

(5) IEEE。

（　）12. 有關使用 show frame-relay map 命令所顯示的內容，下列哪些敘述是正確
的？

(1) 可以顯示本地的 DLCI 的號碼。

(2) 可以顯示遠端的 DLCI 的號碼。

(3) 可以顯示本地的 IP 位址。

(4) 可以顯示遠端的 IP 位址。

(5) 可以顯示對應的方式是靜態或動態。

(6) 可以看到是否使用 broadcast 功能。

（　）13. 由圖中 show interfaces 命令的輸出，可以判定此介面發生什麼事？

```
Serial0/0 is up, line protocol is down
  Hardware is PowerQUICC Serial
  Internet Address is 192.168.192.4/24
  MTU 1500 bytes, B/W 128 Kbit, DLY 20000 usec,
    reliability 255/255, txload 1/255, rxload 1/255
  Encapsulation FRAME-RELAY, loopback not set
  Keepalive set(10 sec)
  LMI eng sent 43, LMI stat recvd 0, LMI upd recvd 0,
DTE LMI down
  LMI eng recvd 0,LMI stat sent 0,LMI upd sent 0
  LMI DLCI 0 LMI type is ANSI ANNRC D framerelay DTE
```

(1) 線路的連接斷掉。

(2) Serial 0/0 介面被關閉。

(3) 訊框中繼交換器故障。

(4) 路由器與交換器沒有設定成同一條 PVC。

(5) 訊框中繼交換器上的 LMI 類型可能不是 ANSI。

（　）14. 從圖中的輸出，可得到什麼結論？

```
PVC Statistics for interface Serial0(Frame Relay DTE)

            Active   Inactive   Deleted   Static
Local       1        0          0         0
Switched    0        0          0         0
Unused      0        0          0         0

DLCI=100,DLCIUSAGE=LOCAL, PVC DTATUS=ACTIVE,
INTERFACE=Serial0

input pkts 1300    output pkts 1270    in bytes 22121000
out bytes 218020000    dropped pkts 4    in FECN pkts 147
in BECN pkts 192    out FECN pkts 259    out BECN pkts 214
in DE pkts 12    out DE pkts 34
out bcast pkts 107    out bcast bytes 19722
pvc create time 00:25:50, last time pvc status changed
00:25:40
```

(1) 訊框中繼交換器目前當機。

(2) 訊框中繼交換器目前正在建立 PVC。

(3) 訊框中繼交換器目前正在關閉 PVC。

(4) 訊框中繼交換器目前發生了壅塞。

（　）15. 在訊框中繼網路中使用 RIP 繞送協定，需要注意哪些事？

(1) frame-relay map 命令需要 broadcast 參數。

(2) PVC 上面的 DLCI 號碼要相同。

(3) 需要使用子介面，以消除水平分割的問題。

(4) 必須在子介面上設定訊框中繼。。

(5) 要注意 LMI及Inverse ARP是不是正常運作。

( ) 16. 如圖所示，R1 設定錯誤的是哪一個項目？

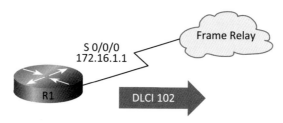

```
R1(config)#interface Serial0/0/0
R1(config-if)#ip address 172.16.1.1 255.255.255.252
R1(config-if)#encapsulation frame-relay
R1(config-if)#frame-relay map ip 172.16.1.2 201
R1(config-if)#no frame-relay inverse-arp
R1(config-if)#no shutdown
```

(1) no frame-relay inverse-map 設定錯誤。

(2) ip address 設定錯誤。

(3) frame-relay map 設定錯誤。

(4) encapsulation 設定錯誤。

(5) interface Serial 0/0/0 設定錯誤。

( ) 17. 有關訊框中繼子介面的敘述何者正確？

(1) 多點子介面會消耗較多的IP位址。

(2) 多點的設定無法使用子介面。

(3) 點到點子介面就像專線介面一樣，可以消除水平分割的問題。

(4) 點到點子介面會消耗較少的IP位址。

( ) 18. 依據圖中的輸出，可以得到什麼結論?

```
Router#show frame-relay map
Serial0/0/0 (up) : ip 10.1.1.2 dlci 102 (0x66,0x1860),dy
namic,broadcast,
      status defined, active
```

(1) Serial 0/0/0設定使用DLCI 102。

(2) Serial 0/0/0使用frame-relay inverse-arp功能。

(3) Serial 0/0/0設定 IP位址10.1.1.2。

(4) Serial 0/0/0設定了靜態位址對應。

( ) 19. 如圖所示，可從路由器的輸出得到什麼資訊？

```
Router#sh frame-relay lmi
LMI Statistics for interface Serial0/0/0 (Frame Relay DTE) LMI TYPE = CISCO
   InvalidUnnumbered info 0  Invalid Prot Disc 0
   Invalid dummy Call Ref 0  Invalid Msg Type 0
   Invalid Status Message 0  Invalid Lock Shift 0
   Invalid Information ID 0   Invalid Report IE Lon 0
   Invalid Report Request 0  Invalid Keep IE Len 0
   Num Status Enq. Sent 0            Num Status msgs Rcvd 0
   Num Update Status Rcvd 0  Num Status Timeouts 16
```

(1) Serial 0/0/0 介面為資料通訊設備(DCE)。

(2) Serial 0/0/0 介面的 LMI類型使用預設的設定。

(3) Serial 0/0/0 介面的 LMI 設定錯誤。

(4) Serial 0/0/0 介面上使用預設的 Cisco HDLC。

( ) 20. 使用 show interface serial0/0/0 命令的輸出如圖所示，由圖中可以獲得什麼資訊？

```
Serial0/0/0 is up, line protocol is up
  Hardware is M4T
  Internet address is 172.16.4.2/24
  MTU 1500 bytes, BW 1544 Kbit, DLY 20000 usec,
    reliability 255/255, txload 1/255, rxload 1/255
  Encapsulation FRAMR-RELAY IETF, crc 16, loopback not set
  Keepalive set(10 sec)
  Restart-Delay is 0 secs
  LMI enq 155, LMI stat recvd 109, LMI upd recvd 0, DTE LMI up
  LMI enq recvd 45, LMI stat sent 0, LMI upd sent 0
  LMI DLCI 1023 LMI type is CISCO frame relay DTE
```

(1) 實體層發生錯誤，導致顯示 M4T。

(2) DLCI 的設定錯誤，使得顯示的數字異常。

(3) LMI 的資訊發生錯誤。

(4) 介面使用了訊框中繼的 IETF 參數。

( ) 21. R1、R2 及 R3 路由器均以訊框中繼連線，依據下面 R1 的設定及拓樸圖，R2 及 R3 應該要如何設定才能讓所有路由器間互相連線？

```
interface serial0/0/0
encapsulation frame-relay
interface serial0/0/0.102 point-to-point
frame-relay interface-dlci 102
interface serial0/0/0.103 point-to-point
frame-relay interface-dlci 103
```

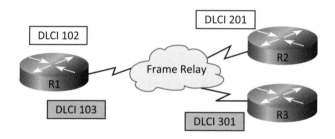

(1) R2(config)# interface serial0/0/1.201 point-to-point

　　R2(config-if)# frame-relay interface-dlci 201

　　R2(config)# interface serial0/0/1.203 point-to-point

　　R2(config-if)# frame-relay interface-dlci 203

(2) R2(config)#interface serial0/0/1

　　R2(config-if)# frame-relay map ip 1.1.1.1 102

　　R2(config)#interface serial0/0/1

　　R2(config-if)# frame-relay map ip 1.1.2.1 103

(3) R2(config)# interface serial0/0/1.201 point-to-point

R2(config-if)# no frame-relay invers-arp

R2(config)# interface serial0/0/1.301 point-to-point

R2(config-if)# no frame-relay invers-arp

(4) R3(config)# interface serial0/0/1.301 point-to-point

R3(config-if)# frame-relay interface-dlci 301

R3(config)# interface serial0/0/1.302 point-to-point

R3(config-if)# frame-relay interface-dlci 302

(5) R3(config)#interface serial0/0/1

R3(config-if)# frame-relay map ip 1.1.1.1 102

R3(config)#interface serial0/0/1

R3(config-if)# frame-relay map ip 1.1.2.1 103

(6) R3(config)# interface serial0/0/1.201 point-to-point

R3(config-if)# no frame-relay invers-arp

R3(config)# interface serial0/0/1.301 point-to-point

R3(config-if)# no frame-relay invers-arp

NOTE

10

網路安全 與 VPN

CCNA

電腦網路的規模不斷增長，其重要性也與日俱增，但是網路攻擊的工具和方法不斷翻新，降低了攻擊者的門檻要求，攻擊者不再需要高深的知識就可進行攻擊。網路系統管理者所面臨的安全難題是如何平衡下列兩種重要需求：保持網路開放及保護隱私及個人資訊的需求。有關網路安全的內容極多，足以成為一門課程，且超出 CCNA 認證的範圍。本章節僅針對 CCNA 證照中提到的一些基本觀念及名詞進行介紹：

攻擊步驟

攻擊者通過以下五個步驟來進行攻擊：

步驟 1.偵察：也就是蒐集資訊，攻擊者對目標知道的資訊越多，可以讓未來的攻擊更容易。

步驟 2.掃瞄：利用偵察所獲得的資訊做為基礎，來核對網路與系統。

步驟 3.獲得存取權限：是駭客真正入侵的時期。手法包括「嗅探攔截」「社交工程」「密碼破解」「阻斷服務」「緩衝區溢位」…等。此階段還包括了提高權限，攻擊者獲得基本的存取權限後，可能使用一些技巧來提高其網路權限。

步驟 4.維護存取：此階段可能會安裝後門程式，將來攻擊者進入系統可透過後門，不容易被檢測出來。此階段也可能安裝攻擊程式，將這台電腦當做跳板，進而攻擊網路中的其它主機。

步驟 5.清除軌跡：許多主機對於連線的行為都會進行記錄，因此攻擊者都會設法覆蓋或刪除入侵的軌跡，以避免被發現。

常見名詞

下面是有關網路安全常見的名詞及說明，包括：

- **弱點 (Vulnerability)**：又稱漏洞，是資訊系統已經存在的缺點，是系統在設計與製作時期就有的錯誤。

- **威脅 (Threat)**：是指一個潛藏的，也許會影響資訊安全的動作或事件。

- **攻擊 (Attack)**：當系統存在著弱點，某些人會不斷尋找弱點進行入侵的動作。

- **黑帽 (Black hat)**：具有特別的電腦技能，利用這些技能來從事危害或破壞活動。例如：Cracker。

- **白帽 (White hat)**：具有黑帽的專業知識，但是用於正面的行為。白帽可能是一個人或一群人，例如：安全分析師或安全顧問公司。白帽也可能是前任的黑帽，也就是改過自新的 Cracker。

- **灰帽 (Gray Hat)**：在不同時期，有的時候是黑帽，有的時候是白帽。

- **駭客 (Hacker)**：原來是指喜歡學習電腦系統的細節，且知道如何展現其能力的人，但是現在被用來形容企圖未經授權，以惡意方式存取網路資源的人，已經被認為類似 Cracker。

- **道德駭客 (Ethical Hacker)**：是將資訊安全的技能用在「防禦」上，是白帽的一種。

- **快客 (Cracker)**：為了入侵與破解的目的，而使用其技能的人。

- **垃圾郵件發送者 (Spammer)**：是指未經允許，大量發送各類電子郵件的人。垃圾郵件的內容可能包括了廣告信或病毒。

- **網路釣魚者 (Phisher)**：是指利用電子郵件或其它手法，誘騙他人提供重要資訊的人。

🍃 **竊聽(嗅探)**：是指一個程式或裝置(Sniffer)，在特定的網路上擷取網路的流量，並從中獲得需要的資訊。這些資訊包括資料封包中攜帶的帳號、密碼、文字或檔案。例如：可以在網路上竊聽 SNMPv1。SNMP 是一種網路管理協定，包括了「代理程式」「網管程式」「受管理設備」這幾個部分。SNMP 協定能提供設備的狀態資訊，因為這協定在傳輸資料時都是以明文發送，入侵者可以竊聽 SNMP，以收集有關網路設備的設定資訊。解決方法就是使用 SNMP 第3 版，此版本會對傳輸資料加密。使用交換器代替集線器，並不能有效的防止竊聽，使用加密的協定是最好的方法。

🍃 **密碼攻擊**：密碼攻擊通常是指嘗試登錄帳號和密碼，以取得系統或設備的權限。這種嘗試破解的方式又分為「字典攻擊法」、「暴力攻擊法」及「混合攻擊法」。要發動字典攻擊，攻擊者可以使用工具程式，這些工具程式會有內建或自建的字典檔，字典檔裡通常有數十萬個單字，工具程式會將字典檔中的單字當做帳號或密碼進行登錄。因為許多使用者習慣用簡單的單字當作密碼，這些密碼通常長度較短，是字典中的單字或單字的變形，很容易被猜中。例如：John123，是單字加上有順序的數字。暴力攻擊法不需要字典，而是使用字元集的排列組合來構成密碼，並且使用這些可用的密碼進行全面性的測試。這種攻擊方法通常需要花費很長的時間。使用強密碼可以應付密碼攻擊，強密碼通常超過八個字，並且具有大寫、小寫、符號及數字的一串密碼。另外限制登入失敗的次數也是一種方法，例如：同一個 IP 如果登入失敗三次，就禁止登入 5 分鐘，這等於增加密碼攻擊的困難度。混合攻擊法綜合了字典攻擊及暴力攻擊的特點，使破解的可能性更高。

🍃 **中間人攻擊**：中間人(MITM)攻擊是指攻擊者設法將自己置於兩台合法主機之間，兩台主機之間仍能進行正常通信，但攻擊者可以記錄或控制這兩台主機之間的通訊。要避免廣域網路端的 MITM 攻擊，可以使用 VPN 通道，這樣攻擊者只能看到無法破解的加密文字。本地網路的 MITM 攻擊可以透過在本地網路交換器上設定埠安全性及用戶端鎖上閘道的 MAC，來消除大多數本地網路端的 MITM 攻擊。

❥ **阻斷服務攻擊**：阻斷服務 (DoS) 是指攻擊者使用特殊手法，讓網路、系統或服務無法繼續運作或效能很差的一種攻擊方式。DoS 攻擊是知名度最高的攻擊，並且也是最難防範的攻擊。即使在攻擊者社群中，DoS 攻擊也被公認為是雖然簡單但卻十分惡劣的方式，因為發起這種攻擊非常容易。由於實施簡單、破壞力強大，管理者需要特別注意 DoS 攻擊。DoS 攻擊的方式很多。不過其目的都是透過消耗系統資源，使授權使用者無法正常使用服務。以下是一些過去出現過的 DoS：

◆ **Smurf**：主機假造來源位址(受害主機的位址)，不斷地將大量偽造的 ICMP 封包送到廣播位址，網路設備會將封包廣播送給網段上的所有主機，所有的主機在收到廣播後，會回傳 ICMP 回應給受害主機，受害主機無法處理這麼多封包，於是服務被阻斷。

◆ **死亡之 ping**：死亡之 ping 攻擊利用了較舊版作業系統中的漏洞。此類攻擊會修改 ping 封包表頭，使得封包的資料表面上看起來的資料數量比實際上的資料數量要更多。一般 ping 資料封包的長度為 64 到 84 個位元組，而死亡之 ping 則高達 65,535 個位元組。舊系統遇到這麼大的 ping 封包，可能會導致電腦崩潰。目前的系統已經不會遭受此類攻擊。

◆ **SYN 攻擊**：SYN 攻擊利用了 TCP 三方握手。它會向目標伺服器發送大量 SYN 請求，目的地的受害主機會以 SYN/ACK 回應，然後該主機應該要發送最後的 ACK 封包，但此惡意主機卻始終不發送最後的 ACK，因此握手程序無法完成，受害主機必須消耗資源以等待 ACK直到逾時。而受害主機最後會因始終無法得到回應而耗盡資源。

◆ **電子郵件炸彈**：大部分的電子郵件信箱都有容量配額，而郵件伺服器的硬碟空間也是有限的，如果持續寄垃圾信給郵件伺服器，或者持續寄出帶有大檔案的電子信件給個人帳號，都會造成郵件服務無法運作。

◆ **惡意程式**：利用 Java、JavaScript 或 ActiveX 程式，當使用者瀏覽網頁時，即持續快速的開啓網頁或程式，使作業系統無法接受使用者的操作。

- **DDos 攻擊**：網際網路上最可怕的是分散式阻斷服務 (DDoS)，這種攻擊是利用許多的攻擊主機圍攻單一的目標，造成目標系統癱瘓。DDoS 的攻擊方式類似於 DoS 攻擊，但規模遠比 DoS 攻擊更大。通常 DDos 攻擊包括三個部分。(1)攻擊主機，就是攻擊者使用的主機，通常會透過操控主機來發起攻擊。(2)操控主機，就是已被入侵的主機，這主機上運作著可以發起攻擊的程式，每個「操控端」可以控制許多個「代理主機」。(3)「代理主機」，就是已被入侵且被放入攻擊程式的主機，它負責產生發往受害者的封包。

- **病毒**：會將本身複製到其他主機的檔案或開機區的惡性程式，其目的是執行特殊的惡意功能。病毒散佈通常靠人的動作，例如：複製檔案、插入隨身碟..等。

- **蠕蟲**：蠕蟲應該算是病毒的子類別。但是與病毒不同，蠕蟲通常不需要靠人的動作就可以散佈。蠕蟲會入侵系統中已知的漏洞，在取得目標主機的管理者存取權限後，將其自身複製到該主機上，並且安裝後門程式，然後選擇新的目標。防範蠕蟲攻擊不容易，需要系統管理和網路管理人員的共同努力。

- **特洛伊木馬**：簡稱木馬程式，是一個小程式，偽裝成某些有趣的程式，例如：免費軟體、電腦遊戲、音樂、影片...等，吸引受害者下載使用。當用戶使用時，特洛伊木馬程式就會執行，它可以取得系統的權限、破壞系統或資料、攔截鍵盤、擷取螢幕...等。某些木馬程式會將自身副本透過郵件發送到該用戶通訊錄中的每個位址。特洛伊木馬一般不會自我複製，也不會主動散播到其他的電腦當中。

- **DMZ(Demilitarized Zone)**：稱為「隔離區」或「非軍事區」。是為了解決安裝防火牆後，外部網路不能存取內部網路伺服器的問題，所設立的一個緩衝區域。這個緩衝區域位於企業內部網路和外部網路之間，在這個網路區域內可以連接一些必須公開的伺服器裝置，例如：網頁伺服器、FTP伺服器及論壇...等。透過DMZ區域的設置，能更有效地保護內部網路。

解決技術

針對不同的網路安全狀況會有不同的解決方法，下面介紹的幾種方法是一般性的作法：

- **強化系統**：一般電腦在安裝完新的作業系統之後，設定大部分都是預設值，這些預設值的安全等級都不夠，因此必須進行更改。例如：將預設的帳號關閉，使用自行建立的帳號及密碼。對系統上其他帳號的權限要嚴格管控。關閉或移除用不到的應用程式或服務。網路設備也是一樣，許多網路設備預設的帳號及密碼在網路上就可以查到，如果不改變帳號或密碼，很容易就被入侵。

- **作業系統更新**：不論是主機的作業系統，或者是網路設備的 IOS，都可能會有安全性的漏洞。這些漏洞很可能會被攻擊者利用，因此必須經常性的從廠商處下載更新程式，以解決已存在的漏洞。這對本地網路中的一般使用者而言，要做到這一點比較困難。但對於網路管理者來說，管理大量電腦設備時，最好能考慮到更新程式部署到所有電腦上的問題，有一種解決方案是建立一個「集中式更新伺服器」，所有的主機系統必須在設定的時間與該伺服器通訊。如果該主機尚未更新到最新的狀態，便會自動從更新伺服器上下載需要的更新程式，並且自動安裝完畢。除了安裝更新外，網路管理者可以利用類似 Nessus 這類的弱點稽核工具，遠端檢查所有的電腦是否存在著系統漏洞。

- **防毒軟體**：安裝防毒軟體可以檢測或移除已知的病毒，對於新的病毒，還是要經過一段時間後獲得更新病毒碼才能檢測，所以不要完全依賴防毒軟體。一般的防毒軟體可以檢測到大多數病毒和特洛伊木馬，並能防止這些病毒在網路中繼續傳播。

- **個人防火牆**：透過撥號連線、DSL 或纜線數據機連接到 Internet 的個人電腦與企業網路一樣容易遭到攻擊。安裝在用戶 PC 中的防火牆可以防範攻擊，但是個人防火牆並非設計用於 LAN 環境（例如：伺服器的防火牆），

如果與其它網路用戶端的服務一同安裝，則防火牆可能會阻止網路存取。個人防火牆軟體廠商包括McAfee、Norton、Symantec 和 Zone Labs 等等。

- **入侵偵測和防禦**：主要有兩種裝置，分別是 IDS 與 IPS 。IDS本質上是一種監聽系統，屬於被動式系統，它依照一定的安全策略，對網路與系統的運行狀況進行監測，盡可能發現、報告、記錄各種攻擊企圖、攻擊行為或者攻擊結果，以保證資訊系統的機密性、完整性和可用性。IDS可分為主機型HIDS和網路型NIDS，目前主流IDS產品均採用兩者結合的混合型架構。IPS 源自於 IDS，既具有IDS的檢測功能，又能夠即時中止網路入侵行為的新型安全技術，屬於主動式系統。

規劃網路時，除了拓樸架構外，安全是首要的考慮因素。除了要滿足一般的網路需求，網路安全設備也是規劃網路時必須要考慮的，現在的網路僅靠防火牆已無法滿足要求，必須還要使用包括入侵防禦和 VPN 在內的整合性防護措施。

實體威脅

除了網路上的攻擊者會利用漏洞來攻擊外，設備實體的安全威脅也同樣必須要重視。實體威脅分為四類：

- **硬體**：進入機房，破壞伺服器、路由器、交換器、佈線及工作站。
- **環境**：包括溫度過熱、溫度過冷、濕度過高、濕度過低。
- **電力**：包括電壓過高、電壓不足、電源雜訊過高及停電。
- **維護**：包括靜電，缺乏備用料件、佈線混亂和標識不明。

以下是一些防範實體威脅的方法：

- **消除硬體威脅**：鎖好機房及配線間，僅允許得到授權的人員進入。使用電子門禁管制，以記錄所有的出入狀況。使用監控攝影機監控機房或重要通

道的活動。防止利用輕鋼架、架空地板、窗戶及管道進入機房或管道間。

- **消除環境威脅**：建立機房溫度控制、濕度控制、遠端環境警報系統，並進行自動記錄和監控。

- **消除電力威脅**：使用穩壓器，安裝 UPS 系統和發電機。UPS 僅能短暫供電，發電機能提供較長時間的供電。

- **消除維護威脅**：電纜佈線必須整齊，並標記各條電纜和元件，儲存重要元件的備料。

安全設定

如下設定 enable password 命令或 username 命令：

```
Router(config)# username admin password cisco
Router(config)#^z
```

設定完畢後，如果使用 show running-config 命令，可以看到如下的部份設定：

```
username admin password 0 cisco
```

上面顯示的 0 代表密碼不會被隱藏。在前面章節提到過，IOS 會以明文形式儲存密碼，這是不夠安全的，因為當管理者查看路由器設定時，任何從身後經過的人，都可能瞄到顯示的內容。

Cisco IOS 提供兩種保護密碼的方法：

- 7 類加密是簡單加密，使用 Cisco 定義的加密演算法。

- 5 類加密是複雜加密，使用更安全的 MD5 雜湊演算法。

7 類加密雖然不如 5 類加密那麼安全，但總比不加密好。7 類加密可以用於 vty、console 和 aux 的加密。因為許多 cisco 設備在預設狀況下是不加密的，如果要使用 7 類加密，必須要設定 service password-encryption 命令：

```
Router(config)#service password-encryption
Router(config)#^z
```

設定完畢後，如果使用 show running-config 命令，可以看到如下的部份設定：

```
username admin secret 5 $1$mERr$hx5rVt7rPNoS4wqbXKX7m0
```

思科建議使用 5 類加密取代 7 類加密，要使用此加密方法，只要將 password 換成 secret 即可。設定的範例如下：

```
Router(config)# username admin secret cisco
Router(config)#^z
```

易受攻擊的服務

網路設備上不使用的服務應該要關閉，下面列出了可能要停止使用的服務。包括：

- echo、discard 和 chargen 之類的小型服務：使用 no service tcp-small-servers 或 no service udp-small-servers 命令停止服務。

- BOOTP：使用 no ip bootp server 命令停止服務。

- Finger：用 no service finger 命令停止服務。

- HTTP：使用 no ip http server 命令停止服務。

- SNMP：使用 no snmp-server 命令停止服務。

- Cisco 發現協定 (CDP)：使用 no cdp run 命令停止服務。

- 遠端設定：使用 no service config 命令停止服務。

可以透過在介面設定模式下使用某些命令，使路由器上的介面變得更安全：

- 未使用的介面：使用 shutdown 命令關閉。

● **避免 smurf 攻擊**：使用 no ip directed-broadcast 命令，可防止被 smurf 攻擊。

10-2　VPN

　　網際網路是公共基礎架構，可供所有的人在上面進行存取動作。但是如果不進行任何加密，在網際網路上傳輸組織或企業的資料，會有資訊安全上的風險。現在企業可以利用 VPN 技術將分支辦公室、業務合作夥伴以及遠端工作者連接到企業網路內，使其成為企業網路的一部分，如圖 10-1。VPN 就是將資料加密後，透過有保護措施的通道，在網際網路上安全地傳輸資料，因為所有在網際網路上的流量都經過了加密處理，所以不會有安全上的問題。

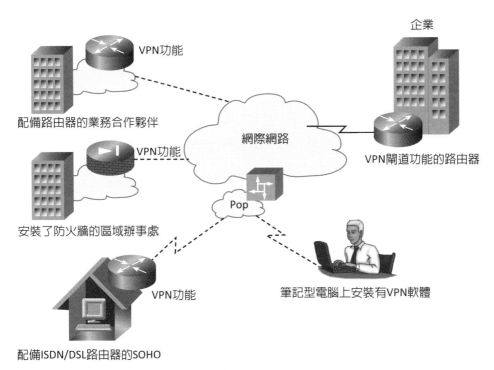

● 圖 10-1

使用 VPN 的優點包括：

- **安全**。VPN 上的資料經過加密，無權擁有資料的人無法破解資料。因爲 VPN 可以將遠端的主機納入到企業之內，因此遠端的用戶在存取網路時，便可擁有與在企業內相同的存取能力。

- **可擴展性**。由於使用網際網路，使用 VPN 的企業如果要擴充，可以隨時把遠端新用戶加入，不需要大量購置網路設備即可擴充用戶數量，而用戶或各辦公室的地理位置是無關緊要的。

- **效率提升**。不管任何時間任何地點，如果遠端工作者有需要連線到企業內部的網路，透過 VPN 都可以安全的連線。

- **節省成本**。企業利用 VPN 在最經濟的網際網路上傳輸，讓遠端用戶可以連接到企業內部，節省了架設專用電路或數據機的費用。

VPN 的運作

建立該 VPN 所需的條件包括：

- 企業內部網路，包含伺服器和工作站。

- VPN 閘道，可能是路由器、防火牆或 VPN 集中器。

- 連接到網際網路。

- 用來建立及管理 VPN 通道的軟體。

在遠端存取用戶使用 VPN 時，一般情況下每台主機都安裝有 VPN 用戶端軟體，只要主機嘗試發送任何流量，VPN 用戶端軟體就會將流量封裝和加密，然後透過網際網路將封包傳送到 VPN 閘道，如圖 10-2 所示：

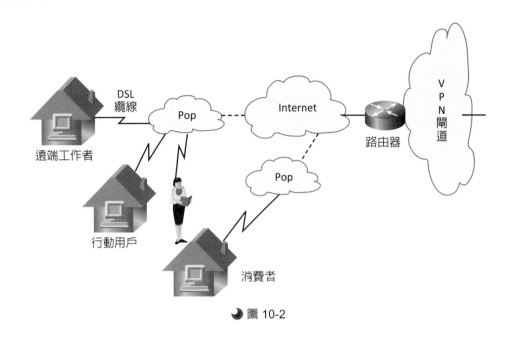

🌙 圖 10-2

　　如果是遠端的分支辦公室，這辦公室可能就擁有 VPN 閘道，用戶端不需要安裝 VPN 軟體。當遠端分支辦公室的主機送出特定的 TCP/IP 流量給 VPN 閘道後，VPN 閘道對流量會進行封裝和加密，然後在網際網路上透過 VPN 通道將封包送到目的地的 VPN 閘道，目的地的 VPN 閘道在收到封包時，閘道會剝開封包的表頭，於是封包的內容就被解開，最後封包的內容會傳送到目的地主機上。VPN 使用加密的通道協定來防範封包被嗅探 (竊聽)，並且能執行發送者的身份驗證及檢驗資料是否完整。

　　封裝也稱為通道，因為封裝是透過共用的網路架構以透明的方式在網路間傳輸資料。加密會將資料編碼成另一種無法辨識的格式，通常看起來是亂碼。解密則是將加密的資料解碼，使其恢復未加密前的原始格式。VPN 的基礎是「機密性」、「完整性」及「身份驗證」。機密性就是防止訊息的內容未經授權的被攔截，VPN 利用「封裝」和「加密」機制來完成機密性。接收端無法知道資料在網際網路上的傳送過程中是否已被偷窺或篡改，VPN 通常使用雜湊 (Hash) 來確保資料完整性，雜湊類似於 checksum，但是更可靠。身份驗證可以確保資

訊來自於真實的來源，VPN 可使用密碼、數位憑證、智慧卡和生物識別等方法確定身份。

VPN 通道

通道將封包封裝在另一個封包內，然後透過網際網路發送這個新組合出來的封包。下面列出了通道使用的三種協定：

🔹 **裝載協定**：裝載原始資料的協定。包括 IP、IPX、AppleTalk 。(第三層)

🔹 **封裝協定**：包裝原始資料的協定。包括 L2F、PPTP、L2TP、 GRE、IPSec。

🔹 **傳送協定**：傳送時所依靠的協定。包括訊框中繼、ATM ...等。(第二層)

第二層通道協定包括 L2F、PPTP 和 L2TP。第二層通道協定用於傳輸第二層網路通訊協定，第二層通道協定主要有三種，一種是由 Cisco、Nortel 等公司支援的 L2F 協定，Cisco 路由器中支援此協定，L2F 協定可以支援 IP、ATM 及訊框中繼。另一種是 Microsoft、Ascend、3COM 等公司支援的 PPTP 協定，Windows NT 4.0 以上版本中支援此協定，該協定將 PPP 封裝在 IP 封包內以通過 IP 網路進行傳送，PPTP 協定可看做是 PPP 協定的一種擴展。由 IETF 起草並由 Microsoft、Ascend、Cisco、3COM 等公司參與制定的 L2TP 協定，它結合了上述兩個協定的優點，已經成為第二層通道協定的工業標準，並得到了眾多網路廠商的支援。PPTP 和 L2TP 都使用 PPP 協定對資料進行封裝。

第三層通道協定包括 GRE 和 IPSec，第三層通道協定用於傳輸第三層網路通訊協定。GRE 支援全部的路由式通訊協定（如 RIP2、OSPF 等），用於在 IP 封包中封裝任何協定的封包，包括 IP、IPX、NetBEUI、AppleTalk、Banyan VINES、DECnet 等。IPSec（Internet 協定安全）是一個工業標準網路安全協定，為 IP 網路提供安全服務。

下圖 10-3 說明了資料透過 VPN ，在網際網路上的傳輸過程。PPP 將郵件傳送到 VPN 設備，由該設備將郵件封裝在通用繞送封裝 (GRE) 的封包內。GRE 是思科開發的通道協議，能夠在 IP 通道內封裝多種協定的封包，並且在 IP 網際網路的遠端網站和思科路由器間建立點到點的虛擬連結。IPsec 是針對 IP 通信保護的框架協定，可以提供加密、完整性檢查和身份驗證。

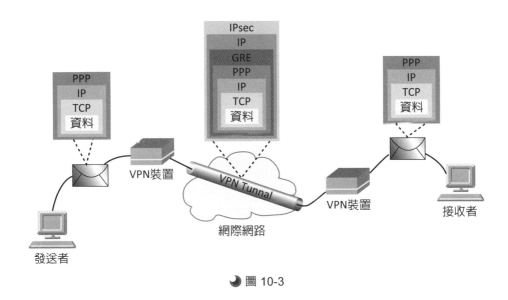

🌙 圖 10-3

VPN 加密

VPN 的加密包括「演算法」和「金鑰」，演算法是一個數學函數，它會將資料與金鑰合併後，得到無法判讀的字串，如果沒有正確的金鑰，根本無法進行解密。演算法提供的安全強度取決於金鑰的長度，金鑰越短越容易破解。以下是一部分較爲常見的加密演算法及其使用的金鑰長度：

🌙 DES：DES 使用 56 bit金鑰來加密。DES 是一種對稱式金鑰系統。

🌙 3DES：DES 的改良，3DES明顯提高了加密的強度。

- **AES**：AES 提供比 DES 更高的安全性，在計算方面比 3DES 更有效率。AES 提供以下三種不同的金鑰長度：128 bit、192 bit 和 256 bit。

- **RSA**：一種非對稱式金鑰系統，金鑰長度有 512 bit、768 bit、1024 bit、2048 bit 或更長。

對稱加密

DES 和 3DES 是對稱加密。使用對稱加密時，兩台電腦都必須知道金鑰，一台電腦先將資料加密，然後將資訊送到另一台電腦進行解密。對稱加密要先知道哪些電腦將要相互通訊，以便配置相同的金鑰。如何讓加解密的電腦都擁有共用金鑰呢？可以利用電子郵件、快遞服務將共用金鑰進行傳送。非對稱加密比對稱加密更簡便及安全。

非對稱加密

非對稱加密在加密和解密時使用不同的金鑰。一個金鑰用於加密訊息，另一個金鑰則用於解密訊息，無法使用同一金鑰進行加密和解密，駭客即使知道了其中一組金鑰，也無法推斷出另一組金鑰。

雜湊

雜湊也稱為「訊息摘要」，是由原始資料產生的一組資訊，雜湊是使用公式產生的，雜湊值比文字自身要小，其它文字要產生出同一雜湊值的機率極小。

來源端先產生資料的雜湊值，並將其隨資料本身一起傳送，接收端會解密資料和雜湊值，利用接收到的資料來產生另一個雜湊值，然後比較兩個雜湊值，如果兩個雜湊值相同，則接收端就可以確認資料未受到更改或破壞 (保持完整性)。

　　VPN 上的資料在傳輸時，有被攔截並篡改的可能性，爲了防範這種威脅，主機可以爲訊息添加雜湊値。VPN 使用訊息驗證碼 (message authentication code，MAC) 來驗證資訊的完整性和眞實性，加密的雜湊訊息驗證碼 (HMAC) 是一種能夠保證資訊完整性的演算法。常見的 HMAC 演算法有以下兩種：

🔹 **MD5**：利用 128 bit 金鑰及 HMAC-MD5 雜湊演算法的處理，會輸出一個 128 bit 的雜湊値，這個雜湊値會附在原始資訊上。

🔹 **SHA-1**：利用 160 bit 金鑰及 HMAC-SHA-1 雜湊演算法的處理，會輸出一個 160 bit 的雜湊値，這個雜湊値會附在原始資訊上。

VPN 身份驗證

　　VPN 通道另一端的設備必須通過驗證，才能確認通訊路徑是安全的。下面是兩種身份驗證方法：

🔹 **預分享金鑰 (PSK)**：在雙方使用前，利用某個秘密頻道共用金鑰。PSK 使用對稱式金鑰演算法，以手動方式輸入到每個對等的端點中。

🔹 **RSA 特徵碼**：利用數位憑證交換來驗證身份，本地設備在取得雜湊値後再用私密金鑰將其加密，加密的雜湊値會附加在資訊上，並轉發到遠程端。在遠端，資訊會被重新計算出一組雜湊値，然後使用公開金鑰將加密的雜湊値解密，如果解密出來的雜湊値與重新計算的雜湊値相同，則表示數位簽名是眞實的。

IPsec 安全協定

　　IPsec 是保護 IP 通信的協定，可以提供加密、完整性檢查和身份驗證。IPsec 使用以下兩種主要的安全性協定：

- **驗證表頭 (AH)**：為兩個系統間以明文傳遞的封包提供「驗證」和「完整性檢查」。除了驗證訊息在傳送過程中是否被篡改，還驗證來源端。AH 不提供封包的加密檢查，在單獨使用時提供的保護較脆弱，因此需要與 ESP 協定搭配使用。

- **封裝安全性負載 (ESP)**：具有「加密」、「驗證」和「完整性檢查」。透過封包加密來隱藏「資料」、「來源端」及「目的地端」的身份。。

IPsec 的「加密」、「身份驗證」和「金鑰交換」都依靠演算法，其所能使用的演算法包括：DES、3DES、AES、MD5、SHA-1 及 DH。DH(Diffie-Hellman) 允許在不安全的通信通道上，產生由加密演算法和雜湊演算法（例：DES 和 MD5）所構成的共用金鑰。

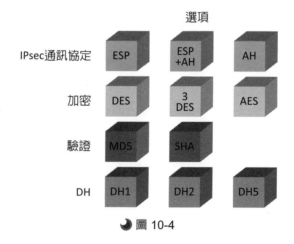

🌙 圖 10-4

圖 10-4 中顯示了 IPsec 允許設定的項目，每個項目要選擇所需要使用的演算法，有四個 IPsec 項目需要選擇：

- 選擇 IPsec 協定，選項為 ESP 和帶 AH 的 ESP 及 AH。

- 選擇加密演算法（如果使用 ESP），選項為 DES、3DES 或 AES。

- 選擇身份驗證，選項為 MD5 或 SHA。

- 選擇 DH 演算法，選項為 DH1、DH2 或 DH5。

 評量測驗

( ) 1. 哪兩個安全的裝置可以被安裝在網路上面？

　　(1) ATM。

　　(2) IDS。

　　(3) FrameRelay。

　　(4) IOS。

　　(5) IPS。

　　(6) SDM。

( ) 2. 下列關於網路攻擊的說法中哪兩項正確？

　　(1) 強密碼可防止 DoS 攻擊。

　　(2) 蠕蟲必須藉由人力來傳播。

　　(3) 暴力攻擊法藉由字元的排列組合來尋找密碼。

　　(4) 字典攻擊法必須依照字典逐字輸入測試。

　　(5) 任何區域的設備在通訊時，都必須進行身份驗證以防止攻擊。

( ) 3. 下面哪一項敘述了「白帽」？

　　(1) 安全專家。

　　(2) 入侵者。

　　(3) 攻擊者。

　　(4) 管理者。

(　) 4.　管理人員監看 IDS，發現有大量的 ICMP echo Reply 封包出現在閘道上，進一步的檢查，發現這些 ICMP 封包不是回應內部主機的封包，而是回應網際網路上需求的封包，最有可能造成這種狀況的原因是什麼？

(1) 這是 DoS 攻擊。

(2) 這是蠕蟲攻擊。

(3) 這是 Smurf 攻擊。

(4) 這是 DDoS 攻擊。

(　) 5.　病毒與蠕蟲有什麼差別？

(1) 病毒會自我散佈，病毒必須附著在其他程式上。

(2) 病毒可以感染開機區，但是蠕蟲不可以。

(3) 蠕蟲會自我散佈，而病毒必須是郵件的附加檔案。

(4) 病毒是用 C 寫的，蠕蟲是用 Java 寫的。

(　) 6.　提醒用戶不開啟可疑的電子郵件，這是試圖避免受到哪種攻擊？

(1) DoS。

(2) DDoS。

(3) 蠕蟲。

(4) 病毒。

(5) SQL Injection。

(　) 7.　用戶發生無法存取伺服器的狀況，管理者檢查後發現系統顯示資源被耗盡，並且有大量的服務請求。這可能是發生了什麼類型的攻擊？

(1) DoS。

(2) 蠕蟲。

(3) 病毒。

(4) 特洛伊木馬。

( ) 8. 保護網路免於釣魚行為(phising)的方法為何?

(1) 安裝 IPS 或 IDS 。

(2) 定時病毒掃描。

(3) 定時反間諜軟體掃描。

(4) 定時進行教育訓練。

(5) 定時更新作業系統。

( ) 9. VPN 通過哪兩種方法達成資料傳輸的私密性?

(1) 密碼。

(2) 數位憑證。

(3) 加密 (encryption)。

(4) 封裝(encapsulation)。

(5) 雜湊。

( ) 10. 安全 VPN 有哪三項重要的功能?

(1) 計費。

(2) 授權。

(3) 驗證。

(4) 機密性。

(5) 完整性。

(6) 可用性。

（　）11. 當下面兩個指令在路由器上設定後，會發生什麼事？

```
no service tcp-small-servers
no service udp-small-servers
```

(1) 會過濾所有 TCP 與 UDP 流量。

(2) 會禁止TCP及UDP服務。

(3) 會禁止使用網路中 TCP 與 UDP 伺服器。

(4) 會關閉echo、discard及chargen服務。

（　）12. 哪些加密協定可加強 VPN 的資料傳輸私密性？

(1) AES。

(2) DES。

(3) RSA。

(4) MPLS。

(5) AH。

(6) HASH。

（　）13. 下列哪些是對稱式金鑰加密？

(1) Diffie-Hellman。

(2) 數位憑證。

(3) DES。

(4) 3DES。

(5) RSA。

（　）14. 下列哪些協定可以封裝在VPN通道(Tunnel)上傳送的流量？

(1) ATM。

(2) CHAP。

(3) IPSec。

(4) IPX。

(5) MPLS。

(6) PPTP。

(7) L2TP。

( ) 15. 哪些協定為IPSec 提供驗證和完整性?

(1) L2TP。

(2) ESP。

(3) GRE。

(4) PPTP。

(5) AH。

(6) DH。

( ) 16. 哪兩種方法是對「遠端存取 VPN 用戶」進行身份驗證?

(1) HASH 演算法。

(2) ESP。

(3) GRE。

(4) 智慧卡。

(5) 數位簽章。

(6) WPA。

( ) 17. 業務人員要透過網際網路連線到總公司,使用哪種類型的連線是最安全的?

(1) GPS通道。

(2) GRE通道。

(3) 站台對站台(site-to-site)VPN。

(4) 遠端存取VPN。

（　）18. 建立VPN 通道(Tunnel) 的設備需要哪三種機制來防範資料被攔截及篡改？

(1) 需要安裝有VPN用戶端軟體

(2) 需要使用存取清單來檢查流量。

(3) 需要使用相同廠牌的設備。

(4) 需要對VPN 通道上使用一致的加密演算法。

(5) 需要通過驗證。

(6) 需要建立共用的金鑰。

(7) 需要有第二層的專線。

考古題解析

1. Refer to the exhibit. Which two statements are true about interVLAN routing in the topology that is shown in the exhibit? (Choose two.)

依據下面的圖，關於Inter VLAN繞送的敘述，哪兩個是正確的？

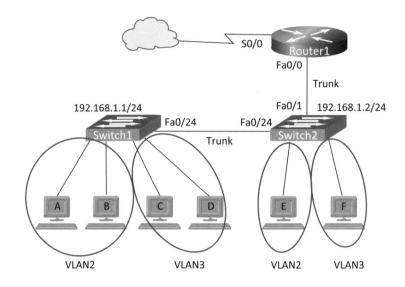

A. Host E and host F use the same IP gateway address.

B. Router1 and Switch2 should be connected via a crossover cable.

C. Router1 will not play a role in communications between host A and host D.

D. The FastEthernet 0/0 interface on Router1 must be configured with subinterfaces.

E. Router1 needs more LAN interfaces to accommodate the VLANs that are shown in the exhibit.

F. The FastEthernet 0/0 interface on Router1 and Switch2 trunk ports must be configured using the same encapsulation type.

ANS：D,F

解析： 在圖中，我們可以看到路由器1的Fa0/0必須要設定成繞送的介面，所以這個介面必須設定子介面。同時交換器的Fa0/1以及路由器1的 Fa0/0這兩個介面的封裝方式必須要相同。

---

2. A network administrator is explaining VTP configuration to a new technician. What should the network administrator tell the new technician about VTP configuration? (Choose three.)

網路管理者現在要解釋有關VTP的設定給一個新的技術人員，下面哪一些關於VTP設定的敘述是這個網路管理者要告訴這個新的技術人員？

A. A switch in the VTP client mode cannot update its local VLAN database.

B. A trunk link must be configured between the switches to forward VTP updates.

C. A switch in the VTP server mode can update a switch in the VTP transparent mode.

D. A switch in the VTP transparent mode will forward updates that it receives to other switches.

E. A switch in the VTP server mode only updates switches in the VTP client mode that have a higher VTP revision number.

F. A switch in the VTP server mode will update switches in the VTP client mode regardless of the configured VTP domain membership.

ANS： A,B,D

解析： VTP在設定的時候，首先必須把一台交換器設定成伺服器模式，同時其他的交換器則是被設定成客戶模式。被設定成客戶模式的交換器，沒有辦法更新它自己的VLAN資料庫，它只會接收伺服器送來的VLAN訊息。網路中如果有一台交換器是被設定成VTP透明模式，這個透明模式的交換器只會把它收到的訊息送給其它的路由器，並不會更新它自己的VLAN資料庫。

3. A company is installing IP phones. The phones and office computers connect to the same device. To ensure maximum throughput for the phone data, the company needs to make sure that the phone traffic is on a different network from that of the office computer data traffic. What is the best network device to which to directly connect the phones and computers, and what technology should be implemented on this device? (Choose two.)

有一家公司要安裝IP電話，這個IP電話與辦公室的電腦都是連接到相同的裝置，為了要讓電話能有最大的流通量，這公司必須要確定這個電話的流量與辦公室電腦的資料量會在不同的網路上。什麼是最好的網路裝置，可以用來連接這個電話及電腦？同時在這個裝置上面會使用什麼樣的技術？

A. Hub

B. Router

C. Switch

D. STP

E. Subinterfaces

F. VLAN

ANS：C,F
解析： 這兩個設備都可以接到交換器上，要讓它們在不同的網路上面只要使用VLAN這個技術就可以。

4. What are two benefits of using VTP in a switching environment? (Choose two.)

使用VTP在一個交換器環境有哪兩個好處？

A. It allows switches to read frame tags.

B. It allows ports to be assigned to VLANs automatically.

C. It maintains VLAN consistency across a switched network.

D. It allows frames from multiple VLANs to use a single interface.

E. It allows VLAN information to be automatically propagated throughout the switching environment.

ANS： C,E

解析： 在交換器網路裡使用VTP，可以讓所有交換器的VLAN資訊保持一致性，同時可以讓VLAN的資訊在交換器環境網路裡自動的傳遞。

5. What are two advantages of Layer 2 Ethernet switches over hubs? (Choose two.)

第二層乙太網路交換器優於Hub的兩個原因是什麼？

A. decreasing the number of collision domains

B. filtering frames based on MAC addresses

C. allowing simultaneous frame transmissions

D. increasing the size of broadcast domains

E. increasing the maximum length of UTP cabling between devices

ANS： B,C

解析： 交換器的運作是基於MAC位址，所以它可以依據MAC位址來過濾訊框，此外交換器是以雙工在運作，所以它允許同時傳送與接收。

6. Refer to the exhibit. A network associate needs to configure the switches and router in the graphic so that the hosts in VLAN3 and VLAN4 can communicate with the enterprise server in VLAN2. Which two Ethernet segments would need to be configured as trunk links? (Choose two.)

依據圖，一個網路管理者現在要設定交換器以及路由器，讓VLAN 3及VLAN 4的主機可以與VLAN 2中的企業伺服器溝通，圖中的哪兩個乙太網路區段必須被設定成Trunk鏈路？

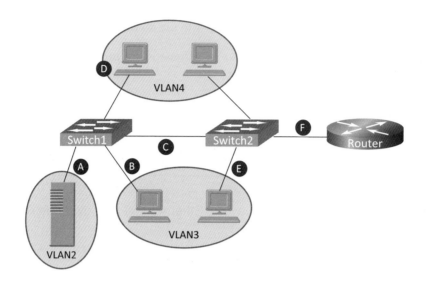

VLAN4

Switch1   C   Switch2   F   Router

A   B   E

VLAN2   VLAN3

ANS：C,F

解析： 在圖中，C鏈路及F鏈路必須要設定成Trunk鏈路，因為路由器與交換器2 之
間會通過多個VLAN，交換器1 及交換器2 之間也會通過多個VLAN，所以
這兩條鏈路必須設定成Trunk鏈路。

7. Which two values are used by Spanning Tree Protocol to elect a root
    bridge? (Choose two.)
    STP協定當中，用來選擇根橋接器的兩個數值是什麼？

    A. amount of RAM

    B. bridge priority

    C. IOS version

    D. IP address

    E. MAC address

    F. speed of the links

ANS：B,E

解析： 這兩個數值就是交換器(橋接器)的優先權以及MAC位址，優先權數值較小的，優先被選為根橋接器，如果交換器的優先權沒有差別，則直接以MAC位址作為選擇根橋接器參考的數值，數值較小的被選為根橋接器。

8. Refer to the exhibit. A network administrator is adding two new hosts to SwitchA. Which three values could be used for the configuration of these hosts? (Choose three.)

   依據圖，有一個網路管理者現在要加兩台主機到交換器A上面，下面選項的哪三個是這些主機的正確設定？

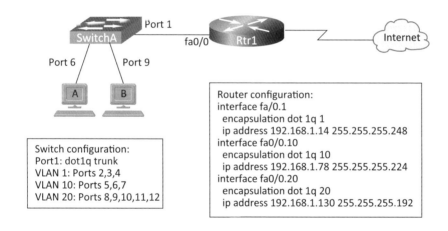

A. host A IP address: 192.168.1.79

B. host A IP address: 192.168.1.64

C. host A default gateway: 192.168.1.78

D. host B IP address: 192.168.1.128

E. host B default gateway: 192.168.1.129

F. host B IP address: 192.168.1.190

9. Which three statements are typical characteristics of VLAN arrangements? (Choose three.)

有關VLAN的典型特性，下面哪三個敘述是正確的？

A. A new switch has no VLANs configured.

B. Connectivity between VLANs requires a Layer 3 device.

C. VLANs typically decrease the number of collision domains.

D. Each VLAN uses a separate address space.

E. A switch maintains a separate bridging table for each VLAN.

F. VLANs cannot span multiple switches.

10. Switch ports operating in which two roles will forward traffic according to the IEEE 802.1w standard?(Choose two.)

依據IEEE 802.11W的標準，交換器的Port處於哪兩個角色時會轉送流量？

A. Alternate

B. Backup

C. Designated

D. Disabled

E. root

ANS： C,E

解析： 802.11W 就是STP，在STP當中只有指定Port及 根Port兩種角色會轉送流
量。

---

11. Refer to the exhibit. Given the output shown from this Cisco Catalyst 2950,
    what is the most likely reason that interface FastEthernet 0/10 is not the
    root port for VLAN 2?
    依據圖，從這個思科交換器的輸出裡頭，我們可以看出來乙太網路介面
    0/10 不是VLAN 2 根Port的最主要原因是什麼？

```
Switch# show spanning-tree interface fast ethernet 0/10
Vlan            Role Sts Cost       Prio.Nbr Type
--------------- ---- --- ---------- -------- ----------------
VLAN0001        Root FWD 19         128.1    P2p
VLAN0002        Altn BLK 19         128.2    P2p
VLAN0003        Root FWD 19         128.2    P2p
```

A. This switch has more than one interface connected to the root network segment
   in VLAN 2.

B. This switch is running RSTP while the elected designated switch is running
   802.1d Spanning Tree.

C. This switch interface has a higher path cost to the root bridge than another in the
   topology.

D. This switch has a lower bridge ID for VLAN 2 than the elected designated
   switch.

12. Refer to the exhibit. This command is executed on 2960Switch:

2960Switch(config)# mac-address-table static 0000.00aa.aaaa vlan 10 interface fa0/1

Which two of these statements correctly identify results of executing the command? (Choose two.)

依據下面這個圖，題目中的命令是被執行在2960的交換器上面，執行這個命令後，下面哪兩項敘述是正確的說明執行的結果？

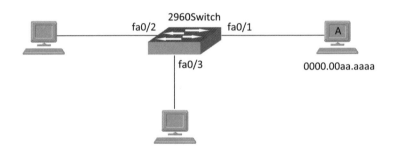

A. Port security is implemented on the fa0/1 interface.

B. MAC address 0000.00aa.aaaa does not need to be learned by this switch.

C. Only MAC address 0000.00aa.aaaa can source frames on the fa0/1 segment.

D. Frames with a Layer 2 source address of 0000.00aa.aaaa will be forwarded out fa0/1.

E. MAC address 0000.00aa.aaaa will be listed in the MAC address table for interface fa0/1 only.

> **ANS：** B,E
>
> **解析：** 圖中的命令就是在MAC位址表裡頭鎖上一個MAC 位址，這個MAC 位址是在介面Fa0/1 上面，因為已經把這個MAC 位址鎖在MAC 位址表上面，所以這個交換器不會再去學習這個MAC 位址，而且這個MAC 位址只會出現在0/1這個介面上。

13. Which of the following describes the roles of devices in a WAN? (Choose three.)

    下面哪些描述了一個WAN當中裝置的角色？

    A. A CSU/DSU terminates a digital local loop.

    B. A modem terminates a digital local loop.

    C. A CSU/DSU terminates an analog local loop.

    D. A modem terminates an analog local loop.

    E. A router is commonly considered a DTE device.

    F. A router is commonly considered a DCE device.

ANS： A,D,E

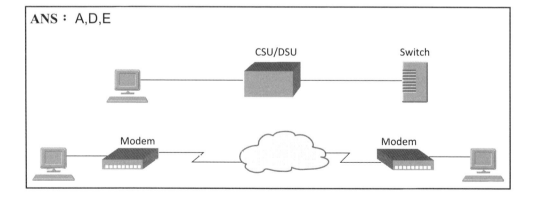

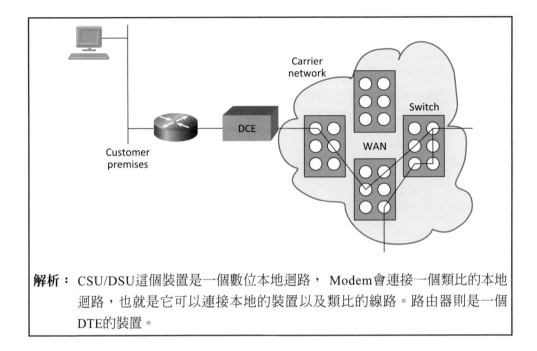

解析: CSU/DSU這個裝置是一個數位本地迴路， Modem會連接一個類比的本地迴路，也就是它可以連接本地的裝置以及類比的線路。路由器則是一個DTE的裝置。

14. What are two security appliances that can be installed in a network? (Choose two.)

哪兩個有關安全的裝置可以被安裝在網路上面？

A. ATM

B. IDS

C. IOS

D. IOX

E. IPS

F. SDM

ANS：B,E

解析：IDS本質上是一種監聽系統，它依照一定的安全策略，對網路與系統的運行狀況進行監測，盡可能發現、報告、記錄各種攻擊企圖、攻擊行為或者攻擊結果，以保證資訊系統的機密性、完整性和可用性。IDS可分為主機型HIDS和網路型NIDS，目前主流IDS產品均採用兩者結合的混合型架構，以被動防禦的監聽方式限制阻斷。 IPS來自IDS，既具有IDS的檢測功能，又能夠即時中止網路入侵行為的新型安全技術設備。

15. A single 802.11g access point has been configured and installed in the center of a square office. A few wireless users are experiencing slow performance and drops while most users are operating at peak efficiency. What are three likely causes of this problem? (Choose three.)

    有一個無線網路存取點被安裝在一個方型辦公室的中間，有少部份的無線網路使用者覺得效能不好且有掉封包的狀況，但是大多數的使用者運作都正常，最有可能造成這個問題的原因有哪些？

    A. mismatched TKIP encryption

    B. null SSID

    C. cordless phones

    D. mismatched SSID

    E. metal file cabinets

    F. antenna type or direction

ANS：C,E,F

解析：出現效能不好以及掉封包，就代表信號強度不夠，這時候有可能是被干擾，例如：被無線電話干擾。也有可能信號被阻隔，例如：被一個金屬的檔案櫃擋住。也可能是發射器的天線方向不正確、或者是發射器的天線型態不正確。

16. Refer to the exhibit. What two facts can be determined from the WLAN diagram? (Choose two.)

依據圖。在這個WLAN無線網路的圖中，我們可以確定哪兩個事實？

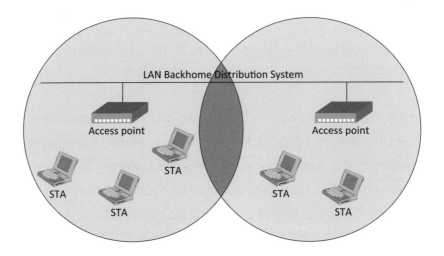

A. The area of overlap of the two cells represents a basic service set (BSS).

B. The network diagram represents an extended service set (ESS).

C. Access points in each cell must be configured to use channel 1.

D. The area of overlap must be less than 10% of the area to ensure connectivity.

E. The two APs should be configured to operate on different channels.

ANS： B,E

解析： 在圖中，網路所顯示的是一個延伸服務集合(ESS)，因為圖中我們可以看到有兩個存取點。這兩個存取點有重覆的區域，所以這兩個AP必須要設定成不同的頻道，否則將會互相干擾。

---

17. Which two devices can interfere with the operation of a wireless network because they operate on similar frequencies? (Choose two.)

哪兩個裝置因為與無線網路運作在接近的頻率上，所以會干擾無線網路的運作？。

A. Copier

B. microwave oven

C. Toaster

D. cordless phone

E. IP phone

F. AM radio

ANS： B,D

解析： 微波爐及無線電話。它們的工作頻率都是2.4G，所以會干擾無線網路的運作。

---

18. Which two statements describe characteristics of IPv6 unicast addressing? (Choose two.)

下面的敘述哪些描述了IPv6單播定址的特性？

A. Global addresses start with 2000::/3.

B. Link-local addresses start with FE00:/12.

C. Link-local addresses start with FF00::/10.

D. There is only one loopback address and it is ::1.

E. If a global address is assigned to an interface, then that is the only allowable address for the interface.

ANS： A,D

解析： Link-local addresses 是從 FE80::/10 開始。

---

19. Refer to the exhibit. Which statement is true?

依據圖，下面哪個敘述是正確的？

```
SwitchA# show spanning-tree vlan 20

VLAN0020
  Spanning tree enabled protocol rstp
  Root ID    Priority      24596
             Address       0017.596d.2a00
             Cost          38
             Port          11 (FastEthernet0/11)
             Hello Time    2 sec Max Age 20 sec Forward Delay
15 sec
  Bridge ID Priority       28692 (priority 28672 sys-id-ext 20)
             Address       0017.596d.1580
             Hello Time 2 sec Max Age 20 sec Forward Delay 15
sec
      Aging Time 300
Interface    Role Sts Cost       Prio.Nbr Type
-----------  ---- --- ---------- -------- ---------
Fa0/11       Root FWD 19         128.11   P2p
Fa0/12       Altn BLK 19         128.12   P2p
```

A. The Fa0/11 role confirms that SwitchA is the root bridge for VLAN 20.

B. VLAN 20 is running the Per VLAN Spanning Tree Protocol.

C. The MAC address of the root bridge is 0017.596d.1580.

D. SwitchA is not the root bridge, because not all of the interface roles are designated.

ANS： D

解析： 圖中最後兩行可以看到交換器A的0/11及0/12兩個Port，它們的角色分別是根Port及替代Port，代表這台交換器並不是根橋接器，因爲根橋接器的Port應該都是指定Port，所以答案選D。

---

20. Which two of these statements are true of IPv6 address representation? (Choose two.) 下面有關IPv6位置表現的方式，哪些敘述是對的？

A. There are four types of IPv6 addresses: unicast, multicast, anycast, and broadcast.

B. A single interface may be assigned multiple IPv6 addresses of any type.

C. Every IPv6 interface contains at least one loopback address.

D. The first 64 bits represent the dynamically created interface ID.

E. Leading zeros in an IPv6 16 bit hexadecimal field are mandatory.

ANS： B,C

解析： IPv6的位址並沒有多播，此外每個IPv6的介面上都可以指定多個任何型態的IPv6位址，每一個IPv6的介面都至少可以包含一個Loopback的位址，IPv6前面的16個bit並沒有強制是0。

---

21. What are three basic parameters to configure on a wireless access point? (Choose three.)

    設定一個無線網路的存取點，有哪三個參數是必要的？

    A. SSID

    B. RTS/CTS

    C. AES-CCMP

    D. TKIP/MIC

    E. RF channel

    F. authentication method

ANS： A,E,F

解析： SSID是一定要設定的，發射器的頻道也必須要設定，另外就是認證的方式。

---

22. Refer to the exhibit. A system administrator installed a new switch using a script to configure it. IP connectivity was tested using pings to SwitchB. Later attempts to access New Switch using Telnet from SwitchA failed. Which statement is true?

    依據下面的圖，一個系統的管理者安裝了一個新的交換器並且設定了它，然後使用了Ping這個命令去測試它的IP連接性，稍後又試著使用Telnet去存取這個新的交換器，但是失敗了，下面哪一個敘述是對的？

```
SwitchA# show spanning-tree vlan 20

VLAN0020
  Spanning tree enabled protocol rstp
  Root ID    Priority        24596
             Address         0017.596d.2a00
             Cost            38
             Port            11 (FastEthernet0/11)
             Hello Time    2 sec Max Age 20 sec Forward Delay
  15 sec
   Bridge ID Priority        28692 (priority 28672 sys-id-ext 20)
             Address         0017.596d.1580
             Hello Time    2 sec Max Age 20 sec Forward Delay
  15 sec
             Aging Time 300
  Interface        Role Sts Cost        Prio.Nbr Type
  ---------------- ---- --- --------- -------- ---------
  Fa0/11           Root FWD 19          128.11   P2p
  Fa0/12           Altn BLK 19          128.12   P2p
```

A. Executing password recovery is required.

B. The virtual terminal lines are misconfigured.

C. Use Telnet to connect to RouterA and then to NewSwitch to correct the error.

D. Power cycle of NewSwitch will return it to a default configuration.

ANS：B

解析： A選項，與密碼無關，不需要密碼復原。B 選項，VTY 有可能設定錯誤，導致無法 Telnet。C選項，Telnet 到 RouterA 然後到 NewSwitch 去更正錯誤，邏輯有問題。D選項，NewSwitch 電源重開恢復預設設定也無法更正錯誤。B VTY設定錯誤這答案比較合理。

---

23. Which two of these statements regarding RSTP are correct? (Choose two.)
關於RSTP的敘述，下面的敘述哪些是正確的？

A. RSTP cannot operate with PVST+.

B. RSTP defines new port roles.

C. RSTP defines no new port states.

D. RSTP is a proprietary implementation of IEEE 802.1D STP.

E. RSTP is compatible with the original IEEE 802.1D STP.

ANS：B,E

解析： RSTP跟STP最基本的差別就是RSTP它定義了一些新的Port的角色，而且
RSTP它向下相容STP，也就是相容 801.11D的STP。

---

24. Which three of these statements regarding 802.1Q trunking are correct?
(Choose three.)
關於802.1Q Trunking的敘述，下面哪些敘述是正確的？

A. 802.1Q native VLAN frames are untagged by default.

B. 802.1Q trunking ports can also be secure ports.

C. 802.1Q trunks can use 10 Mb/s Ethernet interfaces.

D. 802.1Q trunks require full-duplex, point-to-point connectivity.

E. 802.1Q trunks should have native VLANs that are the same at both ends.

ANS：A,C,E

解析： 在802.1Q中，Native VLAN的訊框就是沒有貼標籤的訊框。802.1Q Trunk
可以使用10MB的乙太網路介面，也可以使用100MB的乙太網路介面。
802.1Q在設定的時候，兩端的Native VLAN的號碼必須要相同。

---

25. Refer to the exhibit. Each of these four switches has been configured with a
hostname, as well as being configured to run RSTP. No other configuration
changes have been made. Which three of these show the correct RSTP
port roles for the indicated switches and interfaces? (Choose three.)
依據圖，下面的四個交換器都被設定了主機名稱，而且也都被設定了
RSTP，下面哪三個RSTP Port的角色是正確的？

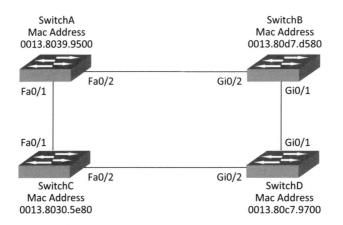

SwitchA
Mac Address
0013.8039.9500

SwitchB
Mac Address
0013.80d7.d580

Fa0/2

Gi0/2

Fa0/1

Gi0/1

Fa0/1

Gi0/1

Fa0/2

Gi0/2

SwitchC
Mac Address
0013.8030.5e80

SwitchD
Mac Address
0013.80c7.9700

A. SwitchA, Fa0/2, designated

B. SwitchA, Fa0/1, root

C. SwitchB, Gi0/2, root

D. SwitchB, Gi0/1, designated

E. SwitchC, Fa0/2, root

F. SwitchD, Gi0/2, root

ANS： A,B,F

解析： 必須先從圖中找出根橋接器，選擇根橋接器的方法就是看它的MAC 位址哪一個最小。可以看到交換器C的MAC 位址最小，所以交換器C是根橋接器，根橋接器的Port都是指定Port。接下來要找其它交換器離根橋接器最近的Port，先看交換器A，交換器A很明顯距離根橋接器最近的Port是0/1，再看交換器D，離根橋接器最近的Port是Gi0/2（19），最後一個交換器Switch B它有兩個Port，一個Port是往交換器A，使用的是Gi0/2這個Port，但是因為跟它相接的是Fa0/2，所以Gi0/2會被降速變成乙太網路100MB，所以這個Port到達根橋接器的成本是19+19，另外一個Port Gi0/1到達根橋接器的成本是4+19，所以交換器B的根 Port 是Gi0/1。最後再看剩下的兩個網段哪一個Port離根橋接器最近，那個Port就是指定 Port。先看交換器A到交換器B之間，很明顯交換器Fa0/2距離根橋接器的成本是19，交換器 B 的Gi0/2 距離根橋接器的成本是4+19，所以交換器 A 的 Fa0/2是指定Port。交換器B到交換器D之間只剩下一個Gi0/1，這個Gi0/1很明顯到達根橋接器只需要19，所以Switch D 的Gi0/1是指定Port，非指定Port就是Switch B的Gi0/2。

Dat rate	STP Cost (802.1D-1998)
4 Mbit/s	250
10 Mbit/s	100
16 Mbit/s	62
100 Mbit/s	19
1 Gbit/s	4
2 Gbit/s	3
10 Gbit/s	2

26. Refer to the exhibit. A junior network administrator was given the task of configuring port security on SwitchA to allow only PC_A to access the switched network through port fa0/1. If any other device is detected, the port is to drop frames from this device. The administrator configured the interface and tested it with successful pings from PC_A to RouterA, and then observes the output from these two show commands.Which two of these changes are necessary for SwitchA to meet the requirements? (Choose two.)

依據下面的圖，一個網路的管理者被要求設定交換器A的Port安全性，這個工作是要讓只有主機 A可以透過Port的Fa0/1存取交換器。如果任何其它的裝置被偵測出來在這個Port上面，這個Port將會把這個裝置的訊框丟掉。管理者設定了這個介面，而且測試主機A Ping到路由器A是成功，然後它使用了圖中的兩個show命令去觀察它的輸出，那麼依據上面的需求，必須要作什麼樣的變更才能達成需求？

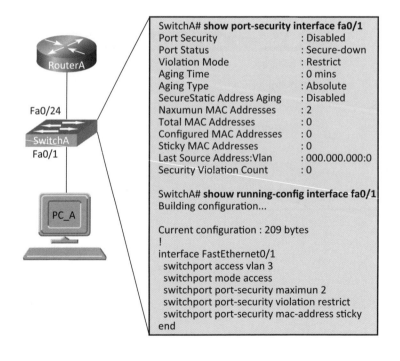

SwitchA# **show port-security interface fa0/1**
Port Security   : Disabled
Port Status   : Secure-down
Violation Mode   : Restrict
Aging Time   : 0 mins
Aging Type   : Absolute
SecureStatic Address Aging : Disabled
Naxumun MAC Addresses   : 2
Total MAC Addresses   : 0
Configured MAC Addresses : 0
Sticky MAC Addresses   : 0
Last Source Address:Vlan : 000.000.000:0
Security Violation Count : 0

SwitchA# **shouw running-config interface fa0/1**
Building configuration...

Current configuration : 209 bytes
!
interface FastEthernet0/1
 switchport access vlan 3
 switchport mode access
 switchport port-security maximun 2
 switchport port-security violation restrict
 switchport port-security mac-address sticky
end

A. Port security needs to be globally enabled.

B. Port security needs to be enabled on the interface.

C. Port security needs to be configured to shut down the interface in the event of a violation.

D. Port security needs to be configured to allow only one learned MAC address.

E. Port security interface counters need to be cleared before using the show command.

F. The port security configuration needs to be saved to NVRAM before it can become active.

ANS： B,D

解析： 從圖中可以看到Switch Port安全性的命令，其中有一條設定了maximum 2，代表這個Port最多可以有兩個主機，這個與題目的要求是違反的，所以這裡應該要把它設成1。另外，這裡雖然設定了很多Switch Port安全性的命令，但是這裡的Switch Port安全性並沒有被啟動，因為少了一條switchport port-security命令來啟動，所以必須把這條命令加上去。

---

27. Which set of commands is recommended to prevent the use of a hub in the access layer?

下面哪個命令的組合是被建議用來防止在存取層中使用Hub？

A. switch(config-if)#switchport mode trunk

switch(config-if)#switchport port-security maximum 1

B. switch(config-if)#switchport mode trunk

switch(config-if)#switchport port-security mac-address 1

C. switch(config-if)#switchport mode access

switch(config-if)#switchport port-security maximum 1

D. switch(config-if)#switchport mode access

switch(config-if)#switchport port-security mac-address 1

ANS：C

解析：要防止存取層使用Hub，就必須在這個Port上面只允許有一台主機，這樣使用Hub也沒有用，所以答案是選項C。必須在這個Port上面設定一個maximum 1的命令。

28. By default, each port in a Cisco Catalyst switch is assigned to VLAN1. Which two recommendations are key to avoid unauthorized management access? (Choose two.)

   預設情形下面，思科交換器的每一個Port都被指定到VLAN 1，下面哪兩個建議可以避免未經授權的存取？

   A. Create an additional ACL to block the access to VLAN 1.

   B. Move the management VLAN to something other than default.

   C. Move all ports to another VLAN and deactivate the default VLAN.

   D. Limit the access in the switch using port security configuration.

   E. Use static VLAN in trunks and access ports to restrict connections.

   F. Shutdown all unused ports in the Catalyst switch.

ANS：B,F

解析：因為交換器上面所有的Port預設都是屬於VLAN 1，所以比較安全的作法就是把管理性的VLAN移到其它的VLAN上面去，不要使用VLAN 1，此外就是把沒有使用的Port關閉，也可以避免未經授權的存取。

29. Which Cisco Catalyst feature automatically disables the port in an operational PortFast upon receipt of a BPDU?

   一個運作Port Fast的Port，如果接收到了一個BPDU的封包，下面哪一個思科交換器的特色可以關閉這個 Port？

   A. BackboneFast

   B. UplinkFast

C. Root Guard

D. BPDU Guard

E. BPDU Filter

ANS：D

解析： Port 設定爲 PortFast ，代表此 Port 所接的是電腦，此 Port可以快速啓用，不需要等待數十秒。思科交換機的BPDU Guard功能在連接埠上啓用後 (設定爲 PortFast)，一旦收到其它交換機的BPDU資訊，此連接埠會立刻 Shutdown (防止此連接埠接上的是交換器)，如果要重新啓用這個 Port ，必須經由網路管理者手工恢復。

---

30. What is known as "one-to-nearest" addressing in IPv6?

    在IPv6當中的「1到最近」定址指的是什麼？

    A. global unicast

    B. Anycast

    C. Multicast

    D. unspecified address

ANS：B

解析： Anycast 是 one-to-nearest 的位址，只能當作目的地位址，並且只能指派給 router設備。

---

31. Which option is a valid IPv6 address?

    下面哪一個選項是一個合法的IPv6 位址？

    A. 2001:0000:130F::099a::12a

    B. 2002:7654:A1AD:61:81AF:CCC1

    C. FEC0:ABCD:WXYZ:0067::2A4

    D. 2004:1:25A4:886F::1

32. How many bits are contained in each field of an IPv6 address?

    在一個IPv6位址的每一個欄位包含了多少個bits？

    A. 24

    B. 4

    C. 8

    D. 16

33. What is the principle reason to use a private IP address on an internal network?

    在一個內部網路裡使用私有IP位址的原因是什麼？

    A. Subnet strategy for private companies.

    B. Manage and scale the growth of the internal network.

    C. Conserve public IP addresses so that we do not run out of them.

    D. Allow access reserved to the devices.

34. What will happen if a private IP address is assigned to a public interface connected to an ISP?

   如果一個私有IP 位址被指定給一個公共的介面，這個公用介面是連接到一個 ISP，將會發生什麼事情？

   A. Addresses in a private range will be not routed on the Internet backbone.

   B. Only the ISP router will have the capability to access the public network.

   C. The NAT process will be used to translate this address in a valid IP address.

   D. Several automated methods will be necessary on the private network.

   E. A conflict of IP addresses happens, because other public routers can use the same range.

> **ANS：** A
>
> **解析：** 在私有範圍的IP如果被設定到公共的介面上面，這些私有的IP並不會被繞送到公共網路的骨幹上面。

35. When is it necessary to use a public IP address on a routing interface?

   什麼時候必須在一個繞送介面上面使用一個公共IP 位址？

   A. Connect a router on a local network.

   B. Connect a router to another router.

   C. Allow distribution of routes between networks.

   D. Translate a private IP address.

   E. Connect a network to the Internet.

> **ANS：** E
>
> **解析：** 當這個網路要連接到網際網路的時候。

36. What is the first 24 bits in a MAC address called?

在MAC 位址的前面24個bit叫作什麼？

A. NIC

B. BIA

C. OUI

D. VAI

ANS： C

解析： 每張網路卡都有 MAC 位址，前三碼是製造商編號（OUI），這個 OUI 是向 IEEE 申請的，IEEE 有提供查詢介面讓人查詢。

查詢網址：http://standards.ieee.org/regauth/oui/index.shtml

37. Which term describes the process of encapsulating IPv6 packets inside IPv4 packets?

哪一個名詞描述了封裝IPv6的封包進入IPv4的封包的過程？

A. Tunneling

B. Hashing

C. Routing

D. NAT

ANS： A

38. Which statement about RIPng is true?

哪一個關於RIPng的敘述是對的？

A. RIPng allows for routes with up to 30 hops.

B. RIPng is enabled on each interface separately.

C. RIPng uses broadcasts to exchange routes.

D. There can be only one RIPng process per router.

ANS： B
解析： RIPng是一個UDP架構的協定。使用UDP埠號521（RIPng埠）來傳送與接收封包。RIPng 是在介面上啟動。

39. Which statement about IPv6 is true?

哪一個關於IPv6的敘述是對的？

A. Addresses are not hierarchical and are assigned at random.

B. Only one IPv6 address can exist on a given interface.

C. There are 2.7 billion addresses available.

D. Broadcasts have been eliminated and replaced with multicasts.

ANS： D
解析： 在IPv6當中沒有廣播這個東西，取而代之的是多播。

40. A network admin wants to know every hop the packets take when he accesses cisco.com. Which command is the most appropriate to use?

有一個網路管理者想要知道它存取cisco.com的路徑當中的每一跳，哪一個命令最適合使用？

A. path cisco.com

B. debug cisco.com

C. trace cisco.com

D. traceroute cisco.com

ANS： D
解析： 要追縱封包所走過的每一跳，可以使用Trace route。

41. QoS policies are applied on the switches of a LAN. Which type of command will show the effects of the policy in real time?

QoS的政策被套用在一個本地網路的交換器上面，哪個命令可以即時顯示這個政策的效果？

   A. show command

   B. debug command

   C. configuration command

   D. rommon command

ANS： B

解析： 要即時顯示一個命令的效果，最好的命令就是debug。

---

42. Which command will show the MAC addresses of stations connected to switch ports?

哪一個命令可以顯示連接到交換器Port上的工作站MAC 位址？

   A. show mac-address

   B. show arp

   C. show table

   D. show switchport

ANS： A 或 B

解析： show mac-address-table 及 show arp 都可以看到 MAC 位址。因為題目暗示 [工作站的 MAC] [連到交換器的 Port]，依 MAC 與 Port 的關聯應該是 選 show mac-address-table 最佳。

但是此題目有爭議，因為題目選項 show mac-address 命令不完整，有人認 為第二個選項較佳。因此，若當時題目的選項為 show mac-address時，可 以選 B。但若是完整的 show mac-address-table時，選 A 會更好。此處應該 是題目抄出時錯誤。

43. What is the name of the VTP mode of operation that enables a switch to forward only VTP advertisements while still permitting the editing of local VLAN information?

啟動一個交換器只進行VTP宣傳的轉送，且仍可以允許編輯本地的VLAN資訊，這樣的運作是VTP的哪一種模式？

A. Server

B. Client

C. Tunnel

D. transparent

ANS： D
解析： 透明模式。只有透明模式除了宣傳VTP之外還能夠編輯自己的VLAN。

44. Which port state is introduced by Rapid-PVST?

哪一個Port的狀態是在快速PVST中被介紹的？

A. Learning

B. Listening

C. Discarding

D. Forwarding

ANS： C
解析： 拋棄Port狀態是在快速PVST中出現。

45. What speeds must be disabled in a mixed 802.11b/g WLAN to allow only 802.11g clients to connect?

在一個802.1b及11g混合模式的無線網路中，哪一個速度必須被關閉，才能只允許802.11g的客戶端連接？

A. 6, 9, 12, 18

B. 1, 2, 5.5, 6

C. 5.5, 6, 9, 11

D. 1, 2, 5.5, 11

ANS：D

解析：802.11b 與 802.11g 都使用 2.4G 的頻帶， 802.11b 傳輸速率固定在 1、2、5.5、11 ，而 802.11g 傳輸速率固定在 1、2、6、9、12、18、24、36、48、54。若不想讓 802.11b 運作，只要把 1、2、5.5、11 的傳輸速率關閉，802.11b 的用戶就無法連上混合模式的 mixed 802.11b/g 無線網路。

802.11 Protocol	Release	Freq. (GHz)	Bandwidth (MHz)	Data rate per stream (Mbit/s)
-	Jun 1997	2.4	20	1,2
a	Sep 1999	5	20	6,9,12,18,24,36,48,54
b	Sep 1999	2.4	20	1,2,5.5,11
g	Jun 2003	2.4	20	1,2,6,9,12,18,24,36,48,54
n	Oct 2009	2.4/5	20	7.2,14.4,21.7,28.9,43.3,57.8,65,72.2
			40	15,30,45,60,90,120,135,150

46. Which two tasks does the Dynamic Host Configuration Protocol perform? (Choose two.)

DHCP這個協定會執行下面哪兩個工作？

A. Set the IP gateway to be used by the network.

B. Perform host discovery used DHCPDISCOVER message.

C. Configure IP address parameters from DHCP server to a host.

D. Provide an easy management of layer 3 devices.

E. Monitor IP performance using the DHCP server.

F. Assign and renew IP address from the default pool.

ANS：C,F

解析： DHCP最主要的工作就是當DHCP伺服器運作之後，會指定一個IP給主機，這個IP是從預設的位址池中挑選出來的。

---

47. Which two benefits are provided by creating VLANs? (Choose two.)
    建立VLAN有哪兩個好處？

    A. added security

    B. dedicated bandwidth

    C. provides segmentation

    D. allows switches to route traffic between subinterfaces

    E. contains collisions

ANS：A,C

解析： 建立VLAN時會增加安全性，因為每一個VLAN就是一個獨立的網路。

---

48. Which two link protocols are used to carry multiple VLANs over a single link? (Choose two.)
    有哪兩種鏈路的協定是用來在一條單一的鏈路上面攜帶多個VLAN？

    A. VTP

    B. 802.1q

    C. IGP

    D. ISL

    E. 802.3u

49. Which two protocols are used by bridges and/or switches to prevent loops in a layer 2 network?(Choose two.)

   在一個第二層的網路當中，哪兩個協定是被交換器或者是橋接器用來防止迴圈？

   A. 802.1d

   B. VTP

   C. 802.1q

   D. STP

   E. SAP

50. Which VTP mode is capable of creating only local VLANs and does not synchronize with other switches in the VTP domain?

   哪一個VTP的模式只可以建立本地的VLAN，而不會去跟同一個VTP領域的其它交換器進行同步？

   A. Client

   B. Dynamic

   C. Server

   D. Static

   E. transparent

ANS： E

解析： 透明模式的交換器有這個能力。

51. Which switch would STP choose to become the root bridge in the selection process?

    哪一個交換器會在STP的選舉程序中成為根橋接器？

    A. 32768: 11-22-33-44-55-66

    B. 32768: 22-33-44-55-66-77

    C. 32769: 11-22-33-44-55-65

    D. 32769: 22-33-44-55-66-78

ANS： A

解析： 要選擇根橋接器，就是看它的優先權及MAC 位址，優先權及MAC 位址最小的，就會成為根橋接器，選項A及選項B有最小的優先權，但是MAC 位址A比MAC 位址B來得小，所以答案是A。

52. A switch is configured with all ports assigned to vlan 2 with full duplex FastEthernet to segment existing departmental traffic. What is the effect of adding switch ports to a new VLAN on the switch?

    一台交換器所有的Port被設定到VLAN 2以區分已經存在部門的流量，加入交換器Port到一個新的VLAN的效用是什麼？

    A. More collision domains will be created.

    B. IP address utilization will be more efficient.

    C. More bandwidth will be required than was needed previously.

    D. An additional broadcast domain will be created.

ANS： D

解析： 建立一個新的VLAN等於建立一個新的廣播領域，所以答案是D。

53. Which two statements about the use of VLANs to segment a network are true? (Choose two.)

關於使用VLAN的哪兩個敘述是正確的？

A. VLANs increase the size of collision domains.

B. VLANs allow logical grouping of users by function.

C. VLANs simplify switch administration.

D. VLANs enhance network security.

ANS： B,D

解析： 建立VLAN可以讓相同功能的使用者成為一個邏輯性的群組。此外，可以讓網路的安全提升。

54. On corporate network, hosts on the same VLAN can communicate with each other, but they are unable to communicate with hosts on different VLANs. What is needed to allow communication between the VLANs?

在公司的網路中，相同VLAN的主機可以互相通訊，但是不同VLAN的主機無法互相通訊，如果要讓不同VLAN之間的主機可以通訊，必須加入什麼東西？

A. a router with subinterfaces configured on the physical interface that is connected to the switch

B. a router with an IP address on the physical interface connected to the switch

C. a switch with an access link that is configured between the switches

D. a switch with a trunk link that is configured between the switches

ANS： A

解析： 如果要讓不同的VLAN能夠互相溝通，必須加入一台路由器，並且在路由器上面建立子介面，並將這個實體的介面連接到交換器的 trunk Port 上。

55. When a DHCP server is configured, which two IP addresses should never be assignable to hosts?(Choose two.)

當一個DHCP伺服器被設定時,哪兩個IP位址不可以指定給主機?

   A. network or subnetwork IP address

   B. broadcast address on the network

   C. IP address leased to the LAN

   D. IP address used by the interfaces

   E. manually assigned address to the clients

   F. designated IP address to the DHCP server

ANS: A,B

解析: 一個網段裡,不能指定給主機的IP就是整個網段的第一個IP,也就是網路位址,以及最後一個IP,也就是廣播位址,這兩個位址不可以指定給主機。

56. Which statement describes the process of dynamically assigning IP addresses by the DHCP server?

哪個敘述描述了DHCP伺服器動態指定IP位址的程序?

   A. Addresses are allocated after a negotiation between the server and the host to determine the length of the agreement.

   B. Addresses are permanently assigned so that the hosts uses the same address at all times.

   C. Addresses are assigned for a fixed period of time, at the end of the period, a new request for an address must be made.

   D. Addresses are leased to hosts, which periodically contact the DHCP server to renew the lease.

ANS： D
解析： IP的位址會被DHCP伺服器配發給主機，而主機會週期性的與DHCP伺服器接觸。

57. Cisco Catalyst switches CAT1 and CAT2 have a connection between them using ports FA0/13. An 802.1Q trunk is configured between the two switches. On CAT1, VLAN 10 is chosen as native, but on CAT2 the native VLAN is not specified.What will happen in this scenario?
思科的交換器CAT 1及CAT 2兩個交換器之間有一個連線使用FA0/13這個 Port，有一個802.1Q的Trunk被設定在這兩個交換器上面，在CAT 1 上的 VLAN 10被選擇為Native，但是在CAT 2上的Native VLAN沒有被指定，這 樣的一個情況下會發生什麼事？

   A. 802.1Q giants frames could saturate the link.

   B. VLAN 10 on CAT1 and VLAN 1 on CAT2 will send untagged frames.

   C. A native VLAN mismatch error message will appear.

   D. VLAN 10 on CAT1 and VLAN 1 on CAT2 will send tagged frames.

ANS： C
解析： 交換器Trunk鏈路的兩端的Native VLAN號碼必須相同，否則在交換器上會看到「Native VLAN不匹配」這樣的錯誤訊息。

58. The network default gateway applying to a host by DHCP is 192.168.5.33/28. Which option is the valid IP address of this host?
網路的預設閘道被派用到一個主機上，它的IP是192.168.5.33/28，這個主機 合法的IP位址是選項中的哪一個？

   A. 192.168.5.55

   B. 192.168.5.47

   C. 192.168.5.40

D. 192.168.5.32

E. 192.168.5.14

ANS：C

解析： 題目中，閘道的位置是192.168.5.33/28，因此使用32-28=4，然後2的4次
方等於16，代表每一個網段有16個IP，因此可以估算0~15是第一網段，
16~31是第二網段，32~47是第三網段，因為閘道是33，所以是使用32~47
這個第三網段。這裡第一個IP及最後一個IP不可以使用，33已經用掉，所
以配給主機的IP就是34~46這個範圍，答案選C。

59. When configuring a serial interface on a router, what is the default encapsulation?

當設定一個路由器上的序列介面時，預設的封裝是什麼？

A. atm-dxi

B. frame-relay

C. hdlc

D. lapb

E. ppp

ANS：C

解析： 在路由器上面，預設的序列封裝就是HDLC，思科的HDLC稱為
「CHDLC」。

60. A company implements video conferencing over IP on their Ethernet LAN. The users notice that the network slows down, and the video either stutters or fails completely. What is the most likely reason for this?

一個公司在他們的乙太網路上面實作了視訊會議，使用者注意到網路的速度
變慢，而且視訊會跳動或者是無法完成，這種狀況最有可能的原因是什麼？

A. minimum cell rate (MCR)

B. quality of service (QoS)

C. modulation

D. packet switching exchange (PSE)

E. reliable transport protocol (RTP)

ANS： B

解析： 這種狀況很明顯是服務的品質發生了問題。

---

61. Data transfer is slow between the source and destination. The quality of service requested by the transport layer in the OSI reference model is not being maintained. To fix this issue, at which layer should the troubleshooting process begin?

    在來源及目的地中間的資料傳輸變慢，而OSI參考模型並沒有在第四層傳輸層被維護使用，為了要修正這個議題，除錯程序要從哪一層開始？

    A. presentation

    B. session

    C. transport

    D. network

    E. physical

ANS： D

解析： 在網路層必須要實作QoS。

62. Which three options are valid WAN connectivity methods? (Choose three.)

    哪三個選項是合法的廣域網路連線的方法？

    A. PPP

    B. WAP

    C. HDLC

    D. MPLS

    E. L2TPv3

    F. ATM

    ANS： A,C,F

    解析： 常見的廣域網路連線方法包括了HDLC、TTP、訊框中繼、及ATM。

63. Refer to the exhibit. Which WAN protocol is being used?

    依據圖，哪一個廣域網路的協定被使用？

```
RouterA#show interface pos8/0/0
POS8/0/0 is up, line protocol is up
  hardware is Packet over Sonet
  Keepalive set (10 sec)
  Scramble disabled
  LMI enq sent  2474988, LMI stat recvd 2474969, LMI upd
recvd 0, DTE LMI up
  Broadcast queue 0/256, broadcasts sent/dropped 25760668/0,
interface broadcasts 25348176
  Last input 00:00:00, output 00:00:00, output hang never
  Last clearing of "showinterface" counters 40w6d
  5 minute input rate 0 bits/sec, 0 packets/sec
  5 minute output rate 39000 bits/sec, 50 packets/sec
     63153396 packets input, 4389121455 bytes, 0 no buffer
     Received 0 broadcasts (0 IP multicast)
     0 runts, 0 giants, 0 throttles
                0 parity
     44773 input errors, 39138 CRC, 0 frame, 0 overrun, 0
ignored, 27 abort
     945596253 packets output, 62753244360 bytes, 0 underruns
     0 output errors, 0 applique, 0 interface resets
     0 output buffer failures, 0 output buffers swapped out
     0 carrier transitions
```

A. ATM

B. HDLC

C. Frame Relay

D. PPP

ANS：C

解析： 圖中第六行有一個LMI，這個是訊框中繼所使用到的名詞。

---

64. What is the difference between a CSU/DSU and a modem?
CSU/DSU與數據機有什麼不同？

A. A CSU/DSU converts analog signals from a router to a leased line; a modem converts analog signals from a router to a leased line.

B. A CSU/DSU converts analog signals from a router to a phone line; a modem converts digital signals from a router to a leased line.

C. A CSU/DSU converts digital signals from a router to a phone line; a modem converts analog signals from a router to a phone line.

D. A CSU/DSU converts digital signals from a router to a leased line; a modem converts digital signals from a router to a phone line.

ANS：D

解析： CSU/DSU是從路由器到一條專線做轉換數位信號的工作，而數據機是從一台路由器到一條電話線做轉換數位信號的工作。

---

65. A network administrator must configure 200 switch ports to accept traffic from only the currently attached host devices. What would be the most efficient way to configure MAC-level security on all these ports?
一個網路管理者必須要設定200台交換器的Port，而且這些Port只接受目前已經接在這個交換器上面的主機，那麼接下來能有效設定MAC層級安全性在這些Port上面的方法是什麼？

A. Visually verify the MAC addresses and then telnet to the switches to enter the switchport-port security mac-address command.

B. Have end users e-mail their MAC addresses. Telnet to the switch to enter the switchport-port security mac-address command.

C. Use the switchport port-security MAC address sticky command on all the switch ports that have end devices connected to them.

D. Use show mac-address-table to determine the addresses that are associated with each port and then enter the commands on each switch for MAC address port-security.

ANS：C

解析：在所有連接了裝置的交換器 Port 上，使用 switchport port-security MAC address sticky 這個命令。

66. When troubleshooting a Frame Relay connection, what is the first step when performing a loopback test?

當進行一個訊框中繼連線的除錯時，什麼是執行本地測試的第一個步驟？

A. Set the encapsulation of the interface to HDLC.

B. Place the CSU/DSU in local-loop mode.

C. Enable local-loop mode on the DCE Frame Relay router.

D. Verify that the encapsulation is set to Frame Relay.

ANS：A

解析：Loopback就是本地的測試，在訊框中繼的環境中，Ping本地的LMI是不會通的，因此必須先將線路封裝成HDLC，所以答案選A。

67. What occurs on a Frame Relay network when the CIR is exceeded?

當訊框中繼網路的CIR超過，會發生什麼事？

A. All TCP traffic is marked discard eligible.

B. All UDP traffic is marked discard eligible and a BECN is sent.

C. All TCP traffic is marked discard eligible and a BECN is sent.

D. All traffic exceeding the CIR is marked discard eligible.

ANS： D

解析： 如果傳入資料訊框未超出 CIR，則允許該資料訊框通過。如果傳入資料訊框超過 CIR，則將其標記為 DE(Discard Eligible)。如果傳入資料訊框超出 CIR+CBIR 的總和，則可能會丟棄該資料訊框。

---

68. What are two characteristics of Frame Relay point-to-point subinterfaces? (Choose two.)

什麼是訊框中繼點到點子介面的兩個特性？

A. They create split-horizon issues.

B. They require a unique subnet within a routing domain.

C. They emulate leased lines.

D. They are ideal for full-mesh topologies.

E. They require the use of NBMA options when using OSPF.

ANS： B,C

解析： 訊框中繼的每一個點到點的子介面都是唯一的子網路，每一個子網路就是一個繞送領域，訊框中繼的點到點子介面就類似專線。

---

69. Refer to the exhibit. Addresses within the range 10.10.10.0/24 are not being translated to the 1.1.128.0/16 range. Which command shows if 10.10.10.0/24 are allowed inside addresses?

依據圖，範圍10.10.10.0/24的IP位址沒有辦法被轉換成1.1.128.0/16的範圍，哪一個命令可以看到10.10.10.0/24是被內部所允許使用的網路位址？

```
RouterA# show running-config
!
ip nat pool inside_green 1.1.128.1 1.1.255.254
ip nat inside source list 101 pool inside_green
!
```

  A. debug ip nat

  B. show access-list

  C. show ip nat translation

  D. show ip nat statistics

ANS： B

解析： 內部允許的IP位址會放在存取清單中，所以要顯示存取清單就是使用show access-list。

70. A wireless client cannot connect to an 802.11b/g BSS with a b/g wireless card. The client section of the access point does not list any active WLAN clients. What is a possible reason for this?

一個無線網路客戶端沒有辦法連上一個802.11b/g的BSS，這客戶端使用一個b/g的無線網卡。在存取點的客戶清單中，並沒有列出任何活著的無線網路客戶端，這種狀況最有可能的原因是什麼？

  A. The incorrect channel is configured on the client.

  B. The client's IP address is on the wrong subnet.

  C. The client has an incorrect pre-shared key.

  D. The SSID is configured incorrectly on the client.

ANS： D

解析： 客戶端的SSID沒有正確的設定，因此根本無法連上無線網路存取點。

71. Which two features did WPAv1 add to address the inherent weaknesses found in WEP? (Choose two.)

哪兩個特色是在WPAv1加入，用來防止在WEP當中發現的弱點？

 A. a stronger encryption algorithm

 B. key mixing using temporal keys

 C. shared key authentication

 D. a shorter initialization vector

 E. per frame sequence counters

ANS: B,E

解析： WPA 主要的改進，就是使用了可以動態改變鑰匙的「臨時鑰匙完整性協定」（Temporal Key Integrity Protocol，TKIP）。WPA 使用的 MIC (訊息完整性查核)包含了訊框序號計數器(frame sequence counters)，以避免 WEP 的另一個弱點－Replay Attack（回放攻擊）。

---

72. Which two wireless encryption methods are based on the RC4 encryption algorithm? (Choose two.)

哪兩個無線網路的加密方式是基於RC4加密演算法？

 A. WEP

 B. CCKM

 C. AES

 D. TKIP

 E. CCMP

ANS：A,D

解析： WEP 及 WPA(TKIP) 使用 RC4 演算法。

---

73. Which command shows if an access list is assigned to an interface?

哪個Show的命令可以顯示在一個介面上的存取清單？

A. show ip interface [interface] access-lists

B. show ip access-lists interface [interface]

C. show ip interface [interface]

D. show ip access-lists [interface]

ANS： C

解析： show ip interface [interface] 命令顯示如下，存取清單在倒數第四及第五行。

```
Router#show ip interface

FastEthernet0/0 is administratively down, line protocol is
down
 Internet protocol processing disabled
Serial1/0 is up,line protocol is up
 Internet address is 30.1.1.2/24
Broadcast address is 255.255.255.255
Address determined by setup command
MTU is 1500 bytes
Helper address is not set
Directed broadcast fowwarding is disabled
Multicast reserved gruops joined: 224.0.0.9
Outgoing access list is not set
Inbound  access list is not set
Proxy ARP is enabled
Security level is default

Split horizon is enabled
```

---

74. Refer to the exhibit. Which rule does the DHCP server use when there is an IP address conflict?

依據圖，哪一個是當IP位址衝突時，DHCP伺服器所使用的規則？

```
Router# show ip dhcp conflict
IP address          Detection method   Detection time
172.16.1.32         Ping               Feb 16 1998 12:28 PM
172.16.1.64         Gratuitous ARP     Feb 23 1998 08:12 AM
```

A. The address is removed from the pool until the conflict is resolved.

B. The address remains in the pool until the conflict is resolved.

C. Only the IP detected by Gratuitous ARP is removed from the pool.

D. Only the IP detected by Ping is removed from the pool.

E. The IP will be shown, even after the conflict is resolved.

ANS: A

解析： DHCP伺服器遇到IP衝突時，它會將這個位址從IP池中移除，直到這個衝突的問題被解決為止。

75. Refer to the exhibit. Which command would allow the translations to be created on the router?

依據圖，在路由器上面哪一個命令會允許像圖中這樣的位址轉換？

```
RouterA#show ip nat translations
Pro Inside global     Inside local    Outside local    Outside global
--- 1.1.128.1         10.18.14.90     ---              ---
--- 1.1.129.107       10.18.14.91     ---              ---
--- 1.1.130.178       10.18.14.92     ---              ---
--- 1.1.131.177       10.18.14.89     ---              ---
--- 1.1.132.171       10.10.16.204    ---              ---
--- 1.1.133.172       10.10.24.210    ---              ---
--- 1.1.134.173       10.10.24.216    ---              ---
--- 1.1.135.168       10.19.16.95     ---              ---
--- 1.1.134.169       10.19.16.96     ---              ---
--- 1.1.130.170       10.20.122.234   ---              ---
--- 1.1.135.174       10.20.122.240   ---              ---
```

A. ip nat pool mynats 1.1.128.1 1.1.135.254 prefix-length 19

B. ip nat outside mynats 1.1.128.1 1.1.135.254 prefix-length 19

C. ip nat pool mynats 1.1.128.1 1.1.135.254 prefix-length 18

D. ip nat outside mynats 1.1.128.1 1.1.135.254 prefix-length 18

ANS： A

解析： 圖中可以看到在內部的IP範圍是10.10.X.X到10.20.X.X，外部的IP範圍是
1.1.128.X到1.1.135.X，選項中A及C看起來都可以，但是在只能選擇一個答
案的情況下，mask較長的會比較好，因浪費的IP比較少，所以答案選A。

76. Refer to the exhibit. The user at Workstation B reports that Server A cannot
be reached. What is preventing Workstation B from reaching Server A?
依據圖，在工作站B上面的使用者報告說伺服器A無法到達，什麼是工作站B
無法到達伺服器A的原因？

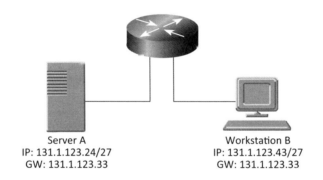

Server A
IP: 131.1.123.24/27
GW: 131.1.123.33

Workstation B
IP: 131.1.123.43/27
GW: 131.1.123.33

A. The IP address for Server A is a broadcast address.

B. The IP address for Workstation B is a subnet address.

C. The gateway for Workstation B is not on the same subnet.

D. The gateway for Server A is not on the same subnet.

ANS： D

解析： 首先可以觀察工作站B的IP位址與閘道位址，工作站B的IP是
131.1.123.43/27，所以使用32-27=5，接著2的5次方等於32，所以每一個網
段有32個IP，第一段是0~31，第二段是32~63，第三段是64~95，工作站B
的IP是43，所以是在第二段。伺服器A的IP是24，所以在第一段，但是可
以發現圖中伺服器A的閘道是33，是屬於第二段的 IP，所以這裡伺服器A
的閘道有問題，它與伺服器A的IP不在相同的子網路。

77. Refer to the exhibit. What does the (*) represent in the output?

依據圖，在輸出中的(*)代表什麼？

```
02:16:29: NAT:  s=10.10.0.2->1.2.4.2, d=1.2.4.1 [51607]
02:16:29: NAT:  s=1.2.4.1, d=1.2.4.2->10.10.0.2 [55227]
02:16:29: NAT*: s=10.10.0.2->1.2.4.2, d=1.2.4.1 [51608]
02:16:29: NAT*: s=10.10.0.2->1.2.4.2, d=1.2.4.1 [51609]
```

A. Packet is destined for a local interface to the router.

B. Packet was translated, but no response was received from the distant device.

C. Packet was not translated, because no additional ports are available.

D. Packet was translated and fast switched to the destination.

ANS： D

解析： 在圖中，我們可以看到第一行來源是10.10.0.2被轉換成1.2.4.2，在第三行我們可以看到同樣的轉換情形，但是因為第一行已經作過轉換，所以在路由器上面已經建立了表格，當封包第二次要作轉換的時候，不需要再建立轉換項目，而是以快速轉換的方式，所以在前面會加一個星號。

---

78. Refer to the exhibit. What command sequence will enable PAT from the inside to outside network?

依據圖，哪個命令會讓內部網路進行PAT轉換到外部的網路？

```
ip nat pool isp-net 1.2.4.10 1.2.4.240 netmask 255.255.255.0
!
interface ethernet 1
  description ISP Connection
  ip address 1.2.4.2 255.255.255.0
  ip nat outside
!
Interface ethernet 0
  description Ethernet to Firewall eth0
  ip address 10.10.0.1 255.255.255.0
  ip nat inside
!
access-list 1 permit 10.0.0.0 0.255.255.255
```

A. (config) ip nat pool isp-net 1.2.4.2 netmask 255.255.255.0 overload

B. (config-if) ip nat outside overload

C. (config) ip nat inside source list 1 interface ethernet1 overload

D. (config-if) ip nat inside overload

ANS：C

解析： 圖中顯示，內部的IP清單已經設定好是access-list 1，內部的介面也已經設定好是乙太網路0，外部的介面是乙太網路1，因此看起來只剩下轉換的命令還沒有下，要進行PAT的轉換一定會有overload這個字，所以選項中，最恰當的是C選項。

---

79. Refer to the exhibit. What will happen to HTTP traffic coming from the Internet that is destined for 172.16.12.10 if the traffic is processed by this ACL?

依據圖，有一來自於網際網路要前往172.16.12.10的HTTP流量，如果被圖中的ACL存取清單所處理，將會發生什麼事？

```
router#show access-lists
Extend IP access list 110
    10 deny tcp 172.16.0.0 0.0.255.255 any eq telnet
    20 deny tcp 172.16.0.0 0.0.255.255 any eq smtp
    30 deny tcp 172.16.0.0 0.0.255.255 any eq http
    40 permit tcp 172.16.0.0 0.0.255.255 any
```

A. Traffic will be dropped per line 30 of the ACL.

B. Traffic will be accepted per line 40 of the ACL.

C. Traffic will be dropped, because of the implicit deny all at the end of the ACL.

D. Traffic will be accepted, because the source address is not covered by the ACL.

解析： 題目中的封包來自於網際網路，所以來源是any，目的地是172.16.12.10。
比對圖中存取清單的項目10、20、30、40，全部不符合，因為封包是來自
於any的IP，但是清單中都指定了來源封包必須是172.16.X.X，這個地方很
容易被誤導。因為前面五條都不符合，最後會有一個隱含的deny all，流量
遇到這個隱含的deny，封包會被丟棄，所以答案選C。

80. Refer to the exhibit. Which statement describes the effect that the Router1
   configuration has on devices in the 172.16.16.0 subnet when they try to
   connect to SVR-A using Telnet or SSH?
   依據圖，哪一個敘述描述了在172.16.16.0子網路上的路由器1的設定所造成
   的影響，當它們試著使用Telnet或SSH去連接SVR-A時？

```
Router1#show ip access-lists
Extended IP access list 100
    10 permit tcp 172.16.16.0 0.0.0.15 host 172.16.48.63 eq 22
    20 permit tcp 172.16.16.0 0.0.0.15 eq telnet host 172.16.48.63
Extended IP access list 101
    10 permit tcp host 172.16.48.63 eq 22 172.16.16.0 0.0.0.15
    20 permit tcp host 172.16.48.63 172.16.16.0 0.0.0.15 eq
telnet
Router1#conf t
Enter configuration commands, one per line.  End with CNTL/Z.
Router1(config)#int fa0/0
Router(config-if)#ip access-group 100 in
Router(config-if)#int fa0/1
Router(config-if)#ip access-group 101 in
Router(config-if)#
```

A. Devices will not be able to use Telnet or SSH.

B. Devices will be able to use SSH, but not Telnet.

C. Devices will be able to use Telnet, but not SSH.

D. Devices will be able to use Telnet and SSH.

ANS： B

解析： 題目中要從172.16.16.0使用Telnet或者是SSH去連接SVR-A，存取清單中，存取清單 100的10這行可以看到它允許來源172.16.16.0的封包，且目的地是172.16.48.63 的服務22通過，22 是SSH服務。同時回應的封包會經過存取清單101的 10 這行，可以看到它允許主機172.16.48.63 的22 port 來源封包前往172.16.16.0這個網段，所以SSH是允許使用的。但是Telnet在清單100的20這一行並沒有被允許，因為這行寫的是來源封包172.16.16.0且來源port 是 Telnet，這裡很明顯是錯誤的，應該是目的地Port 為 Telnet。因此封包不會被允許，將會被隱含的deny all丟掉。

---

81. What are three advantages of VLANs? (Choose three.)

VLAN的三個好處是什麼？

A. VLANs establish broadcast domains in switched networks.

B. VLANs utilize packet filtering to enhance network security.

C. VLANs provide a method of conserving IP addresses in large networks.

D. VLANs provide a low-latency internetworking alternative to routed networks.

E. VLANs allow access to network services based on department, not physical location.

F. VLANs can greatly simplify adding, moving, or changing hosts on the network.

ANS： A,E,F

解析： 每一個VLAN就是一個獨立的廣播領域，VLAN中的主機不必在實體相同的位置上，並且 VLAN中的主機在加入、移動或改變的時候，都非常的方便。

---

82. An administrator would like to configure a switch over a virtual terminal connection from locations outside of the local LAN. Which of the following are required in order for the switch to be configured from a remote location? (Choose two.)

一個管理者在本地網路之外，想要透過一個虛擬的連線來設定一台交換器，需要下面哪些選項才能從一個遠端的位置設定這台交換器？

A. The switch must be configured with an IP address, subnet mask, and default gateway.

B. The switch must be connected to a router over a VLAN trunk.

C. The switch must be reachable through a port connected to its management VLAN.

D. The switch console port must be connected to the Ethernet LAN.

E. The switch management VLAN must be created and have a membership of at least one switch port.

F. The switch must be fully configured as an SNMP agent.

ANS： A,C

解析： 首先這個交換器一定必須要有IP及遮罩，此外還必須設定閘道，遠端的裝置才有目的地IP可以連接，此外這台交換器要有一個Port是被連接到網際網路，而這個Port所屬的VLAN必須是管理性的VLAN。

---

83. Which of the following are benefits of VLANs? (Choose three.)

下面哪些是VLAN的好處？

A. They increase the size of collision domains.

B. They allow logical grouping of users by function.

C. They can enhance network security.

D. They increase the size of broadcast domains while decreasing the number of collision domains.

E. They increase the number of broadcast domains while decreasing the size of the broadcast domains.

F. They simplify switch administration.

ANS： B,C,E

解析： 建立VLAN時，每一個VLAN可以是以功能來區分，不同的VLAN之間原則上是無法互相存取，因此增強了網路的安全性。此外，VLAN的增加等於廣播領域數量的增加，而每個廣播領域的大小將會因為 VLAN 數量的增加而減少。

---

84. Which of the following are true regarding bridges and switches? (Choose two.)

下面有關橋接器及交換器的敘述，哪些是對的？

A. Bridges are faster than switches because they have fewer ports.

B. A switch is a multiport bridge.

C. Bridges and switches learn MAC addresses by examining the source MAC address of each frame received.

D. A bridge will forward a broadcast but a switch will not.

E. Bridges and switches increase the size of a collision domain.

ANS： B,C

解析： 橋接器跟交換器的工作原理都相同，它們都會檢驗每一個收到的訊框，將訊框中的來源MAC位址學習下來，但是交換器相當於是一個多Port的橋接器。

---

85. What are some of the advantages of using a router to segment the network? (Choose two.)

使用一台路由器，將網路分段的好處有哪些？

A. Filtering can occur based on Layer 3 information.

B. Broadcasts are eliminated.

C. Routers generally cost less than switches.

D. Broadcasts are not forwarded across the router.

E. Adding a router to the network decreases latency.

ANS： A,D

解析： 路由器可以基於第三層的資訊進行過濾，同時路由器的不同介面就是不同的廣播領域，廣播沒有辦法跨越路由器。

86. Which of the following statements are true regarding bridges and switches? (Choose 3.)

下面有關橋接器及交換器的敘述，哪些是正確的？

A. Switches are primarily software based while bridges are hardware based.

B. Both bridges and switches forward Layer 2 broadcasts.

C. Bridges are frequently faster than switches.

D. Switches have a higher number of ports than most bridges.

E. Bridges define broadcast domains while switches define collision domains.

F. Both bridges and switches make forwarding decisions based on Layer 2 addresses.

ANS： B,D,F

解析： 橋接器及交換器都會依據第二層的MAC位址進行轉送，同時它也會轉送第二層的廣播，交換器相當於是一個有多個Port的橋接器。

87. Which are valid modes for a switch port used as a VLAN trunk? (Choose three.)

下面哪些是交換器的Port用來當作VLAN Trunk的合法模式?

A. transparent

B. auto

C. on

D. desirable

E. blocking

F. forwarding

ANS: B,C,D

解析: Dynamic Trunking Protocol (DTP) 有下列的模式:

1、access: 強制介面成為access介面,並且可以與對方主動進行協商,誘使對方成為access模式。

2、desirable: 主動與對方協商成為trunk介面的可能性,如果鄰居介面模式為trunk/desirable/auto之一,則介面將變成trunk介面工作。如果不能形成trunk模式,則工作在access模式。

3、auto: 只有鄰居交換器主動與自己協商時才會變成trunk介面,所以它是一種被動模式,當鄰居介面為trunk/desirable之一時,才會成為trunk。如果不能形成trunk模式,則工作在access模式。

4、trunk: 強制介面成為trunk介面,並且主動誘使對方成為trunk模式,所以當鄰居交換器介面為trunk/desirable/auto時會成為Trunk介面。

5、nonegotiate: 嚴格的說,這不算是種介面模式,它的作用是阻止交換器介面發出DTP封包,它必須與trunk或者access一起使用。

88. The switches shown in the diagram, Core and Core2, are both Catalyst 2950s.

The addressing scheme for each company site is as follows:

Router Ethernet port - 1st usable address

Core - 2nd usable address

Core2 - 3rd usable address

For this network, which of the following commands must be configured on Core2 to allow it to be managed remotely from any subnet on the network? (Choose three.)

如下圖，圖中Core及Core 2兩個都是2950的交換器，圖中的定址策略如下：路由器乙太網路Port使用第一個可用位址，Core使用第二個可用位址，Core 2使用第三個可用位址，現在下面的選項中哪些命令必須被設定在Core 2，才能從遠端的網路上進行登入及管理？

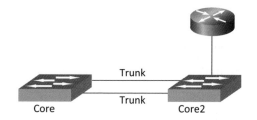

Core   Core2

A. Core2(config)# interface f0/0

   Core2(config-if)# ip address 192.168.1.10 255.255.255.248

B. Core2(config)# interface vlan 1

   Core2(config-if)# ip address 192.168.1.11 255.255.255.248

C. Core2(config)# line con 0

   Core2(config-line)# password cisco

D. Core2(config)# line vty 0 4

   Core2(config-line)# password cisco

E. Core2(config)# ip default-gateway 192.168.1.9

F. Core2(config)# ip route 0.0.0.0 0.0.0.0 192.168.1.8

ANS: B,D,E

解析： 首先必須在Core 2這個交換器上面設定管理性的VLAN，因此可以選擇B
選項，IP位址是192.168.1.11。因為要從遠端登入，所以必須要設定 line
vty，因此選擇D選項。line vty要設定密碼，因此D選項的第二行是設定
Password。最後這台交換器必須要設定閘道，交換器的閘道使用IP default-
gateway這個命令，因此可以選擇E選項。IP的計算如下：192.168.1.0、
255.255.255.248，因此推測每段8個IP，0~7第一段，8~15第二段，由題目
中知道，路由器是第一個可用IP(9)，Core是第二個可用IP(10)，Core 2是第
三個可用IP(11)。

89. administrator views the output of the show vtp status command, which is
displayed in the graphic. What commands must be issued on this switch to
add VLAN 50 to the database? (Choose two.)
管理者使用了show vtp status的命令，得到如圖的顯示，什麼命令必須在交
換器上面被執行，才能將VLAN 50加入到資料庫中？

```
Switch# show vtp status

VTP Version                        : 2
Configuration Revision             : 7
Maximum VLANs supported local      : 68
Number of existing VLANs           : 8
VTP Operating Mode                 : Client
VTP Domain Name                    : corp
VTP Pruning Mode                   : Disabled
VTP V2 Mode                        : Disabled
VTP Traps Generation               : Disabled
MD5 digest                         : 0x22 0xF3 0x1A
Configuration last modified by 172.18.22.15 at 5-28-03 11:53:20
```

A. Switch(config-if)# switchport access vlan 50

B. Switch(vlan)# vtp server

C. Switch(config)# config-revision 20

D. Switch(config)# vlan 50 name Tech

E. Switch(vlan)# vlan 50

F. Switch(vlan)# switchport trunk vlan 50

ANS：B,E

解析： 從圖中可以看到VTP的運作模式是Client，因此必須將模式更換為伺服器模式，故選擇B選項。要加入VLAN只需要進到VLAN模式，並輸入VLAN 50即可，故選擇E選項。

---

90. Which of the following are types of flow control? (Choose three.)

下面哪些是流量控制的方法？

A. buffering

B. cut-through

C. windowing

D. congestion avoidance

E. load balancing

ANS：A,C,D

解析： Buffering是緩衝，Windowing是視窗，Congestion avoidance是擁塞避免。

---

91. To configure the VLAN trunking protocol to communicate VLAN information between two switches, what two requirements must be met? (Choose two.)
要設定兩台交換器之間可以進行VLAN資訊的交換，哪些東西必須要符合？

   A. Each end of the trunk line must be set to IEEE 802.1E encapsulation.

   B. The VTP management domain name of both switches must be set the same.

   C. All ports on both the switches must be set as access ports.

   D. One of the two switches must be configured as a VTP server.

   E. A rollover cable is required to connect the two switches together.

   F. A router must be used to forward VTP traffic between VLANs.

> **ANS：** B,D
> **解析：** 首先兩台交換器之間必須要設定相同的VTP管理性領域名稱，而且其中的一台VTP伺服器必須要設定成VTP Server。

92. A network administrator wants to ensure that only the server can connect to port Fa0/1 on a Catalyst switch. The server is plugged into the switch Fa0/1 port and the network administrator is about to bring the server online. What can the administrator do to ensure that only the MAC address of the server is allowed by switch port Fa0/1? (Choose two.)
一個網路管理者現在要確定只有伺服器可以連接到交換器的0/1這個Port，這個伺服器已經插入交換器0/1這個Port，而且管理者也讓這個伺服器上線，接下來這個管理者要怎麼做，才能只允許這台伺服器的MAC位址出現在0/1這個Port，而不允許其它的MAC位址出現？

   A. Configure port Fa0/1 to accept connections only from the static IP address of the server.

   B. Employ a proprietary connector type on Fa0/1 that is incompatible with other host connectors.

C. Configure the MAC address of the server as a static entry associated with port Fa0/1.

D. Bind the IP address of the server to its MAC address on the switch to prevent other hosts from spoofing the server IP address.

E. Configure port security on Fa0/1 to reject traffic with a source MAC address other than that of the server.

F. Configure an access list on the switch to deny server traffic from entering any port other than Fa0/1.

ANS：C,E

解析： 首先必須將這台伺服器的MAC位址設定在交換器的0/1這個Port上面，以靜態的方式做結合，同時設定這個Port最多出現的MAC數量只有一個，就可以拒絕其它的MAC位址的流量在這個Port上面出現。

---

93. At which layers of the OSI model do WANs operate? (Choose two.)
廣域網路是運作在OSI 模型的哪些層？

A. application layer

B. session layer

C. transport layer

D. network layer

E. datalink layer

F. physical layer

ANS：E,F

解析： 廣域網路只會運作在OSI 模型的第一層及第二層，也就是實體層與資料連接層。

---

94. Refer to the diagram. All hosts have connectivity with one another. Which statements describe the addressing scheme that is in use in the network? (Choose three.)

依據圖。所有的主機都可以與其他的主機互連，選項中哪些描述了圖中網路的定址策略？

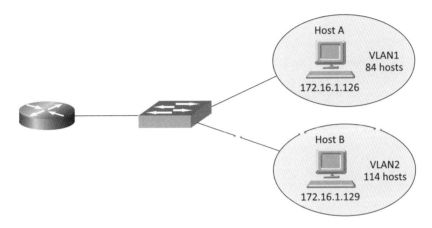

A. The subnet mask in use is 255.255.255.192.

B. The subnet mask in use is 255.255.255.128.

C. The IP address 172.16.1.25 can be assigned to hosts in VLAN1

D. The IP address 172.16.1.205 can be assigned to hosts in VLAN1

E. The LAN interface of the router is configured with one IP address.

F. The LAN interface of the router is configured with multiple IP addresses.

ANS： B,C,F

解析： 由圖中可以看出VLAN 1有84個主機，VLAN 2有114個主機，因此172.16.1網段被分成兩部份，0~127是第一段，128~255是第二段，0~127屬於VLAN 1，128~255屬於VLAN 2，因此子網路遮罩一定是255.255.255.128，選項C的172.16.1.25屬於VLAN 1。圖中因為有兩個VLAN，兩個VLAN互相能夠通訊，代表路由器上面有子介面，每個子介面都會配置一個IP，所以F選項中敘述的路由器介面上有多個IP位址(因為子介面)是正確的。

95. Refer to the diagram. Which three statements describe the router port configuration and the switch port configuration as shown in the topology? (Choose three.)

依據圖，下面哪三個敘述描述了路由器Port的設定以及交換器Port的設定？

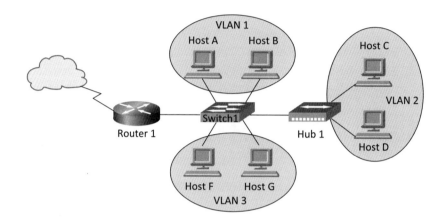

A. The Router1 WAN port is configured as a trunking port.

B. The Router1 port connected to Switch1 is configured using subinterfaces.

C. The Router1 port connected to Switch1 is configured as 10 Mbps.

D. The Switch1 port connected to Router1 is configured as a trunking port.

E. The Switch1 port connected to Host B is configured as an access port.

F. The Switch1 port connected to Hub1 is configured as full duplex.

ANS： B,D,E

解析： 由圖中可以看到交換器1連接到路由器1，而交換器上有三個VLAN，分別是VLAN 1、VLAN 2、VLAN 3，因此可以推論路由器1到交換器1中間的鏈路是Trunk鏈路，而路由器1的介面一定有被設定成子介面，所以B選項及D選項是對的。交換器1上面的其它Port所接的是主機，因此都是存取Port，所以E選項是對的。

96. A network associate is trying to understand the operation of the FLD Corporation by studying the network in the exhibit. The associate knows that the server in VLAN 4 provides the necessary resources to support the user hosts in the other VLANs. The associate needs to determine which interfaces are access ports. Which interfaces are access ports? (Choose three.)

一個網路管理者試著去了解FLD這家公司的網路運作,這個管理者他知道伺服器在VLAN 4,並提供了其它VLAN的主機所需要的資源,這個管理者必須要知道哪些介面是存取Port,以下的選項中哪些介面是存取Port?

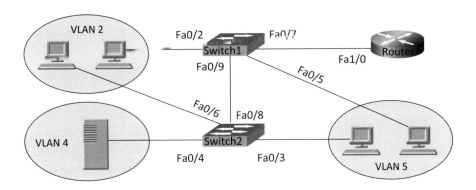

A. Switch1 - Fa 0/2

B. Switch1 - Fa 0/9

C. Switch2 - Fa 0/3

D. Switch2 - Fa 0/4

E. Switch2 - Fa 0/8

F. Router - Fa 1/0

ANS: A,C,D

解析: 要判斷存取Port只需要看交換器所接的是否是主機,如果接的是主機就是存取Port,因此交換器1的0/2是存取Port,交換器2的0/3、0/4、0/6都是存取Port。

97. The network security policy requires that only one host be permitted to attach dynamically to each switch interface. If that policy is violated, the interface should shut down. Which two commands must the network administrator configure on the 2950 Catalyst switch to meet this policy? (Choose two.)

網路的安全政策現在規定只允許一個主機可以接到交換器的Port上面，如果這個政策被違反，交換器的介面將會關閉，下面哪兩個命令是網路管理者必須設定在2950的交換器上面以符合這個政策？

A. Switch1(config-if)# switch port port-security maximum 1

B. Switch1(config)# mac-address-table secure

C. Switch1(config)# access-list 10 permit ip host

D. Switch1(config-if)# switch port port-security violation shutdown

E. Switch1(config-if)# ip access-group 10

ANS：A,D
解析： 首先必須讓交換器的Port只允許一個MAC位址，因此選項A是正確的，題目說違反了將會關閉，因此選項D就是設定了違反了會關閉的命令。

98. What are the possible trunking modes for a switch port? (Choose three.)

一個交換器Port的Trunking模式有哪些？

A. transparent

B. auto

C. on

D. desirable

E. client

F. forwarding

ANS：B,C,D

99. What are three valid reasons to assign ports to VLANs on a switch? (Choose three.)

在一台交換器上面設定VLAN的可能原因有哪些？

A. to make VTP easier to implement

B. to isolate broadcast traffic

C. to increase the size of the collision domain

D. to allow more devices to connect to the network

E. to logically group hosts according to function

F. to increase network security

ANS： B,E,F

解析： 設定VLAN有可能是爲了要隔離廣播的流量，建立VLAN時可以依據功能
將同性質的主機變成一個邏輯群組，也同時增加了網路的安全性。

100. Refer to the topology shown in the exhibit. Which ports will be STP designated ports if all the links are operating at the same bandwidth? (Choose three.)

依據圖，如果鏈路是使用相同的頻寬，哪些Port將會被STP設定成指定Port？

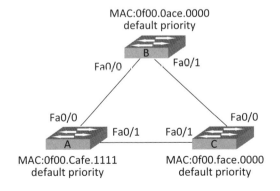

A. Switch A - Fa0/0

B. Switch A - Fa0/1

C. Switch B - Fa0/0

D. Switch B - Fa0/1

E. Switch C - Fa0/0

F. Switch C - Fa0/1

ANS： B,C,D

解析： 由圖中我們可以看出來，B交換器會被選擇為根橋接器，因為它的MAC位址最小，因此B 交換器的兩個Port都是指定Port，所以C選項及D選項是對的。剩下的交換器A最靠近根橋接器的Port是0/0，因此它是根Port，C交換器最接近根橋接器的Port是0/0，所以它是根Port。剩下交換器A到交換器C之間，在這個網段裡，A交換器它的MAC位址比較小，因此A交換器的0/1會是指定Port，C交換器的0/1變成Block。

101. Which statements describe two of the benefits of VLAN Trunking Protocol? (Choose two.)

下面哪些敘述描述了VTP協定的好處？

A. VTP allows routing between VLANs.

B. VTP allows a single switch port to carry information to more than one VLAN.

C. VTP allows physically redundant links while preventing switching loops.

D. VTP simplifies switch administration by allowing switches to automatically share VLAN configuration information.

E. VTP helps to limit configuration errors by keeping VLAN naming consistent across the VTP domain.

F. VTP enhances security by preventing unauthorized hosts from connecting to the VTP domain.

ANS： D,E

解析： VTP可以自動的分享VLAN的設定，如果有一台VTP的Server建立了或刪除了VLAN的訊息，這個訊息可以透過VTP協定，傳送到其它的交換器，這樣子可以減少VTP VLAN設定的錯誤，保持各個交換器上VLAN訊息的一致性。

102. What are two results of entering the Switch(config)# vtp mode client command on a Catalyst switch?(Choose two.)

輸入Switch(config)# vtp mode client 命令的結果是什麼？

A. The switch will ignore VTP summary advertisements.

B. The switch will forward VTP summary advertisements.

C. The switch will process VTP summary advertisements.

D. The switch will originate VTP summary advertisements.

E. The switch will create, modify and delete VLANs for the entire VTP domain.

ANS： B,C

解析： 題目中將交換器設定成VTP的客戶模式，被設定成客戶模式的交換器，會轉送VTP的宣傳，同時這台交換器也會處理它所接收到的VTP訊息。

103. Refer to the exhibit. A network associate has configured OSPF with the command:

City(config-router)# network 192.168.12.64 0.0.0.63 area 0

After completing the configuration, the associate discovers that not all the Interfaces are participating in OSPF. Which three of the interfaces shown in the exhibit will participate in OSPF according to this configuration statement? (Choose three.)

依據下面的圖，一個網路管理者設定了OSPF，經過

City(config-router)# network 192.168.12.64 0.0.0.63 area 0

這個設定之後，這個管理者發現不是所有的介面都有參與OSPF，下面選項中的哪些介面將會參與OSPF？

```
City#show ip interface brief

interface        IP-Address      OK?  Method  Status  Protocol
FastEthernet0/0  192.168.12.48   YES  manual    up      up
FastEthernet0/1  192.168.12.65   YES  manual    up      up
Serial0/0        192.168.12.121  YES  manual    up      up
Serial0/1        unassigned      YES  unset     up      up
Serial0/1.102    192.168.12.125  YES  manual    up      up
Serial0/1.103    192.168.12.129  YES  manual    up      up
Serial0/1.104    192.168.12.133  YES  manual    up      up
City#
```

A. FastEthernet0 /0

B. FastEthernet0 /1

C. Serial0/0

D. Serial0/1.102

E. Serial0/1.103

F. Serial0/1.104

ANS：B,C,D

解析： 依據題目所給的，0.0.0.63代表 64 個 IP，因此設定的網段範圍是 192.168.12.64到192.168.12.128，可用的IP範圍是在65到127之間，所以看圖中的IP位址，可以知道0/1快速乙太網路、序列0/0及序列0/1.102都會參與OSPF。

---

104. A Catalyst 2950 needs to be reconfigured. What steps will ensure that the old configuration is erased?(Choose three.)

有一台2950的交換器需要被重新設定，下面哪些步驟可以確定舊的設定是被刪除的？

A. Erase flash.

B. Restart the switch.

C. Delete the VLAN database.

D. Erase the running configuration.

E. Erase the startup configuration.

F. Modify the configuration register.

> **ANS：** B,C,E
>
> **解析：** 要讓交換器的設定確定被刪除，第一個步驟必須要刪除開機的設定檔，第二個步驟要刪除VLAN資料庫，這兩樣東西刪除完畢之後，還需要將交換器重新開機。

105. Refer to the exhibit. The FMJ manufacturing company is concerned about unauthorized access to the Payroll Server. The Accounting1, CEO, Mgr1, and Mgr2 workstations should be the only computers with access to the Payroll Server. What two technologies should be implemented to help prevent unauthorized access to the server? (Choose two.)
依據下面的圖，這家公司注意到伺服器有未經授權的存取，有四台的工作站可以存取這台伺服器，那麼哪兩個技術可以幫助防止未經授權的存取？

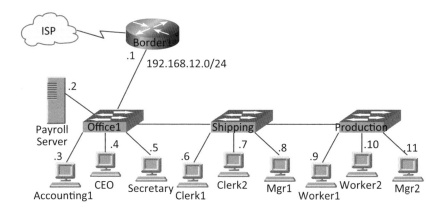

A. access lists

B. encrypted router passwords

C. STP

D. VLANs

E. VTP

F. wireless LANs

106. Refer to the exhibit. What commands must be configured on the 2950
     switch and the router to allow communication between host 1 and host 2?
     (Choose two.)
     依據圖，哪些命令必須被設定在2950的交換器上面以及路由器上面，才能
     讓主機1及主機2互相通訊？

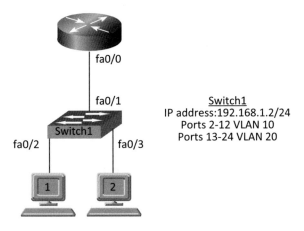

A. Router(config)# interface fastethernet 0/0

   Router(config-if)# ip address 192.168.1.1 255.255.255.0

   Router(config-if)# no shut down

B. Router(config)# interface fastethernet 0/0

   Router(config-if)# no shut down

   Router(config)# interface fastethernet 0/0.1

   Router(config-subif)# encapsulation dot1q 10

   Router(config-subif)# ip address 192.168.10.1 255.255.255.0

   Router(config)# interface fastethernet 0/0.2

   Router(config-subif)# encapsulation dot1q 20

   Router(config-subif)# ip address 192.168.20.1 255.255.255.0

C. Router(config)# router eigrp 100

   Router(config-router)# network 192.168.10.0

   Router(config-router)# network 192.168.20.0

D. Switch1(config)# vlan database

   Switch1(config-vlan)# vtp domain XYZ

   Switch1(config-vlan)# vtp server

E. Switch1(config)# interface fastethernet 0/1

   Switch1(config-if)# switchport mode trunk

F. Switch1(config)# interface vlan 1

   Switch1(config-if)# ip default-gateway 192.168.1.1

ANS： B,E

解析： 依據圖，可以看到有兩個VLAN，分別是VLAN 10及VLAN 20，VLAN 10
設定在Port 2至12，VLAN 20設定在Port 13至24，依據這些Port的設定，可
以知道主機1是在VLAN 10，主機2是在VLAN 20。如果要讓兩個VLAN可
以互相通訊，必須在路由器的Fa0/0上設定子介面，在選項中只有選項B是
設定子介面。子介面IP設定完畢之後，必須要將交換器0/1這個Port設定成
Trunk模式，選項中只有選項E是將0/1設定成Trunk模式。

107. Which three Layer 2 encapsulation types would be used on a WAN rather than a LAN? (Choose three.)
哪三個第二層的封裝型態只會使用在廣域網路，而不會使用在本地網路上？

A. HDLC

B. Ethernet

C. Token Ring

D. PPP

E. FDDI

F. Frame Relay

ANS：A,D,F

解析： HDLC及PPP及訊框中繼是使用在廣域網路上的第二層封裝協定。

---

108. The network administrator has discovered that the power supply has failed on a switch in the company LAN and that the switch has stopped functioning. It has been replaced with a Cisco Catalyst 2950 series switch. What must be done to ensure that this new switch becomes the root bridge on the network?
網路的管理者發現在公司網路裡有一台交換器的電源供應器已經故障，同時這個交換器已經停止運作，現在它被一台2950的交換器所取代，可以做什麼動作，以確定這個新的交換器成為網路中的根橋接器？

A. Lower the bridge priority number.

B. Change the MAC address of the switch.

C. Increase the VTP revision number for the domain.

D. Lower the root path cost on the switch ports.

E. Assign the switch an IP address with the lowest value.

ANS：A

解析： 要成為STP協定下面的根橋接器，最快的方法就是將這台交換器的優先權
數字調低。

109. Refer to the exhibit. Assume that all of the router interfaces are
operational and configured correctly. How will router R2 be affected by
the configuration of R1 that is shown in the exhibit?
依據圖，假設所有的路由器介面都是運作的，而且設定正常，在設定完圖
中的 R1之後，對於R2將會有什麼影響？

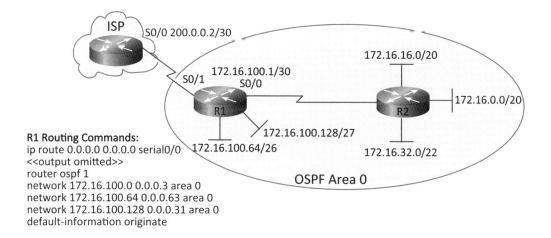

R1 Routing Commands:
ip route 0.0.0.0 0.0.0.0 serial0/0
<<output omitted>>
router ospf 1
network 172.16.100.0 0.0.0.3 area 0
network 172.16.100.64 0.0.0.63 area 0
network 172.16.100.128 0.0.0.31 area 0
default-information originate

A. Router R2 will not form a neighbor relationship with R1.

B. Router R2 will obtain a full routing table, including a default route, from R1.

C. R2 will obtain OSPF updates from R1, but will not obtain a default route from
R1.

D. R2 will not have a route for the directly connected serial network, but all
other directly connected networks will be present, as well as the two Ethernet
networks connected to R1.

110. Refer to the exhibit. A packet with a source IP address of 192.168.2.4 and a destination IP address of 10.1.1.4 arrives at the HokesB router. What action does the router take?
依據圖，有一個封包的來源IP位址是192.168.2.4，目的地IP位址是10.1.1.4，這封包到達了這台路由器，這台路由器將會採取什麼樣的行動？

```
HokesB# show ip route
 < output omitted >
Gateway of last resort is not set
   192.168.2.0/28 is subnetted. 6 subnets
D 192.168.2.64 [90/20514560] via 192.168.0.6, 01:22:10, Serial0/1
D 192.168.2.80 [90/20514560] via 192.168.0.6, 01:22:10, Serial0/1
D 192.168.2.32 [90/20514560] via 192.168.9.2, 01:22:10, Serial0/0
D 192.168.2.48 [90/20514560] via 192.168.9.2, 01:22:10, Serial0/0
D 192.168.2.0 [90/30720] via 192.168.1.10, 01:22:10, FastEthernet0/0
D 192.168.2.6 [90/156160] via 192.168.1.10, 01:22:11, FastEthernet0/0
   192.168.9.0/30 is subnetted, 1 subnets
C 192.168.9.0 is directly connected, Serial0/0
   192.168.0.0/30 is subnetted, 1 subnets
C 192.168.0.4 is directly connected, Serial0/1
   192.168.1.0/30 is subnetted, 1 subnets
C 192.168.1.8 is directly connected, FastEthernet0/0
HokesB#
```

A. forwards the received packet out the Serial0/0 interface

B. forwards a packet containing an EIGRP advertisement out the Serial0/1 interface

C. forwards a packet containing an ICMP message out the FastEthernet0/0 interface

D. forwards a packet containing an ARP request out the FastEthernet0/1 interface

ANS：C

解析： 目的地IP是10.1.1.4，檢查路由表可以發現並沒有這個目的地位址，因此這
個封包會被丟棄，同時路由器會送出一個目的地無法到達的ICMP封包送回
給來源主機，因為來源主機的IP是192.168.2.4，檢查路由表裡頭可以發現
這個封包是從0/0的快速乙太網路介面送進來的，所以答案選C。

111. Refer to the exhibit. A junior network engineer has prepared the
exhibited configuration file. What two statements are true of the planned
configuration for interface fa0/1? (Choose two.)
依據圖，有一個網路工程師現在準備了圖中的設定檔，關於這個設定檔中
的Fa0/1的設定，下面哪兩個敘述是對的？

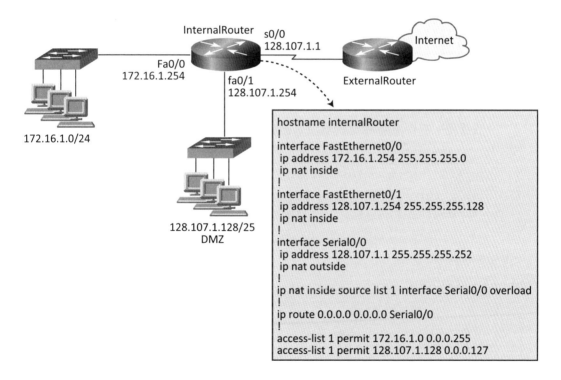

A. The two FastEthernet interfaces will require NAT configured on two outside
serial interfaces.

B. Address translation on fa0/1 is not required for DMZ Devices to access the Internet.

C. The fa0/1 IP address overlaps with the space used by s0/0.

D. The fa0/1 IP address is invalid for the IP subnet on which it resides.

E. Internet hosts may not initiate connections to DMZ Devices through the configuration that is shown.

ANS： B,E

解析： 在圖中設定的是一個NAT轉換，它將Fa0/0及Fa0/1的位置進行了轉換，但是可以發現Fa0/1的IP位址事實上是公共IP的位址，也就是說這個介面上的 IP 並不需要進行轉換，如果進行了轉換，反而會造成外部的網際網路無法存取DMZ區的主機，所以答案選B。Fa0/1並不需要進行轉換，若要更正這個問題，只需要把0/1上面的「ip nat inside」這個命令拿掉即可。

---

112. Refer to the exhibit. Why has this switch not been elected the root bridge for VLAN1?

依據圖，為什麼這個交換器沒有被VLAN 1選為根橋接器？

```
Switch# show spanning-tree vlan 1
VLAN0001
  Spanning tree enabled protocol rstp
  Root ID    Priority    20481
             Address     0000.217a.5000
             Cost        38
             Port        1 (FastEthernet0/1)
             Hello Time  2 sec  Max Age 20 sec Forward Delay 15 sec

  Bridge ID  Priority    32769  (priority 32768 sys-id-ext 1)
             Address     0008.205e.6600
             Hello Time  2 sec Max Age 20 sec Forward Delay 15 sec
             Aging Time 300

Interface        Role Sts Cost      Prio.Nbr Type
---------------- ---- --- --------- -------- ---------
Fa0/1            Root FWD 19        128.1    P2p
Fa0/4            Desg FWD 38        128.1    P2p
Fa0/11           Altn BLK 57        128.1    P2p
Fa0/13           Desg FWD 38        128.1    P2p
```

A. It has more than one interface that is connected to the root network segment.

B. It is running RSTP while the elected root bridge is running 802.1d spanning tree.

C. It has a higher MAC address than the elected root bridge.

D. It has a higher bridge ID than the elected root bridge.

ANS： D

解析： 要被選為根橋接器，交換器的BID必須是網路上所有交換器中數值最小的，BID是由優先權加上MAC位址所組成，由圖中可以看到根橋接器Root ID是20481，但是這台交換器的BID卻是32769，也就是說這台交換器的BID比根橋接器的BID數字來得大。

113. Refer to the exhibit. At the end of an RSTP election process, which access layer switch port will assume the discarding role?
依據圖，一個RSTP選舉的過程結束後，在圖中的存取層交換器，哪一個Port會成為拋棄的角色？

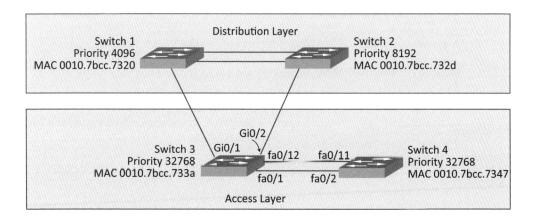

A. Switch3, port fa0/1

B. Switch3, port fa0/12

C. Switch4, port fa0/11

D. Switch4, port fa0/2

E. Switch3, port Gi0/1

F. Switch3, port Gi0/2

ANS： C

解析： 存取層的兩台交換器依據優先權及MAC位址，可以知道交換器3會是根橋
接器，因此根橋接器的兩個Port都是指定Port，剩下來的交換器4 的兩個
Port 與根橋接器距離都相同，且MAC位址也相同，所以最後必須使用Port
號來決定，Port號小的會是指定Port，所以Fa0/2是指定Port，Fa0/11是拋棄
的角色。

---

114. Select the action that results from executing these commands.
Switch(config-if)# switchport port-security
Switch(config-if)# switchport port-security mac-address sticky
執行題目中的這些命令之後，交換器將會有什麼樣的行動？

A. A dynamically learned MAC address is saved in the startup-configuration file.

B. A dynamically learned MAC address is saved in the running-configuration file.

C. A dynamically learned MAC address is saved in the VLAN database.

D. Statically configured MAC addresses are saved in the startup-configuration file
if frames from that address are received.

E. Statically configured MAC addresses are saved in the running-configuration file
if frames from that address are received.

ANS： B

解析： switchport port-security mac-address sticky 命令會讓主機的 MAC 位址被
自動學習，但是只會暫時放在記憶體 RAM 當中，也就是放在 running-
config。這時候，如果不存檔就關機，這些 MAC 不會被留下來。

---

115. Refer to the exhibit. The following commands are executed on interface fa0/1 of 2950Switch.

2950Switch(config-if)# switchport port-security
2950Switch(config-if)# switchport port-security mac-address sticky
2950Switch(config-if)# switchport port-security maximum 1

The Ethernet frame that is shown arrives on interface fa0/1. What two functions will occur when this frame is received by 2950Switch? (Choose two.)

依據圖，題目中的這些命令執行之後，圖中的乙太網路訊框到達了介面 Fa0/1，交換器接受到這個訊框之後，將會有哪兩個功能發生？

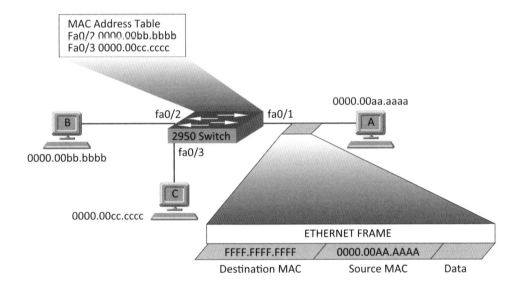

A. The MAC address table will now have an additional entry of fa0/1 FFFF.FFFF. FFFF.

B. Only host A will be allowed to transmit frames on fa0/1.

C. This frame will be discarded when it is received by 2950Switch.

D. All frames arriving on 2950Switch with a destination of 0000.00aa.aaaa will be forwarded out fa0/1.

E. Hosts B and C may forward frames out fa0/1 but frames arriving from other switches will not be forwarded out fa0/1.

F. Only frames from source 0000.00bb.bbbb, the first learned MAC address of 2950Switch, will be forwarded out fa0/1.

ANS： B,D

解析： 可以看到圖中這個訊框它的來源MAC是0000.00aa.aaaa，這個來源位址並沒有在交換器的MAC位址表中出現，因此交換器會把這個MAC位址記錄在MAC表裡頭，同時它對應的Port是Fa0/1，將來只要有訊框到達這台交換器，且如果它的目的地位址符合0000.00aa.aaaa，都將會被轉送到Fa0/1。

---

116. Refer to the exhibit. Some 2950 series switches are connected to the conference area of the corporate headquarters network. The switches provide two to three jacks per conference room to host laptop connections for employees who visit the headquarters office. When large groups of employees come from other locations, the network administrator often finds that hubs have been connected to wall jacks in the conference area although the ports on the access layer switches were not intended to support multiple workstations. What action could the network administrator take to prevent access by multiple laptops through a single switch port and still leave the switch functional for its intended use?

依據圖，有一些2950系列的交換器現在連接到總部辦公室網路的會議區域，交換器提供了兩個到三個的插座給每一個會議室，讓進來會議室的人使用筆記型電腦，當大量的人進到這些會議室的時候，網路管理者他發現在會議區域裡有人使用Hub連接到牆上的插座，所有的存取層交換器的Port沒有辦法支援多個工作站，什麼樣的行動可以讓網路管理者去預防多台的筆記型電腦在一個交換器的Port上面進行存取？

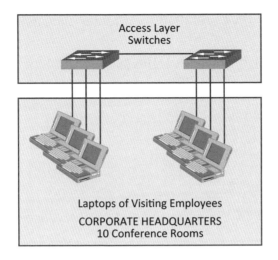

A. Configure static entries in the switch MAC address table to include the range of addresses used by visiting employees.

B. Configure an ACL to allow only a single MAC address to connect to the switch at one time.

C. Use the mac-address-table 1 global configuration command to limit each port to one source MAC address.

D. Implement Port Security on all interfaces and use the port-security maximum 1 command to limit portaccess to a single MAC address.

E. Implement Port Security on all interfaces and use the port-security mac-address sticky command tolimit access to a single MAC address.

F. Implement Port Security at global configuration mode and use the port-security maximum 1command to allow each switch only one attached hub.

ANS： D

解析： 一個交換器的Port要讓少數的電腦使用，最好的方法就是在Port上面設定允許的台數，這裡要使用「port-security maximum 1」這個命令來限制MAC的數量。

---

117. Running both IPv4 and IPv6 on a router simultaneously is known as what?
在一台路由器上可同時跑IPv4及IPv6的是什麼？

A. 4to6 routing

B. 6to4 routing

C. binary routing

D. dual-stack routing

E. NextGen routing

ANS：D
解析： 同時跑IPv4及IPv6的繞送協定稱爲雙堆疊繞送。

118. What are three IPv6 transition mechanisms? (Choose three.)
選項中有哪三個是IPv6的過渡機制？

A. 6to4 tunneling

B. VPN tunneling

C. GRE tunneling

D. ISATAP tunneling

E. PPP tunneling

F. Teredo tunneling

ANS：A,D,F
解析： 6到4通道，ISATAP通道，及TEREDO通道。

119. Identify the four valid IPv6 addresses. (Choose four.)
     選項中哪四個是合法的IPv6位置？

     A. ::

     B. ::192:168:0:1

     C. 2000::

     D. 2001:3452:4952:2837::

     E. 2002:c0a8:101::42

     F. 2003:dead:beef:4dad:23:46:bb:101

ANS： A,B,E,F

解析： A. :: = 0000:0000:0000:0000:0000:0000:0000:0000

B. ::192:168:0:1 = 0000:0000:0000:0000:0912:0168:0000:0001

C. 2000::，:: 出現在最後是錯的，通常是用來表現範圍，會用 / 表示 prefix。

D. 2001:3452:4952:2837::，同上。

E. 2002:c0a8:101::42 =2002:c0a8:0101:0000:0000:0000:0000:0042

F. 2003:dead:beef:4dad:23:46:bb:101=2003:DEAD:BEEF:4DAD:0023:0046:00
  BB:0101

120. Refer to the exhibit. A network administrator wants Switch3 to be the root bridge. What could be done to ensure Switch3 will be the root?
依據圖，一個網路管理者想要讓交換器3成為根橋接器，那麼他要做什麼才能讓交換器3成為根橋接器？

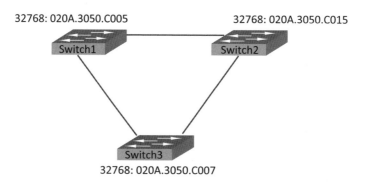

32768: 020A.3050.C005   32768: 020A.3050.C015

Switch1   Switch2

Switch3
32768: 020A.3050.C007

A. Configure the IP address on Switch3 to be higher than the IP addresses of Switch1 and Switch2.

B. Configure the priority value on Switch3 to be higher than the priority values of Switch 1 and Switch2.

C. Configure the BID on Switch3 to be lower than the BIDs of Switch1 and Switch2.

D. Configure the MAC address on Switch3 to be higher than the Switch1 and Switch2 MAC addresses.

E. Configure a loopback interface on Switch3 with an IP address lower than any IP address on Switch1 and Switch2.

ANS： C

解析： 要成為根橋接器，必須讓它的BID數字比較小，所以只要讓交換器3的BID數字比較小就可以，BID 是由優先權+MAC 組成，MAC位址法改變，因此要讓BID數字較小，最好的方法就是改變優先權。

121. Which of the following data network would you implement if you wanted a wireless network that had a relatively high data rate, but was limited to very short distances?

如果想要一個無線的網路當作傳輸資料的網路,且它要有一個相對較高的資料傳輸速率,但是又限制在非常短的距離內,下面哪一個選項是符合的?

A. Broadband personal comm. Service (PCS)

B. Broadband circuit

C. Infrared

D. Spread spectrum

ANS: C
解析: 在非常短的距離之內可以作無線傳輸,最適合的答案是紅外線。

122. The PS4 network administrator want to install some new wireless equipments into PS4 LAN, which wireless LAN design ensures that the mobile wireless client will not lose connectivity when moving from one access point to another?

網路管理者想要安裝一些新的無線網路裝置在本地網路中,當無線網路客戶端從一個存取點到另外一個存取點時,哪一個無線網路的設計可以讓移動的無線網路客戶端不會失去連線?

A. The administrator can configure all access points to use the same channel

B. Overlapping the wireless cell coverage by at least 10%

C. Using adapters and access points manufactured by the same company

D. Utilizing MAC address filtering to allow the client MAC address to authenticate with the surrounding

ANS: B
解析: 讓無線存取點涵蓋的範圍至少在10%。

123. According to capabilities of WPA security, which encryption type does WPA2 use?
依據WPA安全性的能力，下面哪一種加密的型態是WPA 2使用的？

A. AES-CCMP

B. PSK

C. TKIP/MIC

D. PPK via IV

ANS：A

124. When are packets processed by an inbound access list?
什麼時候是一個inbound存取清單處理一個封包的時候？

A. Before they are routed to an outbound interface

B. After they are routed to an outbound interface

C. Before and after they are routed to an outbound interface

D. After they are routed to an outbound interface but before being placed in the outbound queue

ANS：A
解析： inbound存取清單處理封包是在這些封包被繞送到出口介面之前。

125. What is the purpose of Spanning Tree Protocol?
擴張樹協定的目的是什麼？

A. to prevent routing loops

B. to create a default route

C. to provide multiple gateways for hosts

D. to maintain a loop-free Layer 2 network topology

ANS：D

解析：擴張樹協定就是要讓交換器的網路拓撲不會有迴圈發生。

126. A network associate is configuring a router for the CCNA Training company to provide internet access. The ISP has provided the company six public IP addresses of 198.18.184.105 198.18.184.110. The company has 14 hosts that need to access the internet simultaneously. The hosts in the CCNA Training company LAN have been assigned private space addresses in the range of 192.168.100.17 –192.168.100.30.

The task is to complete the NAT configuration using all IP addresses assigned by the ISP to provide Internet access for the hosts in the Weaver LAN. Functlonallty can be tested by clicking on the host provided for testing. Configuration information：

router name – Weaver

inside global addresses - 198.18.184.105 198.18.184.110/29

inside local addresses - 192.168.100.17 - 192.168.100.30/28

number of inside hosts - 14

```
The following have already been configured on the router:

- The basic router configuration

- The appropriate interfaces have been configured for NAT
  inside and NAT outside

- The appropriate statics routes have also been configured
  (since the company will be a stub network, no routing
  protocol will be required.)

- All passwords have been temporarily set to "cisco"
```

一個網路管理者現在要設定一台路由器，以提供這家公司網際網路的存取，ISB有提供這家公司六個公共的IP位址，從198.18.184.105到198.18.184.110，這家公司有十六個主機，可能會同時需要存取網際網路，這些主機在本地網路已經被指定了私有IP的位址，範圍是192.168.100.17到192.168.100.30。路由器上的靜態繞送已經被設定，所有的密碼是 cisco。

現在的工作是要完成所有IP位址的NAT轉換，提供內部的主機能夠進行網際網路的存取。設定的資訊如下：

路由器名稱 – Weaver

inside global 位址 - 198.18.184.105 198.18.184.110/29

inside local位址- 192.168.100.17 - 192.168.100.30/28

內部主機數量 - 14

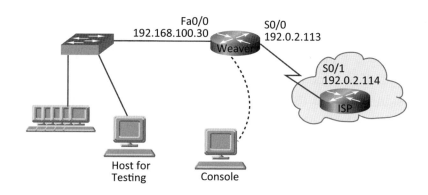

解析：有 14 個主機，但是只有 6 個 public IP，從 198.18.184.105 到 198.18.184.110/29。使用NAT overload (即 PAT)。/29 = 255.255.255.248。全部設定如下：

Router>enable

Router#configure terminal

Router(config)#hostname Weaver

Weaver(config)#ip nat pool mypool 198.18.184.105 198.18.184.110 netmask 255.255.255.248 (或 prefix-length 29)

Weaver(config)#access-list 1 permit 192.168.100.16 0.0.0.15

Weaver(config)#ip nat inside source list 1 pool mypool overload

Weaver(config)#interface fa0/0

Weaver(config-if)#ip nat inside

Weaver(config-if)#exit

Weaver(config)#interface s0/0

Weaver(config-if)#ip nat outside

Weaver(config-if)#end

Weaver#copy running-config startup-config

最後測試 C:\>ping 192.0.2.114

127. An administrator is trying to ping and telnet from Switch to Router with the results shown below:

Switch> ping 10.4.4.3

Type escape sequence to abort.

Sending 5, 100-byte ICMP Echos to 10.4.4.3,timeout is 2 seconds:

.U.U.U

Success rate is 0 percent (0/5)

Switch>

Switch> telnet 10.4.4.3

Trying 10.4.4.3 ...

% Destination unreachable; gateway or host down

Switch>

Click the console connected to Router and issue the appropriate commands to answer the questions.For this question we only need to use the show running-config command to answer all the questions below

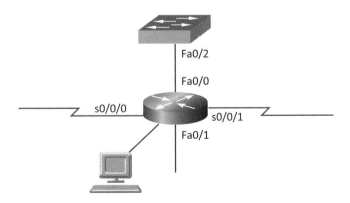

一個網路管理者試著從交換器上去 ping 及 telnet 路由器。結果如題目所示。進入路由器的控制台，並執行適當的命令，然後回答下面的問題。只需要執行 show running-config 的命令就可以回答所有問題。(下面是顯示出的設定)

```
<output omitted>
interface Loopback1
 ip address 172.16.4.1 255.255.255.0
!
interface Loopback2
 ip address 10.145.145.1 255.255.255.0
 ipv6 address 2001:410:2:3::/64 eui-64
!
interface FastEthernet0/0
 ip address 10.4.4.3 255.255.255.0
 ip access-group 106 in
 duplex auto
 speed auto
!
interface FastEthernet0/1
 no ip address
 shutdown
 duplex auto
 speed auto
!
interface Serial0/0/0
 bandwidth 64
 no ip address
 ip access-group 102 out
 encapsulation frame-relay
 ip ospf authentication
 ip ospf authentication-key san-fran
!
interface Serial0/0/0.1 point-to-point
 ip address 10.140.3.2 255.255.255.0
 ip authentication mode eigrp 100 md5
 ip authentication key-chain eigrp 100 icndchain
 frame-relay interface-dlci 120
!
interface Serial0/0/1
 bandwidth 64
 ip address 10.45.45.1 255.255.255.0
 ip access-group 102 in
 ip authentication mode eigrp 100 md5
 ip authentication key-chain eigrp 100 icndchain
 ip ospf authentication-key san-fran
 ipv6 address 2001:410:2:10://64 eui-64
!
```

```
  router eigrp 100
   network 10.0.0.0
   network 172.16.0.0
   network 192.168.2.0
   no auto-summary
  !
  router ospf 100
   log-adjacency-changes
   network 10.4.4.3 0.0.0.0 area 0
   network 10.45.45.1 0.0.0.0 area 0
   network 10.140.3.2 0.0.0.0 area 0
   network 192.168.2.62 0.0.0.0 area 0
  !
  router rip
   version 2
   network 10.0.0.0
   network 172.16.0.0
  !
  ip default-gateway 10.1.1.2
  !
  !
  ip http server
  no ip http secure-server
  !
access-list 102 permit tcp any any eq ftp
access-list 102 permit tcp any any eq ftp-data
access-list 102 deny tcp any any eq telnet
access-list 102 deny icmp any any echo-reply
access-list 102 permit ip any any

access-list 104 permit tcp any any eq ftp
access-list 104 permit tcp any any eq ftp-data
access-list 104 deny tcp any any eq telnet
access-list 104 permit icmp any any echo
access-list 104 deny icmp any any echo-reply
access-list 104 permit ip any any

access-list 106 permit tcp any any eq ftp
access-list 106 permit tcp any any eq ftp-data
access-list 106 deny tcp any any eq telnet
access-list 106 permit icmp any any echo-reply

access-list 110 permit udp any any eq domain
access-list 110 permit udy any eq domain any
access-list 110 permit tcp any any eq domain
access-list 110 permit tcp any eq domain any
access-list 110 permit tcp any any

access-list 114 permit ip 10.4.4.0 0.0.0.255 any

access-list 115 permit ip 0.0.0.0 255.255.255.0 any
```

```
access-list 122 deny tcp any any
access-list 122 deny lmp any any echo-reply
access-list 122 permit ip any any
!
<output omitted>
```

127-1 Which will fix the issue and allow ONLY ping to work while keeping telnet disabled?

如何修正這議題，使 ping 被允許，但是 telnet 仍然關閉。

A. Correctly assign an IP address to interface fa0/1

B. Change the ip access-group command on fa0/0 from "in" to "out"

C. Remove access-group 106 in from interface fa0/0 and add access-group 115 in.

D. Remove access-group 102 out from interface s0/0/0 and add access-group 114 in

E. Remove access-group 106 in from interface fa0/0 and add access-group 104 in

127-2 What would be the effect of issuing the command ip access-group 114 in to the fa0/0 interface?

在 Fa0/0 介面上執行 ip access-group 114 命令，會有什麼影響？

A. Attempts to telnet to the router would fail

B. It would allow all traffic from the 10.4.4.0 network

C. IP traffic would be passed through the interface but TCP and UDP traffic would not

D. Routing protocol updates for the 10.4.4.0 network would not be accepted from the fa0/0 interface

127-3 What would be the effect of issuing the command access-group 115 in on the s0/0/1 interface?

在 Serial 0/0/1 介面上執行 ip access-group 115 命令，會有什麼影響？

A. No host could connect to Router through s0/0/1

B. Telnet and ping would work but routing updates would fail.

C. FTP, FTP-DATA, echo, and www would work but telnet would fail

D. Only traffic from the 10.4.4.0 network would pass through the interface

---

解析：1. E．由題目中可以知道，從 Fa0/0 是無法進行 ping 及 Telnet 。Fa0/0上套用的清單是 106 ，在 in 的方向。清單106 的前兩行允許了 ftp，第三行擋掉了 telnet，雖然允許了 icmp 的 echo-reply ，但是沒有允許 icmp 的 echo，因此 icmp 的回應封包會被擋掉。

```
access-list 106 permit tcp any any eq ftp
access-list 106 permit tcp any any eq ftp-data
access-list 106 deny tcp any any eq telnet
access-list 106 permit icmp any any echo-reply
```

清單中有允許 icmp echo 的只有清單 104 。因此只要將 Fa0/0 套用 106 清單的命令拿掉，再套用上清單 104 即可。

```
access-list 104 permit tcp any any eq ftp
access-list 104 permit tcp any any eq ftp-data
access-list 104 deny tcp any any eq telnet
access-list 104 permit icmp any any echo
access-list 104 deny icmp any any echo-reply
access-list 104 permit ip any any
```

2. B。

3. A。清單115 是permit ip 0.0.0.0 255.255.255.0 any

255.255.255.0是 wildcard，換成 mask 就是 0.0.0.255 ，也就是只有 x.x.x.0 的 IP 允許過，但是 x.x.x.0 通常是網路位址，不可用，其他的 IP 則都會被隱含的 Deny 所過濾。因此比較適合的答案是 A。(並不是很好的答案，因為 x.x.x.0 在不同的切割方式時，可能可以使用，只是其他的答案明顯不正確，只好選這個)

128. A network associate is adding security to the configuration of the Corp1 router. The user on host C should be able to use a web browser to access financial information from the Finance Web Server. No other hosts from the LAN nor the Core should be able to use a web browser to access this server.Since there are multiple resources for the corporation at this location including other resources on the Finance Web Server, all other traffic should be allowed.The task is to create and apply an access-list with no more than three statements that will allow ONLY host C access to the Finance Web Server. No other hosts will have web access to the Finance Web Server. All other traffic is permitted.

Access to the router CLI can be gained by clicking on the appropriate host.All passwords have been temporarily set to "cisco".The Core connection uses an IP address of 198.18.196.65 .The computers in the Hosts LAN have been assigned addresses of 192.168.33.1 - 192.168.33.254

Host A 192.168.33.1

Host B 192.168.33.2

Host C 192.168.33.3

Host D 192.168.33.4

The servers in the Server LAN have been assigned addresses of 172.22.242.17 - 172.22.242.30.The Finance Web Server is assigned an IP address of 172.22.242.23.

一個網路管理者現在要在路由器上加入安全性的設定，使用者在主機C上面可以使用瀏覽器去存取財務網頁伺服器上的財務資訊，其它的主機不能使用網頁瀏覽器去存取這個伺服器，因為有多個資源在財務伺服器上，所有其它的流量必須要被允許。現在的工作就是要建立及套用一個存取清單，不能超過三條敘述，必須只允許主機C存取財務伺服器，其它的主機不能存取財務伺服器，但是其它的流量必須要被允許通過。

所有的密碼都是 cisco，Core 連接使用 198.18.196.65 這個 IP ，本地網路的 IP 範圍是 192.168.33.1 - 192.168.33.254，主機的 IP 分別為 Host A 192.168.33.1、Host B 192.168.33.2、Host C 192.168.33.3、Host D 192.168.33.4。伺服器的 IP 範圍是 172.22.242.17 - 172.22.242.30，財務伺服器的 IP 位址是 172.22.242.23。

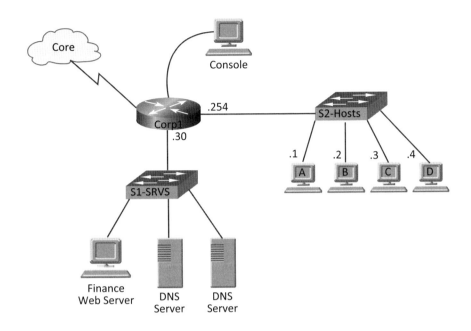

解析： 1. 點電腦進入 Corp1.

　　　 Corp1>enable (接著輸入 "cisco" 密碼)

　　2. 使用 show running-config。

　　3. Server LAN 網段是172.22.242.17 – 172.22.242.30，圖上顯示
　　　 172.22.242.30 是閘道，即 FastEthernet 0/1，ACL 設在此介面。

```
Corp1# show running-config
<output omitted>
!
interface FastEthernet0/0
 ip address 192.168.33.254 255.255.255.0
 duplex auto
 speed auto
!
interface FastEthernet0/1
 ip address 172.22.242.30 255.255.255.240
 duplex auto
 speed auto
!
<output omitted>
```

4. 建立 ACL，允許 192.168.33.3 連到 172.22.242.23 的 Port 80，其他的 IP 不允許連到 172.22.242.23 的 Port 80，因為其他的服務都要通，若不加上 permit，將被隱含的 deny 擋住。

Corp1#configure terminal

Corp1(config)#access-list 100 permit tcp host 192.168.33.3 host 172.22.242.23 eq 80

Corp1(config)#access-list 100 deny tcp any host 172.22.242.23 eq 80

Corp1(config)#access-list 100 permit ip any any

5. 套用 ACL 到 F0/1介面，面對來源，必須設在 out 方向。

Corp1(config)#interface fa0/1

Corp1(config-if)#ip access-group 100 out

6. 測試,分別點進主機 A、B、C、D 開啓瀏覽器輸入網址 172.22.242.23 測試，只有主機 C 看得到網頁。

7. 存檔。

Corp1(config-if)#end

Corp1#copy running-config startup-config

129. You work as a network technician at Test.com. Study the exhibit carefully. You are required to perform configurations to enable internet access. The Test ISP has given you six public IP addresses in the 198.18.32.65 198.18.32.70/29 range.Test.com has 62 clients that needs to have simultaneous internet access. These local hosts use private IP addresses in the 192.168.6.65 - 192.168.6.126/26 range.You need to configure Router Test1 using the TestA console. You have already made basic router configuration.You have also configured the appropriate NAT interfaces; NAT inside and NAT outside respectively. Now you are required to finish the configuration of Test1.

如圖所示，你現在的工作是一個網路技術人員，你需要去執行一個設定來開啓網際網路的存取，路由器ISP已經給你六個公共的IP位址，範圍是198.18.32.65到198.18.32.70這個範圍，內部有62個主機，可能會需要同時存取網際網路，這些主機使用私有的IP位址，範圍是192.168.6.65到192.168.6.126，你必須使用PC 1的主機連進路由器1的控制台，路由器已經有一些基本的設定，現在必須設定適當的NAT介面、nat inside及nat outside。

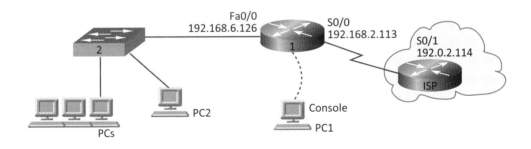

解析： 有 62 個主機,同時存取 6 個 public IP ，從198.18.32.65 到 198.18.32.70/29
，使用NAT overload (即 PAT)

Router1>enable

Router1#configure terminal

Router1(config)#ip nat pool mypool 198.18.32.65 198.18.32.70 netmask 255.255.255.248

Router1(config)#access-list 1 permit 192.168.6.64 0.0.0.63

Router1(config)#ip nat inside source list 1 pool mypool overload

Router1(config)#interface fa0/0

Router1(config-if)#ip nat inside

Router1(config-if)#exit

Router1(config)#interface s0/0

Router1(config-if)#ip nat outside

Router1(config)#end (or Router1(config-if)#end)

Router1#copy running-config startup-config

最後測試 C:\>ping 192.0.2.114

130. The diagram represents a small network with a single connection to the Internet. Using the information shown, answer the following questions . Refer to the topology.

圖中顯示了一個單一連線到網際網路的小型網路，相關資訊如圖中所示，依據這個拓樸回答後面的問題。

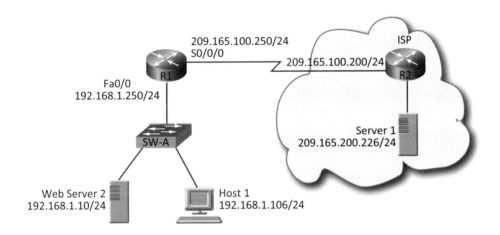

130-1. If the router R1 has a packet with a destination address 192.168.1.255, what describes the operation of the network?

如果路由器 R1 收到一個目的地位址為 192.168.1.255 的封包，下面哪一項描述了這個網路的運作？

A. R1 will forward the packet out all interfaces.

B. R1 will drop this packet because this it is not a valid IP address.

C. As R1 forwards the frame containing this packet, Sw-A will add 192.168.1.255 to its MAC table.

D. R1 will encapsulate the packet in a frame with a destination MAC address of FF-FF-FF-FF-FF-FF.

E. As R1 forwards the frame containing this packet, Sw-A will forward it to the device assigned the IP address of 192.168.1.255

130-2. Users on the 192.168.1.0/24 network must access files located on the Server 1. What route could be configured on router R1 for file requests to reach the server?

在 192.168.1.0/24 網路的使用者必須存取伺服器 1 上的檔案，依據這個檔案需求，在選項中的那個路徑必須在路由器 R1 上被設定？

A. Ip route 0.0.0.0 0.0.0.0 s0/0/0

B. Ip route 0.0.0.0 0.0.0.0 209.165.200.226

C. Ip route 209.165.200.0 255.255.255.0 192.168.1.250

D. Ip route 192.168.1.0 255.255.255.0 209.165.100.250

130-3. When a packet is sent from Host 1 to Server 1, in how many different frames will the packet been capsulated as it is sent across the internetwork?

當一個封包從主機 1 送到伺服器 1，在封包跨越這個互聯網時，將會被封裝成多少個不同的訊框？

A. 0

B. 1

C. 2

D. 3

E. 4

130-4. What must be configured on the network in order for users on the Internet to view web pages located on Web Server 2?

在這個網路上，為了讓網際網路上的使用者可以看網頁伺服器 2 的網頁，什麼必須被設定？

A. On router R2, configure a default static route to the 192.168.1.0 network.

B. On router R2, configure DNS to resolve the URL assigned to Web Server 2 to the 192.168.1.10 address.

C. On router R1, configure NAT to translate an address on the 209.165.100.0/24 network to 192.168.1.10.

D. On router R1, configure DHCP to assign a registered IP address on the 209.165.100.0/24 network to Web Server 2

130-5. The router address 192.168.1.250 is the default gateway for both the Web Server 2 and Host 1. What is the correct subnet mask for this network?

路由器上位址192.168.1.250 是網頁伺服器 2 及主機 1 的閘道，這個子網路正確的遮罩是什麼？

A. 255.255.255.0

B. 255.255.255.192

C. 255.255.255.250

D. 255.255.255.252

解析： 1. B，192.168.1.255是廣播 IP，無法經由路由器繞送。

2. A，路由器 R1 是邊界路由器，使用預設繞送即可。

3. D，第一次封裝發生在Host1-R1 的 MAC，第二次封裝發生在R1-R2 之間，是沒有 MAC 位址的WAN 封裝，第三次發生在 R1-Server 1 的 MAC 封裝。

4. C，因為網頁伺服器所使用的 IP 是私有 IP ，在路由器 R1 上必須要設定 NAT 轉換，將某個 209.165.100.x 的公有 IP 轉換為網頁伺服器 192.168.1.10 。

5. A，圖上已經顯示 /24 ，所以是 255.255.255.0。

---

131. Click on the console PC to gain access to the console of the router.No Console or enable password are required.To access the multiple-choice questions.click on the numbered boxes on the left of the top panel. There are four multiple-choice questions with this task. Be sure to answer all four questions before selecting the Next button.

後面有多個問題，回答完問題前不要按下一步。點選圖中的個人電腦以存取路由器的主控台。不需要任何的密碼。(本題有不同數值及答案的類似題)

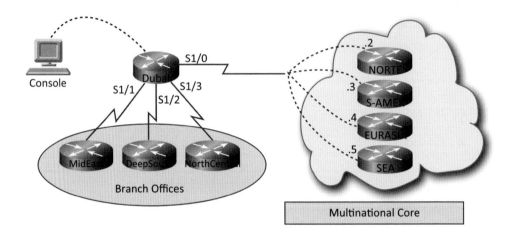

131-1. What destination Layer 2 address will be used in the frame header containing a packet for host 172.30.0.4?

在一個前往 172.30.0.4的封包中，其訊框表頭中的第二層目的地位址是什麼？

A. 704

B. 196

C. 702

D. 344

131-2. A static map to the S-AMER location is required. Which command should be used to create this map?

現在需要一個靜態的對應到S-AMER 這個位置，哪一個命令可以用來建立這個對應？

A. frame-relay map ip 172.30.0.3 704 broadcast

B. frame-relay map ip 172.30.0.3 196 broadcast

C. frame-relay map ip 172.30.0.3 702 broadcast

D. frame-relay map ip 172.30.0.3 344 broadcast

131-3. Which connection uses the default encapsulation for serial interfaces on Cisco routers?

在思科的路由器上哪一個序列介面的連線使用預設的封裝？

A. The serial connection to the MidEast branch office.

B. The serial connection to the DeepSouth branch office.

C. The serial connection to the NorthCentral branch office.

D. The serial connection to the Multinational branch office.

131-4. If required, what password should be configured on the router in the MidEast branch office to allow a connection to be established with the Dubai router?

A. No password is required

B. Enable

C. Scra

D. Tlnet

E. Console

解析： 1. 使用 show frame-relay map 顯示的資訊 172.30.0.4，可以得知 DLCI。答
案 C。

2. 使用 show frame-relay map 顯示 172.30.0.3 之 DLCI 為 196。答案 B。

3. 使用 show running-config，可以看到只有 Serial1/1 沒有使用
encapsulation 命令改變封裝的方式(預設是 HDLC)。所以是連接到
MidEast分支辦公室的線路使用的是預設封裝。答案 A。

4. 使用 show running-config，應該會出現類似下面的帳號及密碼設定：

username South_Router password c0nsol3

username North_Router password t31net

這個子題的答案為 A，因為這個介面沒有使用 ppp及認證。但是題目可
能會改為 Serial 1/3(NorthCentral) 或 Serial 1/2(Deepsouth)，並使用 chap
認證，則答案選項就會不同。

Dubai 路由器中的資訊：

```
Dubai#show frame-relay map
Serial1/0 (up): ip 172.30.0.2 dlci 704 (0x7B,0x1CB0) , dynamic,
                    broadcast,, status defined, active
Serial1/0 (up): ip 172.30.0.3 dlci 196 (0xEA,0x38A0) , dynamic,
                    broadcast,, status defined, active
Serial1/0 (up): ip 172.30.0.4 dlci 702 (0x159,0x5490) , dynamic,
                    broadcast,, status defined, active
Serial1/0 (up): ip 172.30.0.5 dlci 344 (0x1C8,0x7080) , dynamic,
                    broadcast,, status defined, active
Dubai#show run
 interface FastEthernet0/0
  no ip address
  shutdown
!
 interface Serial1/0
  ip address 172.30.0.1 255.255.255.240
  encapsulation frame-relay
  no fair-queue
 !
 interface Serial1/1
  ip address 192.168.0.1 255.255.255.252
 !
 interface Serial/2
  ip address 192.168.0.5 255.255.255.252
```

```
  encapsulation ppp
 !
 interface Serial/3
  ip address 192.168.0.9 255.255.255.252
  encapsulation ppp
  ppp authentication chap
 !
 router rip
  version 2
  network 172.30.0.0
  network 192.168.0.0
  no auto-summary
 !
line con 0
 exec-timeout 0  0
line aux 0
line vty 0 4
 password Tlnet
login
 !
end
```

132. Refer to the exhibit. Using the information shown, answer the question.

依據圖，使用圖中的資訊回答問題。

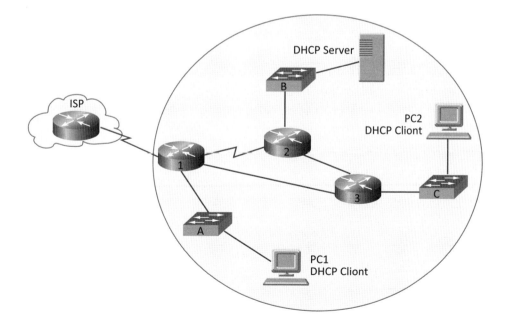

132-1.All hosts in the networks have been operational for several hours when the DHCP server goes down. What happens to the hosts that have obtained service from the DHCP server?

當 DHCP 伺服器當掉，在網路中的主機已經運作數小時。從 DHCP 伺服器獲得服務的主機將會發生什麼事？

A - The hosts will not be able to communicate with any other hosts.

B - The hosts will continue to communicate normally for a period of time.

C - The hosts will be able to communicate with hosts outsides their own network.

D - The hosts wll only be able to communicate with other hosts by IP address not by hostname.

132-2. What is the purpose of the DHCP server?

DHCP 伺服器的目的是什麼？

A - To provide storage for email

B - To translate URLs to IP addresses

C - To translate IPv4 addresses to MAC addresses

D - To provide an IP configuration information to hosts

132-3. How is the message sent from a PC2 when is first powers on and attempts to contact the DHCP Server?

當PC2 第一次開機時，PC2會送出什麼訊息與 DHCP 伺服器接觸？

A - Layer 3 unicast

B - Layer 3 broadcast

C - Layer 3 multicast

D - Without any Layer 3 encapsulation

132-4. What is the default behavior of 1 when PC1 requests service from DHCP server?

當 PC1 向 DHCP 伺服器發出需求時，1 號路由器的預設行為是什麼？

A - Drop the request.

B - Broadcast the request to 2 and 3

C - Forward the request to 2

D - Broadcast the request to 2, 3 and ISP

解析：1. B，主機將會持續通訊一段時間，因為要經過一段時間才會到達釋放或 renew 的時間。

2. D。

3. B，PC 送出的 DHCP Request 是一個廣播封包。

4. A，廣播無法穿越路由器，所以封包會被路由器丟棄。

133. This task requires you to use the CLI of Sw-AC3 to answer five multiple-choice questions. This does not require any configuration. To answer the multiple-choice questions, click on the numbered boxes in the right panel. There are five multiple-choice questions with this task. Be sure to answer all five questions before leaving this item.

現在這個工作需要你使用SW-AC 3的CLI去回答幾個問題，這些問題不需要作任何的設定。

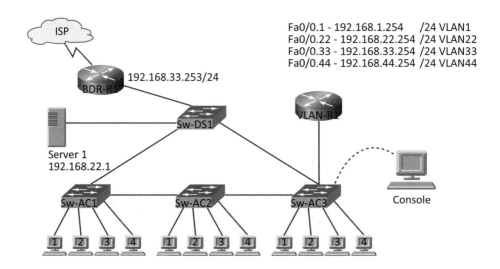

Fa0/0.1 - 192.168.1.254　　/24 VLAN1
Fa0/0.22 - 192.168.22.254 /24 VLAN22
Fa0/0.33 - 192.168.33.254 /24 VLAN33
Fa0/0.44 - 192.168.44.254 /24 VLAN44

133-1 What interface did Sw-AC3 associate with source MAC address 0010.5a0c.ffba ?

Sw-AC3上哪個介面與0010.5a0c.ffba 這個 MAC 位址結合？

(a) Fa0/1

(b) Fa0/3

(c) Fa0/6

(d) Fa0/8

(e) Fa0/9

(f) Fa0/12

133-2 What ports on Sw-AC3 are operating has trunks (choose three)?

Sw-AC3上哪些 Port 是運作在 trunk 模式？

(a) Fa0/1

(b) Fa0/3

(c) Fa0/4

(d) Fa0/6

(e) Fa0/9

(f) Fa0/12

133-3 What kind of router is VLAN-R1?
VLAN-R1 是哪一種類型的路由器？

(a) 1720

(b) 1841

(c) 2611

(d) 2620

133-4 Which switch is the root bridge for VLAN 1?
哪一個交換器是 VLAN1 的根橋接器？

133-5 What address should be configured as the default-gateway for the host connected to interface fa 0/4 of SW-Ac3?
連接在SW-Ac3 的 0/4 介面上的主機，哪一個位址被設定成為預設閘道？

133-6 From which switch did Sw-Ac3 receive VLAN information？
Sw-Ac3 從哪一個交換器接收 VLAN 的資訊？

133-7 Refer to the exhibit , SwX was taken out of the production network for maintenance. It will be reconnected to the Fa 0/16 port of Sw-Ac3. What happens to the network when it is reconnected and a trunk exists between the two switches?
依據圖。SwX 被拿出去維護，它被重新連到 Sw-Ac3 的 Fa0/16 Port ，當它重新被連接，同時在兩交換器間有 Trunk 存在，將會發生什麼事？

SwX#show vlan	SwX# show vtp stat
VLAN Name Status Ports	VTP Version :2
1 default active Fa0/1, Fa0/2, Fa0/3	Configuration Revision :6
Fa0/4, Fa0/5, Fa0/6	Maximum VLANs supported locally:250
Fa0/7, Fa0/8, Fa0/9	Number of existing VLANs :8
Fa0/10, Fa0/11, Fa0/12	VTP Operating Mode :Server
Gi0/1,Gi0/2	VTP Domain Name :home-office
2 students active	VTP Pruning Mode :Disabled
3 admin active	VTP V2 Mode :Disabled
4 faculty active	VTP Traps Generation :Disabled
	MD5 digest :0xD8 0xD8 0x38 0x22
	0x98 0xE3 0xAC 0x65
	Configuration last modified by 0.0.0.0 at
	3-28-99 01:24:88

A - All VLANs except the default VLAN win be removed from all switches

B - All existing switches will have the students, admin, faculty, Servers, Management, Production, and no-where VLANs

C - The VLANs Servers, Management, Production and no-where will replace the VLANs on SwX

D - The VLANs Servers, Management, Production and no-where will be removed from existing switches

133-8 Out of which ports will a frame be forwarded that has source mac-address 0010.5a0c.fd86 and destination mac-address 000a.8a47.e612? (Choose three)

一個訊框的來源 MAC 位址是0010.5a0c.fd86，且目的地 MAC 位址是000a.8a47.e612，將會從哪個 Port 出去？

A - Fa0/8

B - Fa0/3

C - Fa0/1

D - Fa0/12

133-9 If one of the host connected to Sw-AC3 wants to send something for the ip 190.0.2.5 (or any ip that is not on the same subnet) what will be the destination MAC address

如果連接到Sw-AC3的主機之一想要送資料給不在子網路內的 IP，目的地 MAC 位址會是多少？

解析： 1.D，使用 show mac-address-table 可以看到對應的 Port 。

Sw-Ac3#show mac-address-table
Mac Address Table

Vlan	Mac Address	Type	Ports
All	000f.2485.8900	STATIC	CPU
All	0100.0ccc.cccc	STATIC	CPU
All	0100.0ccc.cccd	STATIC	CPU
All	0100.0cdd.dddd	STATIC	CPU
1	0009.e8b2.c28c	DYNAMIC	Fa0/12
1	000a.b7e9.8360	DYNAMIC	Fa0/3
1	000f.2485.8b49	DYNAMIC	Fa0/9
22	0009.e8b2.c28c	DYNAMIC	Fa0/12
22	000a.b7e9.8360	DYNAMIC	Fa0/3
22	0010.5a0c.ffba	DYNAMIC	Fa0/12
33	0009.e8b2.c28c	DYNAMIC	Fa0/12
33	000a.b7e9.8360	DYNAMIC	Fa0/3
33	000c.ce8d.8860	DYNAMIC	Fa0/12
33	0010.5a0c.fd86	DYNAMIC	Fa0/6
33	0010.5a0c.feae	DYNAMIC	Fa0/12
33	0010.5a0c.ff9f	DYNAMIC	Fa0/1
44	0009.e8b2.c28c	DYNAMIC	Fa0/12
--More--			

2. B、E、F，使用 show vlan，沒出現的 Port 就是 trunk port 或使用 show run 檢視哪個介面有下 switchport mode trunk 命令。

```
Sw-Ac3#show vlan
VLAN Name                 Status  Ports
----  ------------        ------- ------------------------------
-----
1     default             active  Fa0/16
22    Servers             active
33    Management          active  Fa0/1,Fa0/2,Fa0/5,Fa0/6, Fa0/7
44    Production          active  Fa0/4, Fa0/8, Fa0/10, Fa0/11
99    No-where            active  Fa0/13, Fa0/14,Fa0/15, Fa0/17
                                  Fa0/18, Fa0/19, Fa0/20, Fa0/21
                                  Fa0/22, Fa0/23, Fa0/24
                                  Gi0/1,Gi0/2
1002  fddi-default        act/unsup
1003  token-ring-default  act/unsup
1004  fddinet-default     act/unsup
1005  trnet-default       act/unsup
```

或者用 show interface trunk

Sw-Ac3#show interface trunk

Port	Mode	Encapsulation	Status	Native vlan
Fa0/3	on	802.1q	trunking	1
Fa0/9	desirable	802.1q	trunking	1
Fa0/12	desirable	802.1q	Trunking	1

3. D，使用 show cdp neighbor detail 可以看到平台是 2620。

```
Sw-Ac3#show cdp neighbor detail

<output omitted >

Device ID:VLAN-R1
Entry address(es):
IP address:192.168.1.254

Platform:cisco 2620, Capabilities: Router

Interface:FastEthernet0/3 Port ID (outgoing
port):FastEthernet0/0.1
```

```
Holdtime:152 sec

Version:

Cisco Internetwork Operating System Software
IOS (tm) 3000 Software (IGS-J-L), Version 11.1(5),
RELEASE SOFTWARE (fc1)Copyright (c)1986-1996 by cisco
System,Inc.Compiled Tue 05-Aug-03 11:48 by mkamson
```

4. Sw-DS1。先在 Sw-Ac3 上使用 show spanning-tree vlan 1，查看 root bridge 的 Port。

```
Sw-Ac3#show spanning-tree
VLAN001
  Spanning tree enabled protocol ieee
  Root ID   Priority   24577
            Address   0009.e8b2.c280
            Cost      19
            Port      12 (FastEthernet0/12)
            Hello Time 2 sec  Max Age 20 sec  Forward Delay 15 sec

  Bridge ID  Priority   32769  (priority 32768 sys-id-ext 1)
             Address   000f.2485.8900
             Hello Time 2 sec  Max Age 20 sec  Forward Delay 15 sec
             Aging Time 300
```

Interface	Role Sts	Cost	Prio.Nbr	Type
Fa0/3	Desg FWD	19	128.3	P2P
Fa0/9	Desg FWD	19	128.9	P2P
Fa0/12	Root FWD	19	128.12	P2P

上面的成本 19 代表根橋接器與這台交換器是直接連接，而且是從這台交換器的 0/12 連接。然後再用 show cdp neighbor 查看Fa0/12所對應的 Device ID。

```
Sw-Ac3#show cdp neighbors
Capability Codes:R - Router, T – Trans Bridge, B – Source Router Bridge
        S – Switch, H – Host, I – IGMP, r – Repeater, P – Phone
```

Device ID	Local Interface	Holdtime	Capability	Platform	Port ID
Sw-DS1	Fas0/12	130	S	WS-C2950G-	Fas0/12
Sw-Ac2	Fas0/9	176	S	WS-C2950T-	Fas0/9
VLAN-R1	Fas0/3	152	R	2620	Fas0/0.1

    5. 192.168.44.254，在 Sw-Ac3 上使用 show vlan ，可以看到 port 0/4 屬於 vlan44，再依據圖中路由器 VLAN 44 子介面的 IP 得知。

```
Sw-Ac3#show vlan
VLAN Name                       Status    Ports
---- ----------      -------    ------------------------------
1    default         active     Fa0/16
22   Servers         active
33   Management      active     Fa0/1,Fa0/2,Fa0/5,Fa0/6, Fa0/7
44   Production      active     Fa0/4, Fa0/8, Fa0/10, Fa0/11
99   No-where        active     Fa0/13, Fa0/14,Fa0/15, Fa0/17
                                Fa0/18, Fa0/19, Fa0/20, Fa0/21
                                Fa0/22, Fa0/23, Fa0/24
                                Gi0/1,Gi0/2
1002 fddi-default           act/unsup
1003 token-ring-default     act/unsup
1004 fddinet-default        act/unsup
1005 trnet-default          act/unsup
```

    6. Sw-AC2。方法一：使用 debug sw-vlan vtp events 開啓除錯，更改 Sw-AC3 的 domain name 後，再改回正確的domain name，這可以觸發 Server 送出訊息，也就可以看到從哪個 port 送來 vtp 訊息，依此來推測 vtp server 是哪一台交換器。方法二：使用 show vtp status 顯示如下。

```
Sw-Ac3#show vtp status
VIP Version:2
Configuration Revision:5
Maximum VLANs supported locally :255
Number of existing VLANs:7
VTP Operating Mode:Client
VTP Domain Name:home-office
VTP Pruning Mode:Enabled
VTP V2 Mode:Disabled
VTP Traps Generation:Disabled
MD5 digest:0x22 0x07 0xF2 0x3A 0xF1 0x28 0xA0 0x5D
Configuration last modified by 163.5.8.3 at 3-1-93 00:28:35
```

在最後一行可以看到上一次是從 163.5.8.3 接收到訊息。接著使用 show cdp neighbor detail 找到對應的 Device ID。

```
Sw-Ac3#show cdp neighbor detail

<output omitted>
Device ID:Sw-Ac2
Entry address(es):
IP address:163.5.8.3
Platform:cisco 2950,Capabilities:Switch
Interface:FastEthernet,Port ID (outgoing port):FastEthernet
Holdtime:164 sec
Version:
……
```

7. D．在 Sw-Ac3 上使用 show vtp status，可以看到 configuration revision 是 5，並且是 Client，領域名稱是 home-office，如下所示。而題目圖中 SwX 的 revision是 6，且是 Server，表示SwX 的資訊會蓋掉 Sw-Ac3。

```
Sw-Ac3#show vtp status
VTP Version                      :  2
Configuration  Revision          :  5
Maximum VLANs supported locally  :  250
Number of existing VLANs         :  9
VTP Operating Mode               :  Client
VTP Domain Name                  :  home-office
VTP Pruning Mode                 :  Disabled
VTP V2 Mode                      :  Disabled
VTP Traps Generation             :  Disabled
MD5 digest                       :  0xD8 0xD8 0x38 0x22 0x98
0xE3 0xAC 0x65
Configuration last modified by 192.168.1.249 at 3-2-93 21:29:08
Sw-Ac3#
```

8. B、C、D · 使用 show mac-address-table ，首先看來源MAC 位址
0010.5a0c.fd86 ，出現在 VALN 33 的 Fa0/6，但是 VLAN 33 中沒有目的
地位址 000a.8a47.e612。因此封包會以洪泛(flood)的方式送到 VLAN 33
的每一個port，除了來源 Port Fa0/6之外。依據 MAC 位址表中顯示，選
項中 Port0/1、 Port0/3、Port0/12 都會收到。

Sw-Ac3#show mac-address-table			
Mac Address Table			
Vlan	Mac Address	Type	Ports
-------	-------------------	--------	--------
All	000f.2485.8900	STATIC	CPU
All	0100.0ccc.cccc	STATIC	CPU
All	0100.0ccc.cccd	STATIC	CPU
All	0100.0cdd.dddd	STATIC	CPU
1	0009.e8b2.c28c	DYNAMIC	Fa0/12
1	000a.b7e9.8360	DYNAMIC	Fa0/3
1	000f.2485.8b49	DYNAMIC	Fa0/9
22	0009.e8b2.c28c	DYNAMIC	Fa0/12
22	000a.b7e9.8360	DYNAMIC	Fa0/3
22	0010.5a0c.ffba	DYNAMIC	Fa0/8
33	0009.e8b2.c28c	DYNAMIC	Fa0/12
33	000a.b7e9.8360	DYNAMIC	Fa0/3

33	000c.ce8d.8860	DYNAMIC	Fa0/12
33	0010.5a0c.fd86	DYNAMIC	Fa0/6
33	0010.5a0c.feae	DYNAMIC	Fa0/12
33	0010.5a0c.ff9f	DYNAMIC	Fa0/1
44	0009.e8b2.c28c	DYNAMIC	Fa0/12
--More--			

這個題目還可以再延伸。可以使用 show vlan 看到屬於 Valn 33 的 Port 還有Fa0/2、Fa0/5及Fa0/7。因此如果選項有變化，還要檢查這裡。

Sw-Ac3#show vlan

VLAN	Name	Status	Ports
1	default	active	Fa0/16
22	Servers	active	
33	Manaqement	active	Fa0/1, Fa0/2, Fa0/5, Fa0/6, Fa0/7
44	Production	active	Fa0/4, Fa0/8, Fa0/10, Fa0/11
99	no-where	active	Fa0/13, Fa0/14, Fa0/15, Fa0/17
			Fa0/18, Fa0/19, Fa0/20 ,Fa0/21
			Fa0/22, Fa0/23, Fa0/24
			Gi0/1,Gi0/2

另外 Trunk Port 上也會收到洪泛的封包，因此使用 show interface trunk 可以看到有哪些 Port 是 Trunk Port，如果選項有這些 Port，也要選擇。

Sw-Ac3#show interface trunk

Port	Mode	Encapsulation	Status	Native vlan
Fa0/3	on	802.1q	trunking	1
Fa0/9	desirable	802.1q	trunking	1
Fa0/12	desirable	802.1q	Trunking	1

9. 000a.b7e9.8360。不相同子網路的封包會送給閘道，因此要查閘道的
MAC。首先使用 show running-config 檢視 ip default-gateway 後的 IP，
得知 192.168.1.254 就是交換器的閘道。

```
Sw-Ac3#show running-config

<output omitted>

!
ip http server
ip default-gateway 192.168.1.254
!
<output omitted>
```

接著用 show cdp neighbor detail 可以得知交換器連接路由器的 Port 號
(Fa0/3)。

```
Sw-Ac3#show cdp neighbor detail

<output omitted >

Device ID:VLAN-R1
Entry address(es):
IP address:192.168.1.254

Platform:cisco 2620, Capabilities: Router

Interface:FastEthernet0/3 Port ID (outgoing
port):FastEthernet0/0.1

Holdtime:152 sec

Version:

Cisco Internetwork Operating System Software
IOS (tm) 3000 Software (IGS-J-L), Version 11.1(5),
RELEASE SOFTWARE (fc1)Copyright (c)1986-1996 by cisco
System,Inc.Compiled Tue 05-Aug-03 11:48 by mkamson
```

最後，再用 show mac-address-table 可以看到 Fa0/3 上面出現的 MAC 只有
000a.b7e9.8360，此即為目的地 MAC 。(分屬不同 VLAN 是正常的，因為
路由器的介面是子介面，有多個 VLAN)

```
Sw-Ac3#show mac-address-table
          Mac Address Table

Vlan    Mac Address     Type        Ports
----    -----------     --------    ----------
All     000f.2485.8900  STATIC      CPU
All     0100.0ccc.cccc  STATIC      CPU
All     0100.0ccc.cccd  STATIC      CPU
All     0100.0cdd.dddd  STATIC      CPU
  1     0009.e8b2.c28c  DYNAMIC     Fa0/12
  1     000a.b7e9.8360  DYNAMIC     Fa0/3
  1     000f.2485.8b49  DYNAMIC     Fa0/9
 22     0009.e8b2.c28c  DYNAMIC     Fa0/12
 22     000a.b7e9.8360  DYNAMIC     Fa0/3
 22     0010.5a0c.ffba  DYNAMIC     Fa0/12
 33     0009.e8b2.c28c  DYNAMIC     Fa0/12
 33     000a.b7e9.8360  DYNAMIC     Fa0/3
 33     000c.ce8d.8860  DYNAMIC     Fa0/12
 33     0010.5a0c.fd86  DYNAMIC     Fa0/6
 33     0010.5a0c.feae  DYNAMIC     Fa0/12
 33     0010.5a0c.ff9f  DYNAMIC     Fa0/1
 44     0009.e8b2.c28c  DYNAMIC     Fa0/12
--More--
```

134. The Missouri branch office router is connected through its s0 interface to the Alabama Headquarters router s1 interface. The Alabama router has two LANs. Missouri users obtain Internet access through the Headquarters router. The network interfaces in the topology are addressed as follows:

Missouri: e0 - 192.168.35.17/28; s0 - 192.168.35.33/28;

Alabama: e0 - 192.168.35.49/28;e1 - 192.168.35.65/28;s1 - 192.168.35.34/28.

The accounting server has the address of 192.168.35.66/28. Match the access list conditions on the left with the goals on the right. (Not all options on the left are used.)

拖拉題：分支辦公司的路由器透過它的S0介面連接到總公司路由器S1的介面，總公司路由器有兩個本地網路，分支辦公室的使用者獲得網際網路的存取是透過總公司的路由器，拓撲中的網路介面如題目中所示，會計伺服器的IP位址是192.168.35.66，將題目中左邊的存取清單命令拖拉到右邊適合的敘述。

Deny ip 192.168.35.55 0.0.0.0 host 192.168.35.66	Block only users attached to the e0 interface of the Missouri router from access to the accounting server.
Deny ip 192.168.35.16 0.0.0.15 host 192.168.35.66	Block a user from the Alabama e0 network from access to the accounting server.
Permit ip any any	Prevent all users from outside the enterprise network from accessing the accounting server.
Permit ip 192.168.35.0 0.0.0.255 host 192.168.35.66	

ANS:

Deny ip 192.168.35.55 0.0.0.0 host 192.168.35.66	Deny ip 192.168.35.16 0.0.0.15 host 192.168.35.66
Deny ip 192.168.35.16 0.0.0.15 host 192.168.35.66	
	Deny ip 192.168.35.55 0.0.0.15 host 192.168.35.66
Permit ip any any	
Permit ip 192.168.35.0 0.0.0.255 host 192.168.35.66	Permit ip 192.168.35.0 0.0.0.255 host 192.168.35.66

解析： 第一個敘述是要阻止連接到分支辦公室10介面的使用者去存取會計伺服器，分支辦公室的使用者是192.168.35.16 0.0.0.15這個網段，目的地會計伺服器是192.168.35.66，要使用deny ip這個命令。第二個是要阻止一個總公司10網路的使用者存取會計伺服器，這個是在192.168.35.49到192.168.35.65這個範圍內的IP，不能存取192.168.35.66，左邊的拖拉選項最適合的是第一個，192.168.35.55的來源，要使用deny ip的命令。第三個要防止企業網路外面所有的使用者存取會計伺服器，這裡的意思就是只允許內部的IP可以存取，其它的通通要否定掉，所以必須先要用permit這個命令，內部的網段是192.168.35這個網段，所以選第四個。

135. A host with the address of 192.168.125.34/27 needs to be denied access to all hosts outside its own subnet. To accomplish this, complete the command in brackets,[access-list 100 deny protocol address mask any], by dragging the appropriate options on the left to their correct placeholders on the right.

拖拉題：一個主機它的位址是192.168.125.34，現在要阻止它去存取所有的主機，在本地子網路之外的所有主機，要完成這個工作，必須將下面存取清單100的命令完成，將左邊拖拉到右邊適當的位置上。

| 0.0.0.0 |
| 192.168.125.0 |
| 192.168.125.32 |
| 192.168.125.34 |
| 255.255.255.0 |
| ip |
| tcp |
| udp |

| protocol |
| |

| address |
| |

| mask |
| |

ANS:

| 0.0.0.0 |
| 192.168.125.0 |
| 192.168.125.32 |
| 192.168.125.34 |
| 255.255.255.0 |
| ip |
| tcp |
| udp |

| protocol |
| ip |

| address |
| 192.168.125.34 |

| mask |
| 0.0.0.0 |

解析： 來源的IP是192.168.125.34，因為只有一台主機所以Mask是0.0.0.0，協定是IP。

136. The left describes the types of switch ports, while the right describes the features. Drag the options on the right to the proper locations.

拖拉題：左邊描述了交換器 Port 的種類，右邊是描述特性。拖拉右邊的選項到左邊適當的位置。

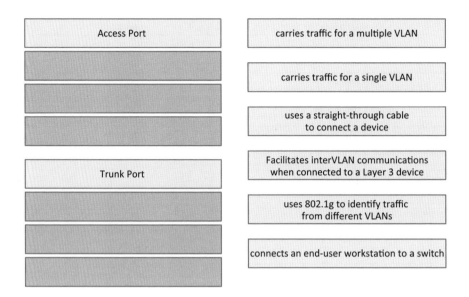

Access Port		carries traffic for a multiple VLAN
		carries traffic for a single VLAN
		uses a straight-through cable to connect a device
Trunk Port		Facilitates interVLAN communications when connected to a Layer 3 device
		uses 802.1g to identify traffic from different VLANs
		connects an end-user workstation to a switch

ANS : Access Port:

- Carries traffic for a single VLAN

- Uses a straight-through cable to connect a device

- Connects an end-user workstation to a switch

Trunk Port:

- Carries traffic for a multiple VLAN

- Uses 802.1q to identify traffic from different VLANs

- Facilitates interVLAN communications when connected to a Layer 3 device

解析 : 與存取Port相關的敘述：第一個-存取Port只能攜帶單一的VLAN的流量；存取Port可以接到一台末端用戶的工作站，工作站與交換器連接的線是平行線。與Trunk Port有關的敘述是Trunk Port使用802.1Q，同時這個Port上可以攜帶多個VLAN的流量，與Trunk Port相接的第三層裝置可以藉由子介面的設定進行Inter Vlan的通訊。

137. The above describes the Spanning-Tree Protocol port states, while the below describes their functions. Drag the above items to the proper locations。

拖拉題：圖中上半部描述了 STP 的 Port 狀態，下半部描述了它的功能。拖拉上半部的項目到適當的位置。

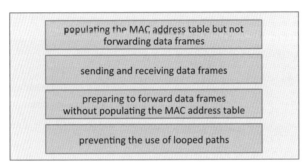

forwarding	listening
blocking	learning

populating the MAC address table but not forwarding data frames

sending and receiving data frames

preparing to forward data frames without populating the MAC address table

preventing the use of looped paths

ANS： - Learning: populating the MAC address table but not forwarding data frames

- Forwarding: sending and receiving data frames

- Listening: preparing to forward data frames without populating the MAC address table

- Blocking: preventing the use of looped paths

138. Drag the security features on the left to the specific security risks they help protect against on the right. (Not all options are used)

拖拉題：拖拉左邊安全的命令到右邊保護的目標。

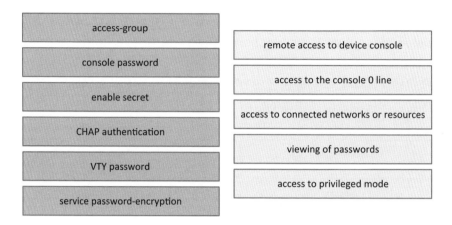

access-group	remote access to device console
console password	access to the console 0 line
enable secret	access to connected networks or resources
CHAP authentication	viewing of passwords
VTY password	access to privileged mode
service password-encryption	

ANS : 1.VTY password: remote access to device console

2.console password: access to the console 0 line

3.access-group: access to connected networks or resources

4.service password-encryption: viewing of passwords

5.enable secret: access to privileged mode

139. As a network administrator, you are required to configure the network security policy. And the policy requires that only one host be permitted to attach dynamically to each switch interface. If that policy is violated, the interface should shut down. Which two commands must the network administrator configure on the 2950 Catalyst switch to meet this policy? Please choose appropriate commands and drag the items to the proper locations.

拖拉題：網路管理者現在需要去設定這個網路的安全性政策，安全政策只允許一個主機可以接到每個交換器介面的Port上，如果這個政策被違反，介面將會被關閉，哪兩個命令是這個網路管理者必須設定在交換器上面以符合這個政策？拖拉適當的命令到適當位置。

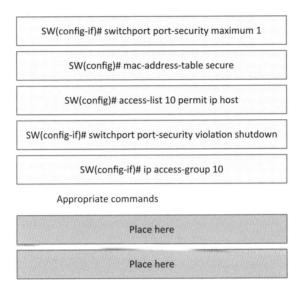

SW(config-if)# switchport port-security maximum 1

SW(config)# mac-address-table secure

SW(config)# access-list 10 permit ip host

SW(config-if)# switchport port-security violation shutdown

SW(config-if)# ip access-group 10

Appropriate commands

Place here

Place here

ANS： SW(config-if)# switchport port-security maximum 1

SW(config-if)# switchport port-security violation shutdown

140. If a Cisco router has learned about network 10.1.1.0 from multiple sources, the router will select and install only one entry into the routing table. Indicate the order of preference that the router will use by dragging the routes on the left to the order of preference category on the right.

拖拉題：如果一個思科路由器從多個來源學到有關10.1.1.0網路，而路由表只能安裝一個項目在路由表中，依照優先序拖拉左邊的路徑到右邊適當的位置。

S 10.1.1.0/24 [1/0] via 10.1.2.2	first perference
R 10.1.1.0/24 [120/3] via 10.1.3.1 Serial0	second perference
D 10.1.1.0/24 [90/2172416] via 10.1.5.5 Serial0	third perference
S 10.1.1.0 directlv connected, Serial1	fouth perference
O 10.1.1.0/24 [110/789] via 10.1.3.1 Serial0	fifth perference

141. Refer to the exhibit. Which two statements are true based the output of the show frame-relay lmi command issued on the Branch router? (Choose two.)

依據圖，基於圖中在 Branch 路由器上執行 show frame-relay lmi 命令的輸出，哪兩個選項敘述是對的？

```
Branch# show frame-relay lmi

LMI Statistics for interface Serial0/0 (Frame Relay DTE) LMI
TYPE = ANSI
 Invalid Unnumbered info 0          Invalid Prot Disc 0
 Invalid dummy Call Ref 0           Invalid Msg Type 0
 Invalid Status Message 0           Invalid Lock Shift 0
 Invalid Infomation ID 0            Invalid Report IE Len 0
 Invalid Report Request 0           Invalid Keep IE Len 0
 Num Status Enq. Sent 61            Num Status msgs Rcvd 0
 Num Update Status Rcvd 0           Num Status Timeouts 60
Branch#
```

A. LMI messages are being sent on DLCI 0.

B. LMI messages are being sent on DLCI 1023.

C. Interface Serial0/0 is not configured to encapsulate Frame Relay.

D. The Frame Relay switch is not responding to LMI requests from the router.

E. The LMI exchange between the router and Frame Relay switch is functioning properly.

F. The router is providing a clock signal on Serial0/0 on the circuit to the Frame Relay switch.

ANS： A,D

解析： 訊框中繼的 DLCI 編號 16~1007 為用戶使用，其餘 DLCI 編號為系統保留使用。 若 LMI 類型為 ANSI 或 Q933a，路由器和訊框中繼交換器之間會使用 DLCI=0 的 PVC 進行交換。 若LMI 類型為 Cisco，路由器和訊框中繼交換器之間會使用 DLCI=1023的 PVC 進行交換。

142. Three access points have been installed and configured to cover a small office. What term defines the wireless topology?

有三個存取點被安裝及設定在一間小的辦公室，選項中哪個敘述描述了這個無線網路的拓撲？

A. BSS

B. IBSS

C. ESS

D. SSID

ANS： C

解析： 一個存取點稱之為BSS，兩個以上的存取點連線起來稱為ESS。

143. Which two statements describe the Cisco implementation of VLANs? (Choose two.)

哪兩個敘述描述了思科的VLAN？

A. VLAN 1 is the default Ethernet VLAN.

B. CDP advertisements are only sent on VLAN 1002.

C. By default, the switch IP address is in VLAN 1005.

D. VLANs 1002 through 1005 are automatically created and cannot be deleted.

ANS： A,D

解析： 思科的VLAN 1是預設的VLAN，VLAN號碼1002到1005是思科交換器中預設的VLAN，而且無法刪除。

144. What is the purpose of the Cisco VLAN Trunking Protocol?
思科的VTP協定有什麼目的？

A. To allow traffic to be carried from multiple VLANs over a single link between switches

B. To allow native VLAN information to be carried over a trunk link

C. To allow for managing the additions, deletions, and changes of VLANs between switches

D. To provide a mechanism to manually assign VLAN membership to switch ports

E. To provide a mechanism to dynamically assign VLAN membership to switch ports

---

ANS： C

解析： 思科的VTP是爲了要讓VLAN在新增、刪除、或者是修改時能夠很容易。

---

145. Refer to the exhibit.The switches on a campus network have been interconnected as shown. All of the switches are running Spanning Tree Protocol with its default settings. Unusual traffic patterns are observed and it is discovered that Switch9 is the root bridge. Which change will ensure that Switch1 will be selected as the root bridge instead of Switch9?
依據圖，在一個校園網路裡頭有多個交換器互連，所有的交換器都執行了STP協定，現在觀察到不正常的流量，而且發現交換器9是根橋接器，什麼樣的改變可以讓根橋接器從交換器9換成交換器1？

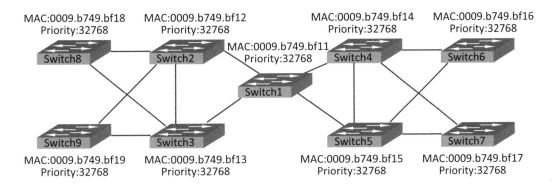

MAC:0009.b749.bf18
Priority:32768

MAC:0009.b749.bf12
Priority:32768

MAC:0009.b749.bf14
Priority:32768

MAC:0009.b749.bf16
Priority:32768

MAC:0009.b749.bf11
Priority:32768

MAC:0009.b749.bf19
Priority:32768

MAC:0009.b749.bf13
Priority:32768

MAC:0009.b749.bf15
Priority:32768

MAC:0009.b749.bf17
Priority:32768

A. Lower the bridge priority on Switch1.

B. Raise the bridge priority on Switch1.

C. Lower the bridge priority on Switch9.

D. Raise the bridge priority on Switch9.

E. Disable spanning tree on Switch9.

F. Physically replace Switch9 with Switch1 in the topology.

ANS： A

解析： 要被選為根橋接器必須讓交換器的優先權加上Mask的數質最小，最快的方法就是將優先權數字調低，所以答案選A，將交換器1的優先權調低。

---

146. The part of Company network is shown below: According to the diagram, which of the following is true about the internetwork?

圖中是一家公司的網路，依據圖中所示，下面有關於這個互連網的敘述哪一個是對的？

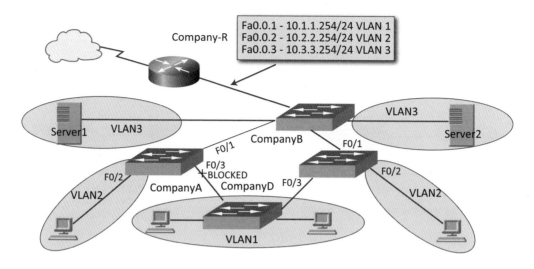

Fa0.0.1 - 10.1.1.254/24 VLAN 1
Fa0.0.2 - 10.2.2.254/24 VLAN 2
Fa0.0.3 - 10.3.3.254/24 VLAN 3

A. Company2 is the root bridge.

B. Spanning Tree is not running.

C. No collisions can occur in traffic between CompanyB and CompanyC.

D. CompanyD and Company Server 1 are in the same network.

E. If Fa0/0 is down on Company-R, CompanyA cannot access Company Server 1

ANS： E。

解析： 路由器的Fa0/0 上有子介面，如果當掉，不同 VLAN間的繞送將無法進行。

---

147. Which three of the following are reasons for assigning ports to VLANs on a switch? (Choose three.)
下面哪三個原因是將Port指定給VLAN的理由？

A.to permit more devices to connect to the network

B. to isc

C. to logically group hosts on the basis of function

D. to increase network security

ANS： B,C,D

解析： 建立VLAN等於建立獨立的廣播領域，VLAN中的主機可以依據功能建立
起邏輯群組的主機，同時能增加網路的安全性。

148. What is the objective of a default route?
   預設繞送的目的是什麼？

   A. Offering routing to override the configured dynamic routing protocol

   B. Offering routing to a local web server

   C. Offering routing from an ISP to a stub network

   D. Offering routing to a destination that is not specified in the routing table and
   which is outside the local network

ANS： D

解析： 預設繞送就是當路由表中所有的路徑都不符合時能夠依據預設繞送將它送
到本地網路之外。

149. Which three benefits are of VLANs? (Choose three.)
   VLAN的三個好處是什麼？

   A.To increase the size of collision domains.

   B. To allow logical grouping of users by function.

   C. To enhance network security.

   D. To increase the number of broadcast domains while decreasing the size of the
   broadcast domains.

ANS： B, C, D

150. A default Frame Relay WAN is classified as what type of physical network?
訊框中繼廣域網路是被歸類為實體網路的哪一種？

A. Point-to-point

B. Broadcast multi-access

C. Nonbroadcast multi-access

D. Nonbroadcast multipoint

E. Broadcast point-to-multipoint

AN S: C

解析： 訊框中繼被歸類爲無廣播的多方存取網路。

---

151. Refer to the exhibit.How many broadcast domains exist in the exhibited topology?
依據圖，拓撲中有多少個廣播領域存在？

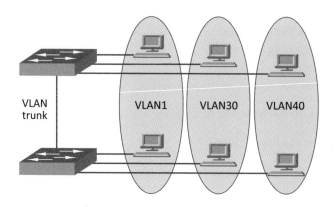

A. One

B. Two

C. Three

D. Four

E. Five

F. Six

ANS： C
解析： 在圖中有三個VLAN，每個VLAN就是一個獨立的廣播領域，因此有三個
廣播領域。

152. The command frame-relay map ip 10.121.16.8 102 broadcast was
entered on the router. Which of the following statements is true
concerning this command?
命令Frame Relay Map IP 10.121.16.8 102 Broadcast被輸入到路由器中，
關於上面所說的命令，下面哪一個敘述是對的？

A. This command should be executed from the global configuration mode.

B. The IP address 10.121.16.8 is the local router port used to forward data.

C. 102 is the remote DLCI that will receive the information.

D. This command is required for all Frame Relay configurations.

E. The broadcast option allows packets, such as RIP updates, to be forwarded
across the PVC.

ANS： E
解析： 在訊框中繼當中，預設的情形下是無法進行廣播的，但是輸入了圖中的命
令之後，它允許封包可以進行廣播，這個在RIP的更新當中會使用到。

153. Which type of attack is characterized by a flood of packets that are
requesting a TCP connection to a server?
泛流大量的TCP需求連線封包到一台伺服器，這是哪種攻擊的特色？

A. Denial of service

B. Brute force

C. Reconnaissance

D. Trojan horse

154. What are two recommended ways of protecting network device configuration files from outside network security threats? (Choose two.)
要保護網路裝置的設定檔不會受到外部網路的安全性威脅，有哪兩種建議的方式？

　　A. Allow unrestricted access to the console or VTY ports.

　　B. Use a firewall to restrict access from the outside to the network devices.

　　C. Always use Telnet to access the device command line because its data is automatically encrypted.

　　D. Use SSH or another encrypted and authenticated transport to access device configurations.

　　E. Prevent the loss of passwords by disabling password encryption.

155. Refer to the exhibit.Switch1 has just been restarted and has passed the POST routine. Host A sends its initial frame to Host C. What is the first thing the switch will do as regards populating the switching table?

依據圖，交換器1進行了重新啓動，而且通過了開機的自我測試程序，主機A送了一個初始的訊框到主機C，這個交換器接下來第一件事情會是什麼事？

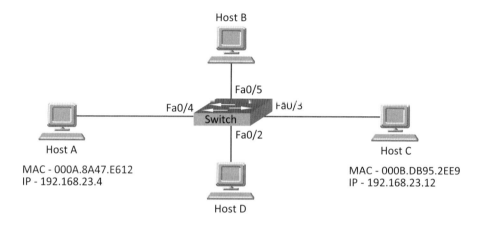

A. Switch1 will add 192.168.23.4 to the switching table.

B. Switch1 will add 192.168.23.12 to the switching table.

C. Switch1 will add 000A.8A47.E612 to the switching table.

D. Switch1 will add 000B. DB95.2EE9 to the switching table.

ANS： C

解析： 因爲交換器1接收到主機A送來的訊框，因此它會將這個訊框的來源Mask位址記錄在它的交換器表格當中，來源的Mask位址是000A.8A47.1612。

156. Which spread spectrum technology does the 802.11b standard define for operation?

哪個"展頻"技術是802.11B標準所定義及運作的？

A. IR

B. DSSS

C. FHSS

D. DSSS and FHSS

E. IR, FHSS, and DSSS

ANS： B

解析： 802.11b 使用 DSSS，802.11a 使用 OFDM，802.11g 使用OFDM/DSSS，802.11n 使用 OFDM。

157. Refer to the topology and router configuration shown in the graphic.A host on the LAN is accessing an. Which of the following addresses could appear as a source address for the packets forwarded by the router to the destination server?

依據圖及路由器的設定，一個主機在本地網路試著存取一個在網際網路上的FTP Server，這個封包的來源位址將會是在選項當中的哪一個位址？

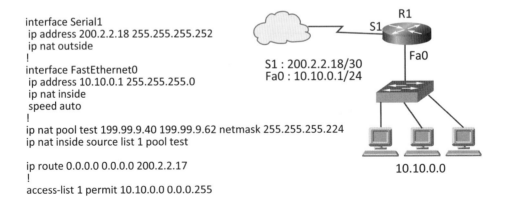

```
interface Serial1
 ip address 200.2.2.18 255.255.255.252
 ip nat outside
!
interface FastEthernet0
 ip address 10.10.0.1 255.255.255.0
 ip nat inside
 speed auto
!
ip nat pool test 199.99.9.40 199.99.9.62 netmask 255.255.255.224
ip nat inside source list 1 pool test

ip route 0.0.0.0 0.0.0.0 200.2.2.17
!
access-list 1 permit 10.10.0.0 0.0.0.255
```

S1 : 200.2.2.18/30
Fa0 : 10.10.0.1/24

R1
S1
Fa0
10.10.0.0

A. 10.10.0.1

B. 10.10.0.2

C. 199.99.9.33

D. 199.99.9.57

E. 200.2.2.17

F. 200.2.2.18

ANS： D

解析： 圖中可以看到這個拓撲使用了NAT的技術，轉出的IP範圍是199.99.9.40到
199.99.9.62這個範圍，因此選項中只有D選項符合。

---

158. Refer to the exhibit.Which statement describes DLCI 17?
依據圖，有關DLCI 17的敘述，哪一個是對的？

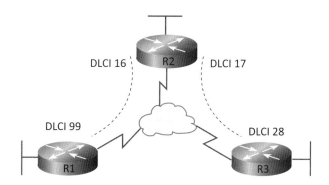

A. DLCI 17 describes the ISDN circuit between R2 and R3.

B. DLCI 17 describes a PVC on R2. It cannot be used on R3 or R1.

C. DLCI 17 is the Layer 2 address used by R2 to describe a PVC to R3.

D. DLCI 17 describes the dial-up circuit from R2 and R3 to the service provider.

ANS： C
解析： 圖中是一個訊框中繼的線路，DLCI 17是一個PPC連接到R3，DLCI是一個
第二層的位址。

159. Refer to the exhibit. Switch-1 needs to send data to a host with a MAC
address of 00b0.d056.efa4. What will Switch-1 do with this data?
依據圖，交換器1需要送一個資料到一個Mask位址是00B0.D056.1FA4的
主機，交換器1針對這個資料會做什麼事情？

```
Switch-1# show mac address-table
Dynamic Address Count                   3
Secure Address (User-definded) Count    0
Static Address (User-definded) Count    0
System Self Address Count               41
Total Mac address:                      50
Non-static Address Table:
Destination Address   Address Type   VLAN   Destination Port
-------------------   ------------   ----   ----------------
0010.0de0.e289        Dynamic        1      FastEthernet0/1
0010.7b00.1540        Dynamic        2      FastEthernet0/3
0010.7b00.1545        Dynamic        2      FastEthernet0/2
```

A. Switch-1 will drop the data because it does not have an entry for that MAC
address.

B. Switch-1 will flood the data out all of its ports except the port from which the
data originated.

C. Switch-1 will send an ARP request out all its ports except the port from which
the data originated.

D. Switch-1 will forward the data to its default gateway.

ANS： B
解析： 交換器收到的訊框有目的地的MAC，但是這個 MAC 位址在 MAC 表中找
不到，不論這個訊框是單播、廣播或多播，都會以廣播方式送到這個交換
器所有的 Port 上(除了來源 Port)。

160. Refer to the exhibit. Why would the network administrator configure RA in this manner?

依據圖，網路管理者設定了RA，他為什麼要做這樣的設定？

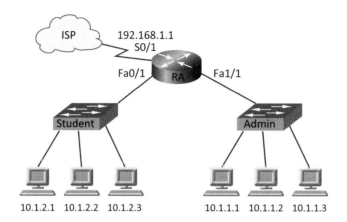

A. To give students access to the Internet

B. To prevent students from accessing the command prompt of RA

C. To prevent administrators from accessing the console of RA

D. To give administrators access to the Internet

E. To prevent students from accessing the Internet

F. To prevent students from accessing the Admin network

ANS： B

解析： 由圖中，可以看到這個設定是存取清單2允許了10.1.1.0這個網段，10.1.1.X 這個網段是管理者網段，但是有一行隱含的deny all，會把學生網段的IP 擋 掉，同時它套用在line vty上面，於是它可以阻止學生去存取RA路由器的命 令列。

161. A network administrator has configured two switches, named London and Madrid, to use VTP.However, the switches are not sharing VTP messages.Given the command output shown in the graphic.Why are these switches not sharing VTP messages?

一個網路管理者設定了兩台交換器，使用VTP，然而這個交換器並不會分享VTP的訊息，基於圖中的輸出，為什麼這些交換器不會分享VTP的訊息？

A. The VTP version is not correctly configured.

B. The VTP operating mode is not correctly configured.

C. The VTP domain name is not correctly configured.

D. VTP pruning mode is disabled.

E. VTP V2 mode is disabled.

F. VTP traps generation is disabled.

Lodon# show vtp status		Madrid# show vtp status	
VTP Version	: 2	VTP Version	: 2
Configuration Revision	: 0	Configuration Revision	: 0
Maximum VLANs supported locally	: 64	Maximum VLANs supported locally	: 64
Number of existing VLANs	: 5	Number of existing VLANs	: 5
VTP Operating Mode	: Server	VTP Operating Mode	: Server
VTP Domain Name	: Lodon	VTP Domain Name	: Madrid
VTP Pruning Mode	: Disabled	VTP Pruning Mode	: Disabled
VTP V2 Mode	: Disabled	VTP V2 Mode	: Disabled
VTP Traps Generation	: Disabled	VTP Traps Generation	: Disabled

ANS： C

解析： 從兩台交換器的「show vtp status」這個命令的輸出，可以看到兩台交換器的領域名稱並不相同，不同的交換器領域名稱是沒有辦法分享VTP訊息的。

162. What is the maximum data rate specified for IEEE 802.11b WLANs?
    802.11b無線網路的最大資料傳輸速率是多少？

    A. 10 Mbps

    B. 11 Mbps

    C. 54 Mbps

    D. 100 Mbps

ANS： B

---

163. What should be part of a comprehensive network security plan?
    選項中，那個是綜合網路安全計劃的一部份？

    A. Allow users to develop their own approach to network security.

    B. Physically secure network equipment from potential access by unauthorized individuals.

    C. Encourage users to use personal information in their passwords to minimize the likelihood ofpasswords being forgotten.

    D. Delay deployment of software patches and updates until their effect on end-user equipment is wellknown and widely reported.

    E. Minimize network overhead by deactivating automatic antivirus client updates.

ANS： B
解析： 實體保護網路的設備，可以避免未經授權的存取。

---

164. How should a router that is being used in a Frame Relay network be configured to avoid split horizon issues from preventing routing updates?
    怎麼樣可以讓一台路由器在使用訊框中繼網路的時候可以避免水平分割的問題，以防止繞送更新？

A. Configure a separate sub-interface for each PVC with a unique DLCI and subnet assigned to the sub-interface.

B. Configure each Frame Relay circuit as a point-to-point line to support multicast and broadcast traffic.

C. Configure many sub-interfaces on the same subnet.

D. Configure a single sub-interface to establish multiple PVC connections to multiple remote router interfaces.

ANS： A

解析： 可以在一個獨立的子介面上設定PVC，每個子介面都有一個DLCI號碼，每一個子介面也都有自己獨立的子網路。

---

165. Which two statements best describe the wireless security standard that is defined by WPA?(Choose two.)
    哪兩個敘述描述了無線網路安全的標準，關於WPA所定義的？

    A. It specifies use of a static encryption key that must be changed frequently to enhance security.

    B. It requires use of an open authentication method.

    C. It specifies the use of dynamic encryption keys that change each time a client establishes aconnection.

    D. It requires that all access points and wireless devices use the same encryption key.

    E. It includes authentication by PSK.

ANS： C, E

解析： WPA的設計中要用到一個 802.1X 認證伺服器，以散佈不同的key(動態)給不同的連線用戶。不過 WPA也可以用在較不保險的 "pre-shared key" (PSK) 模式，讓每個用戶都用同一個 key。Wi-Fi聯盟把這個使用pre-shared key的版本叫做WPA個人版或WPA2 個人版，使用802.1X認證的版本叫做WPA 企業版或WPA2 企業版。

166. What can a network administrator utilize by using PPP Layer 2 encapsulation? (Choose three.)

藉由使用PPP第二層的封裝，網路管理者可以利用什麼東西？

A. VLAN support

B. Compression

C. Authentication

D. Sliding windows

E. Multilink support

F. Quality of service

ANS： B,C,E

解析： PPP的封裝具有壓縮、認證、多鏈路的功能。

---

167. Drag the security features on the left to the specific security risks they help protect against on the right. (Not all options are used)

拖拉題：拖拉左邊與安全有關的命令到右邊與安全有關的敘述。

| access-group |
| console password |
| enable secret |
| CHAP authentication |
| VTY password |
| service password-encryption |

| remote access to device console |
| access to the console 0 line |
| access to connected networks or resources |
| viewing of passwords |
| access to privileged mode |

access-group
console password
enable secret
CHAP authentication
VTY password
service password-encryption

VTY password
console password
access-group
service password-encryption
enable secret

解析： 第一個敘述-遠端存取裝置的控制台：遠端存取要能夠執行，必須先設定VTY的密碼。第二個敘述-存取到控制台0：要能夠存取控制台必須要先設定控制台的密碼。第三個敘述-存取到連接的網路或資源：連接的網路資源與安全性有關的就是存取清單，套用的命令就是access-group。第四個敘述-密碼被看到：密碼會被看到是因為密碼沒有被加密，這時候必須要下service password-encryption 命令。第五個敘述-存取到特權模式：要使用特權模式必須先啟動特權模式，命令就是enable secret。

168. Refer to the exhibit. An organization connects two locations, supporting two VLANs, through two switches as shown. Inter-VLANs communication is not required. The network is working properly and there is full connectivity. The organization needs to add additional VLANs, so it has been decided to implement VTP. Both switches are configured as VTP servers in the same VTP domain. VLANs added to Switch1 are not learned by Switch2. Based on this information and the partial configurations in the exhibit, what is the problem?

依據圖，一個組織連接到兩個交換器，這兩個交換器支援兩個VLAN，如圖所示，Inter-vlans的通訊並不需要，這個網路工作正常，而且都有連接，現在這個組織需要加上一個額外的VLAN，所以他決定要放入VTP，兩個交換器都被設定成VTP server在相同的VTP領域，VLAN被加到交換器1但是並沒有被交換器2所學習，基於圖中的部份輸出及資訊，問題出在哪裡？

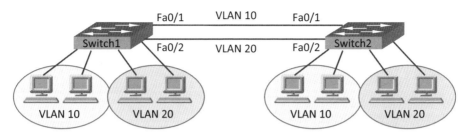

Switch1# show interface fa0/1 switchport
Name: Fa0/1
Switchport: Enabled
Administrative Mode: static access
Operational Mode: static access
Administrative Trunking Encapsulation: dot1q
Negotiation of Trunking: Off
Access Mode VLAN: 10 (Sales)
Trunking Native Mode VLAN: 1 (default)
- output omitted -

Switch2# show interface fa0/2 switchport
Name: Fa0/2
Switchport: Enabled
Administrative Mode: static access
Operational Mode: static access
Administrative Trunking Encapsulation: dot1q
Negotiation of Trunking: Off
Access Mode VLAN: 20 (Accounting)
Trunking Native Mode VLAN: 1 (default)
- output omitted -

A. Switch2 should be configured as a VTP client.

B. VTP is Cisco proprietary and requires a different trunking encapsulation.

C. A router is required to route VTP advertisements between the switches.

D. STP has blocked one of the links between the switches, limiting connectivity.

E. The links between the switches are access links.

ANS： E

解析： 兩台交換器都設定成VTP server仍然可以互相學習，兩台交換器的VLAN在之前都能正常運作，但是我們可以看到圖中交換器與交換器之間的鏈路分別是VLAN 10與VLAN 20，這代表新加入的VLAN沒有辦法透過這兩條鏈路進行新的VLAN訊息傳遞，這兩條VLAN的鏈路都是存取模式，是存取的鏈路，如果要讓兩台交換器可以交換VLAN的訊息，必須要再加入一條存取鏈路。

169. Place the Spanning-Tree Protocol port state on its function by dragging the state on the left to the correct target on the right.

將左邊有關STP的Port狀態放到右邊適當的敘述上。

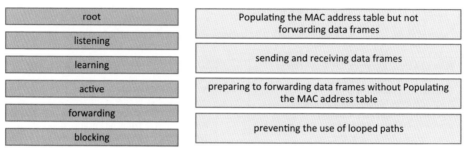

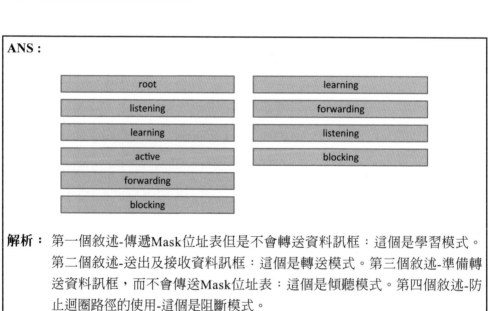

解析：第一個敘述-傳遞Mask位址表但是不會轉送資料訊框：這個是學習模式。第二個敘述-送出及接收資料訊框：這個是轉送模式。第三個敘述-準備轉送資料訊框，而不會傳送Mask位址表：這個是傾聽模式。第四個敘述-防止迴圈路徑的使用-這個是阻斷模式。

170. Router is configured to use NAT in overload mode. Host PC is sending packets to Web Server.Drag the addresses to fill int the NAT terminology table with their associated IP address values.

依據圖，路由器被設定使用了NAT的overload模式，PC現在送出一個封包到網頁伺服器，將左邊的NAT名詞拖放到右邊適當的IP位址上。

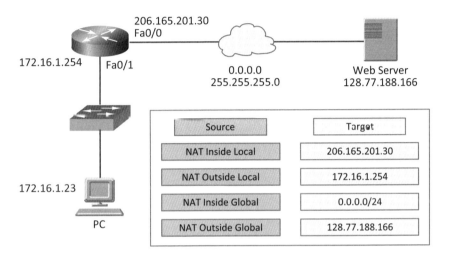

ANS：

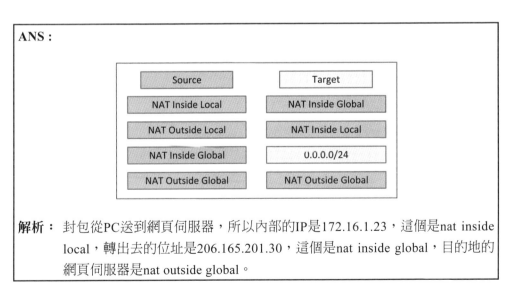

解析： 封包從PC送到網頁伺服器，所以內部的IP是172.16.1.23，這個是nat inside local，轉出去的位址是206.165.201.30，這個是nat inside global，目的地的網頁伺服器是nat outside global。

171. Refer to the exhibit. Complete this network diagram by dragging the correct device name of description name or description to the correct location. Not all the names or descriptions will be used.
依據圖，將適當的名稱拖到圖下方的空格當中。

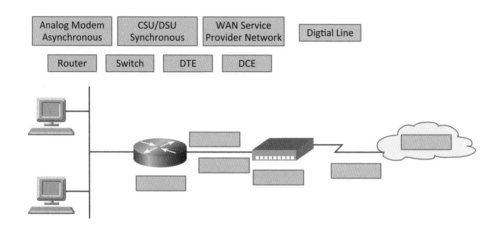

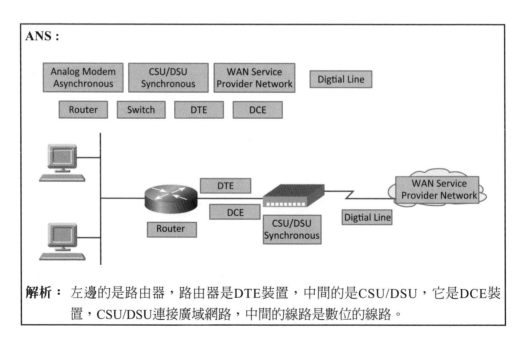

解析：左邊的是路由器，路由器是DTE裝置，中間的是CSU/DSU，它是DCE裝置，CSU/DSU連接廣域網路，中間的線路是數位的線路。

172. Drag the Frame Relay acronym on the left to match its definition on the right.(Not all acronyms are used.)

拖拉左邊訊框中繼的縮寫到右邊適當的位置。

| SVC |
| DLCI |
| CIR |
| DCE |
| DTE |
| LMI |
| PVC |

| a router is this type of device |
| the most common type of virtual circuit |
| provides status messages between DTC and DCE device |
| identifies the virtual connection between the DTE and the switch |

ANS：

CIR		DTE
DCE		PVC
DTE		LMI
LMI		DCLI
PVC
SVC
DCLI

解析： 第一個敘述-一台路由器是這種裝置的型態：一台路由器在訊框中繼上面是DTE。第二個敘述-虛擬線路大部份都是這種型態：虛擬連線大部份都是PVC。第三個敘述-能夠提供DTE與DCE裝置之間狀態的訊息：這個是LMI。第四個敘述-識別DTE和交換器之間虛擬的連接：這個是DLCI。

173. Users have been complaining that their Frame Relay connection to the corporate site is very slow. The network administrator suspects that the link is overloaded. Based on the partial output of the Router# show frame relay pvc command shown in the graphic, which output value indicates to the loacal router that traffic sent to the corporate site is experiencing congestion?

使用者抱怨連到公司的訊框中繼連線速度非常慢，網路管理者注意到鏈路超載了，基於這個命令的部份輸出，哪一個數質顯示了本地路由器送到公司的流量遇到了壅塞？

```
PVC Statistics for interface Serial0 (Frame Relay DTE)

          Active  Inactive  Deleted  Static
Local        1       0         0        0
Switched     0       0         0        0
Unsed        0       0         0        0

DLCI = 100, DLCI USAGE = LOCAL, PVC STATUS = ACTIVE, INTERFACE =
Serial0

input pkts 1300         output pkts 1270        in bytes 22121000
out bytes 21802000      dropped pkts 4          in FECN pkts 147
in BECN pkts 192        out FECN pkts 259       out BECN pkts 214
in DE pkts 0            out DE pkts 0
out bcast pkts 107      out bcast bytes 19722
pvc create time 00:25:50, last time pvc status changed 00:25:40
```

A.DLCI=100

B.last time PVC status changed 00:25:40

C.in BECN packets 192

D.in FECN packets 147

F.in DF packets 0

ANS： C

解析： BECN為後向壅塞指示，FECN為前向壅塞指示。BECN是向資料來源方向發送的（方向與資料傳輸方向相反），而FECN是向資料傳輸方向的目的地方向發送的（方向與資料傳輸方向相同）。

174. Which statement is correct regarding the operation of DHCP?
有關DHCP的運作下面哪一個敘述是正確的？

A. A DHCP client uses a ping to detect address conficts.

B. A DHCP server uses a gratuitous ARP to detect DHCP clients.

C. A DHCP client uses a gratuitous ARP to detect a DHCP server.

D. If an address conflict is detected, the address is removed from the pool and an administrator must resolve the conflict.

E. If an address conflict is detected, the address is removed from the pool for an amount of time configurable by the administrator.

F. If an address conflict is detected, the address is removed from the pool and will not be reused until the server is rebooted.

ANS： D

解析： 伺服器使用 ping 去偵測衝突。客戶端使用無償的 Address Resolution Protocol (ARP) 偵測其他客戶端。如果有一個位址衝突被偵測出，這個位址會從 pool 中移除，這個位址將不會再被配發出去，直到管理者解決這個 IP衝突。

ARP 還有另外一種功能，就是當主機發送 ARP request 的目的，是取得自己的 IP address 所對應的 hardware address 時，稱為 Gratuitous ARP。一般來說，都是發生在系統啟動時，或是將網路卡重新啟動時(所以在 Windows 中設定與別台主機相同的 IP 時會有警告訊息，就是 Gratuitous ARP 的功能)。而 Gratuitous ARP 提供了兩大功能：(1)檢查是否有重複的 IP address (2)當主機更換、或是網路卡更換後，透過 Gratuitous ARP 可以通知網段中的其他主機，IP address 與新的 hardware address 的對應關係。

175. What are two reasons that a network administrator would use access lists? (Choose two.)

網路管理者使用存取清單的兩個理由是什麼？

A. To control vty access into a router

B. To control broadcast traffic through a router

C. To filter traffic as it passes through a router

D. To filter traffic that originates from the router

E. To replace passwords as a line of defense against security incursions

ANS： A,C

解析： 網路管理者可以使用存取清單防止任意的使用者進入到路由器當中，或者是控制及過濾某些預備要穿越路由器的流量。

176. What is a vaild reason for a switch to deny port access to new devices when port security is enabled?

如果一台交換器的Port安全性是被啟用，交換器的Port拒絕了新裝置的存取，什麼是合理的理由？

A. The denied MAC addresses have already been learned or configured on another secure interface in the same VLAN.

B. The denied MAC address are statically cofigured on the port.

C. The minimum MAC threshold has been reached.

D. The absolute aging times for the denied MAC addresses have expired.

ANS： A

解析： 被拒絕的MAC 位址已經被學習起來，或者是被設定在相同VLAN的其它介面，交換器將不會允許這個裝置進行存取度做。

177. The output of the show frame-relay pvc command shows "PVC STATUS=INACTIVE". What does this mean?
使用show frame-relay pvc命令，顯示出pvc status=inactive這個訊息，這代表什麼意思？

  A. The PVC is configured correctly and is operating normally,but no data packets have been detected for more than five minutes.

  B. The PVC is configured correctly, is operating normally,and is no longer actively seeking the address the remote route.

  C. The PVC is configured correctly, is operating normally,and is waiting for interesting to trigger a call to the remote router.

  D. The PVC is configured correctly on the local switch, but there is a problem on the remote end of the PVC.

  E. The PVC is not configured on the switch.

ANS： D

解析： PVC STATUS=ACTIVE 代表這台 FR Switch被正確的設定了 DLCI ，且正常運作。 PVC STATUS=INACTIVE 則代表這台 FR Switch 雖然被正確的設定，但是 PVC 的遠端卻出了問題。

178. Drag and drop question. Drag the items to the proper locations.
拖拉題：拖拉適當的IOS命令到下面的敘述當中。

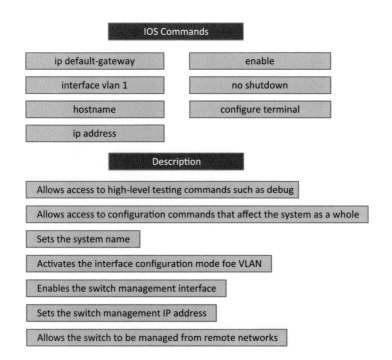

IOS Commands

ip default-gateway	enable
interface vlan 1	no shutdown
hostname	configure terminal
ip address	

Description

Allows access to high-level testing commands such as debug

Allows access to configuration commands that affect the system as a whole

Sets the system name

Activates the interface configuration mode foe VLAN

Enables the switch management interface

Sets the switch management IP address

Allows the switch to be managed from remote networks

ANS：

Allows access to high-level testing commands such as debug	enable
Allows access to configuration commands that affect the system as a whole	configure terminal
Sets the system name	hostname
Activates the interface configuration mode foe VLAN	interface vlan 1
Enables the switch management interface	no shutdown
Sets the switch management IP address	ip address
Allows the switch to be managed from remote networks	ip default-gateway

解析： 第一個敘述-允許存取更高層的測試命令，例如：debug命令；這敘述要使用enable。第二個敘述-允許存取設定的命令，這個設定命令是會影響整個系統；這個敘述要使用configure terminal。第三個敘述-設定系統的名稱；這個敘述要使用hostname。第四個敘述-啓動介面VLAN的設定模式；這個敘述要使用Interface Vlan 1。第五個敘述-要啓動交換器管理介面；這敘述要使用no shutdown。第六個敘述-設定交換器管理性的IP位址；這個敘述要使用ip address命令。第七個敘述-允許從遠端的網路進行管理；要讓交換器可以從遠端管理，必須讓交換器知道預設的閘道，這個敘述要使用ip default-gateway。

179. Refer to the exhibit. What statement is true of the configuration for this network?
依據圖，關於這個網路的設定，哪一個敘述是對的？

A. The configuration that is shown provides inadequate outside address space for translation of the number of inside addresses that are supported.

B. Because of the addressing on interface FastEthemet0/1, the Seria0/0 interface address will not support the NAT configuration as shown.

C. The number 1 referred to in the ip nat inside source command references access-list number1.

D. ExtemalRouter must be configured with static routers to networks 172.16.2.0/24.

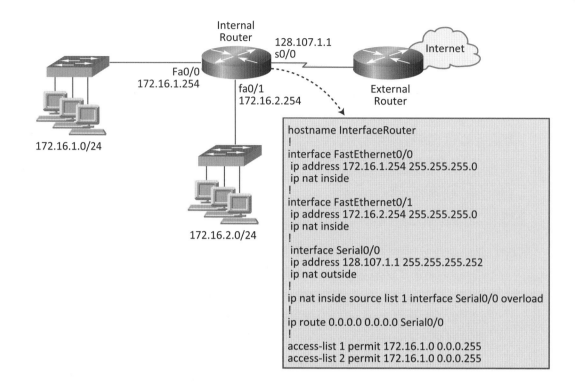

Internal
Router
128.107.1.1
s0/0

Fa0/0
172.16.1.254

fa0/1
172.16.2.254

External
Router

Internet

172.16.1.0/24

172.16.2.0/24

```
hostname InterfaceRouter
!
interface FastEthernet0/0
 ip address 172.16.1.254 255.255.255.0
 ip nat inside
!
interface FastEthernet0/1
 ip address 172.16.2.254 255.255.255.0
 ip nat inside
!
 interface Serial0/0
 ip address 128.107.1.1 255.255.255.252
 ip nat outside
!
ip nat inside source list 1 interface Serial0/0 overload
!
ip route 0.0.0.0 0.0.0.0 Serial0/0
!
access-list 1 permit 172.16.1.0 0.0.0.255
access-list 2 permit 172.16.1.0 0.0.0.255
```

ANS： C

解析： A 選項-PAT轉換；IP一個就夠，沒有不適當的。

B 選項-它說因為快速乙太網路介面0/1的定址在序列0/0介面位址是不支援
NAT轉換的，這是不對的，任何的位址不管是私有的或公有的都可以進
行NAT轉換。C選項-1號的存取清單有一個ip nat inside的命令，依據圖
中所顯示得知，這條敘述是對的。

180. Refer to the exhibit. Switch port FastEthemet 0/24 on ALSwitch1 will be
used to create an IEEE 802.1Q-compliant trunk to another switch. Based
on the output shown, What is the reason the truck does not form, even
though the proper cabling has been attached?
依據圖，交換器的Port0/4將會被用來建立一個802.1Q的Trunk Port，基
於圖中的輸出，即便是纜線正確的連接，Trunk並沒有被形成，原因是什
麼？

```
interface FastEthernet0/24
 no ip address
<<output omitted>>

ALSwitch1# show interfaces fastethernet0/24 switchport
Name: Fa0/24
Switchport: Enabled
Administrative Mode: statics access
Operational Mode: static access
Administrative Trunking Encapsulation: dot1q
Operational Trunking Encapsulation: native
Negotiation of Trunking: Off
Access Mode VLAN: 1 (default)
Trunking Native Mode VLAN: 1 (default)
Voice VLAN: none
Administrative private-vlan host-association: none
Administrative private-vlan mapping: none
Operational private-vlan: none
Trunking VLANs Enabled: ALL
Pruning VLANs Enabled: 2-1001
Capture Mode Disabled
Capture VLANs Allowed: All

Protected: false

Voice VLAN: none (inactive)
Appliance trust none
```

A.VLANs have not been created yet.

B.An IP address must be configured for the port.

C.The port is currently configured for access mode.

D.The correct encapsulation type has not been configured.

E.The no shutdown command has not been entered for the port.

ANS： C

解析： 從圖中我們可以看到它的運作模式是access存取模式，表示這個Port並沒有設成Trunk Port。

181. Refer to the exhibit. Which switch provides the spanning-tree designated port role for the network segment that services the printers?

依據圖，在服務印表機的網路區段中，哪一個交換器提供了擴張樹中指定 Port的角色？

A.Switch1

B.SWitch2

C.Switch3

D.Switch4

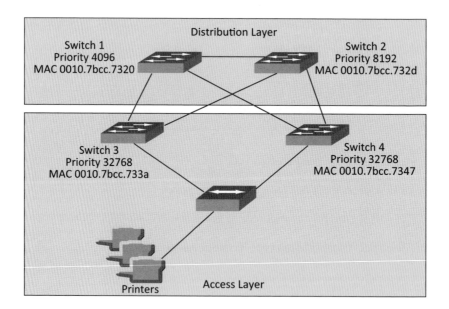

ANS： A

解析： 首先我們看整個網路裡頭哪一個交換器會是根橋接器，由優先權的數字便可以很快的找出來，交換器1就是根橋接器，根橋接器的Port都是指定Port，所以答案選A。

NOTE

NOTE

NOTE

NOTE

NOTE

NOTE